Python
数据分析与应用

史浩　吴金旺　主编　|　单守雪　张曦　杨政　副主编

清华大学出版社
北京

内 容 简 介

本书从结构上分为编程基础、数据分析和数据应用三部分。

第一部分（第 1 ～ 6 章）是 Python 语言入门及进阶，内容包括 Python 语法和程序设计；第二部分（第 7 ～ 10 章）是 Python 核心数据分析演练，主要介绍 Python 核心数据处理库和专业库；第三部分（第 11 ～ 15 章）是 Python 在金融行业的应用，通过金融应用案例培养学生运用 Python 进行数据分析和解决实际问题的能力。

本书可作为高校财经类学生"数据分析"课程的教材，也可供从事数据分析工作的专业人员参考使用。

图书在版编目 (CIP) 数据

Python 数据分析与应用 / 史浩，吴金旺主编 .—北京：清华大学出版社，2024.1（2024.7重印）
ISBN 978-7-302-65243-4

Ⅰ . ① P⋯ Ⅱ . ①史⋯ ②吴⋯ Ⅲ . ①软件工具—程序设计—高等学校—教材 Ⅳ . ① TP311.561

中国国家版本馆 CIP 数据核字 (2024) 第 012171 号

责任编辑：刘向威
封面设计：文　静
责任校对：郝美丽
责任印制：曹婉颖

出版发行：清华大学出版社
　　　　　网　　　址：https://www.tup.com.cn，https://www.wqxuetang.com
　　　　　地　　　址：北京清华大学学研大厦 A 座　　　　　邮　　编：100084
　　　　　社 总 机：010-83470000　　　　　　　　　　　邮　　购：010-62786544
　　　　　投稿与读者服务：010-62776969，c-service@tup.tsinghua.edu.cn
　　　　　质 量 反 馈：010-62772015，zhiliang@tup.tsinghua.edu.cn
印 装 者：三河市铭诚印务有限公司
经　　销：全国新华书店
开　　本：185mm×260mm　　　印　　张：23.5　　　字　　数：473 千字
版　　次：2024 年 2 月第 1 版　　　　　　　　　印　　次：2024 年 7 月第 2 次印刷
印　　数：1501 ～ 3000
定　　价：69.00 元

产品编号：102596-01

前言

近年来，数据分析正在改变人们的工作方式，数据分析相关工作也越来越受到人们的青睐。虽然很多编程语言都可以用于数据分析，但 Python 凭借其语法简单、代码可读性高、容易入门等特点成为首选对象。尤其是 Python 积累了海量的数据科学和人工智能方面的支持库，对于金融科技应用领域的数据分析、数据建模拥有其他程序设计语言无可比拟的巨大优势。Python 在数据分析和交互、探索性计算以及数据可视化等方面都有着非常成熟的支持库，而且随着使用人群的日趋庞大形成了非常稳定、活跃的交流社群，这也使得 Python 变得越来越流行，成为数据处理任务的首选解决方案。在大数据、人工智能迅猛发展的宏大背景下，财经商贸大类行业也迎来了新的挑战和变革。为适应全新的工作方式和工作理念，中国财经商贸类高职院校担负起为行业新趋势育人的光荣使命。在全国金融职业教育教学指导委员的关心与指导下，编者密切联系行业发展方向、面向中国财经商贸大类高职教学需求，适时推出了本书。

作为全国数字金融产教融合联盟系列教材之一，本书的定位并非只是介绍一门程序设计语言，更重要的是把 Python 作为工具去进行数据分析和应用，因此整体设计上划分为三部分，分别是编程基础、数据分析、数据应用。第一部分（第 1 ~ 6 章）是对 Python 语言的学习，主要包括 Python 语言概述、Python 程序结构、列表与元组、字符串、字典、函数与类。第二部分（第 7 ~ 10 章）是对 Python 数据分析库的学习，主要介绍了 Python 核心数据处理库 NumPy、Matplotlib、pandas 等必会知识点，另外还拓展介绍了 SciPy、Statsmodels、Quandl、Zipline、Pyfolio、TA-Lib 和 QuantLib 等 Python 专业库。第三部分（第 11 ~ 15 章）是对 Python 在金融行业应用案例的学习，案例的选择上特别选取与金融行业高度相关的案例，以便能与后续系列配套教材做到无缝衔接。其中，第 11 章介绍股票数据分析可视化；第 12 章演练在数据分析基础上的量化交易策略；第 13 章采用某商业银行真实案例，用模拟数据再现商业银行如何完成数据迁移任务；第 14 章采用国内某商业银行实际脱敏数据，将数据分析应用于银行信贷潜在违约客户的识别；第 15 章采用葡萄牙银行业的公开数据，对于金融机构电话营销数据进行分析，并使用机器学习建模判断哪些客户最有可能接受银行长期存款的电话营销。第 14、15 章作为选学内容，可供学有余力的师生共同完成，不建议纳入考试范围。同时，该部分内容也是对后续人工智能、机器学习课程的很好衔接。本书适合开展一学期 54 课时教学，每次教学一般有三节课。建议第一节课进行知识准备和代码演示，在后续的两节课中可以安排实训任务，还可酌情加入延伸高级任务。另外，书中还在每个章节设立拓展环节，让有限的教材空间能够带来更多的学习思路和线索，供学生课余自由探索，留有后续学习的余味。

本书的主要特色可以概括为三点：第一，内容选取面向金融、面向财经商贸大类高职教学需求。编写过程中紧扣金融主题，全面考虑财经商贸类专业群高职学生的基础及需要，对照其前导课程和后续课程精心挑选案例。第二，要点组织循序渐进。前后章节之间特别注意概念不随意跳跃和前置引用，也不预设学习门槛，符合学习的基本认知规律，对于没有任何基础的学习者也能顺利完成学习任务。第三，资源丰富，涵盖平台与课件。已经搭建起与本书关联使用的教学平台，并通过该平台提供了可以直接使用的课后作业和期中、期末考试试卷库（注意，这些题库均带有自动批改功能，无须占用教师的批阅时间）。采用本书的教师还将能获得完整的教学教案、课程思政资料及授课课件 PPT。

本书的创新可以概括为以下五点：第一，创新地遵循教学步骤和顺序。章节的组织均按照教学步骤和顺序组织，主要分为知识准备、代码演示（或任务介绍）、代码补全、实训任务和延伸高级任务五大板块，实现教师上手即用，也便于学生课前预习和课后拓展。第二，创新地充分考虑学生学情和特点。对于代码补全和实训任务这两个需要学生参与的环节进行了分层设计，即每个任务又分为 2～3 个难度层级。无论是基础薄弱还是优秀的学生都有任务等待完成，即在完成了基础层级的练习之后，可以自主继续完成高层级的任务，让课堂忙碌起来。第三，创新地组合安排章节与体例。尽管本书是面向财经商贸大类的高职学生，但对于 Python 语言知识体系的完整性并没有大打折扣。另外，在知识点组合上也创新地将相似类别置于同一章节便于辨析和展开应用，如列表与元组的组合、字符串与正则表达式的组合、字典与 JSON 和集合的组合等。第四，创新地全面介绍工具与环境。语言的应用离不开语言的执行环境，更涉及诸多工具的配合使用。本书创新地安排了种类多样的程序设计工具的介绍、使用和辨析，如 Anaconda、PyCharm、Jupyter Notebook、Spyder、Lightly 等。帮助学习者自行在计算机上搭建开发环境，对于 Python

应用建立起体系的概念。第五，创新地采用极简和易懂文风，力争精心锤炼语言叙述，使之通俗易懂。多用类比比喻摒弃晦涩，尽量采用极简文风做到言简意赅，同时还要入木三分地把知识点刻画到本质的层面。举个例子，在介绍 pandas 的时候，不但要像其他教材一样提及这是用于处理数据的利器，还要直接点明 pandas 的 DataFrame 就是一张 Excel 表格（具有行和列的维度），这样就非常直观并且容易联想和操作，这也是编者团队一直以来追求的教学理念和教育哲学。

本书各章节的编写学校和团队成员如下。

第 1 章由重庆财经职业学院杨小兰、瞿颖秋团队编写。

第 2 章由山东经贸职业学院陈月团队、广西国际商务职业技术学院喻婵团队编写。

第 3 章由南宁职业技术学院孙文娟团队编写。

第 4 章由河南经贸职业学院张洁、李舒雨团队编写。

第 5 章由天津商务职业学院赵红梅、夏志禹团队编写。

第 6 章由四川商务职业学院王璐、李春燕、龙雨莲团队编写。

第 7 章由浙江同济科技职业学院单守雪、严嘉浩团队编写。

第 8 章由广州番禺职业技术学院张曦、杜小青、郑惠艳团队编写。

第 9 章由台州科技职业学院杨政、李方超团队编写。

第 10 章由台州科技职业学院颜传聪、李方超团队编写。

第 11 ～ 15 章由浙江金融职业学院史浩、吴金旺团队编写。

本书在策划和编写过程中得到了各方的关注重视与大力协助，除了要特别鸣谢浙商银行对本书贡献的案例之外，还要感谢各兄弟院校的大力协助，特别致谢的有安徽商贸职业技术学院、四川财经职业学院、北京财贸职业学院、石家庄邮电职业技术学院、长春金融高等专科学校、山东商业职业技术学院、江苏财经职业技术学院、北京经管职业学院等。

由于编者能力与水平有限，经验、视野、时间不足，书中难免有不足之处，我们诚恳地希望读者批评指正，以便不断修改、完善和提高。

编　者

2023 年 10 月

目录

第一部分　编程基础

第1章　Python 语言概述 ·· 3

　1.1　Python 语言与数据分析应用 ··························· 3

　1.2　Python 程序开发与开发环境 ··························· 10

　1.3　Anaconda 与 Python ····································· 14

　1.4　课后思考 ··· 21

第2章　Python 程序结构 ·· 22

　2.1　顺序执行：程序结构、标识符、赋值语句 ·········· 22

　2.2　条件语句 ··· 24

　2.3　循环语句 ··· 26

　2.4　课后思考 ··· 31

第3章　列表与元组 ·· 32

　3.1　知识准备 ··· 32

　3.2　代码补全和知识拓展 ····································· 42

　3.3　实训任务：两个列表相加 ······························ 43

　3.4　延伸高级任务 ··· 44

　3.5　课后思考 ··· 46

第4章　字符串 ··· 47

　4.1　知识准备 ··· 47

4.2　代码补全和知识拓展 ·· 66

4.3　实训任务：处理股票交易数据 ··· 71

4.4　延伸高级任务 ··· 72

4.5　课后思考 ·· 75

第 5 章　字典 ··· 77

5.1　知识准备 ·· 77

5.2　代码补全和知识拓展 ·· 80

5.3　实训任务：银行卡密码初始化 ··· 85

5.4　延伸高级任务 ··· 86

5.5　课后思考 ·· 88

第 6 章　函数与类 ··· 90

6.1　知识准备 ·· 90

6.2　代码补全和知识拓展 ·· 99

6.3　实训任务：景区访客量统计 ··· 105

6.4　延伸高级任务 ··· 106

6.5　课后思考 ·· 109

第二部分　数据分析

第 7 章　NumPy ··· 113

7.1　知识准备 ·· 113

7.2　代码补全和知识拓展 ·· 119

7.3　实训任务：生成偶数数组 ··· 124

7.4　延伸高级任务 ··· 126

7.5　课后思考 ·· 128

第 8 章　Python 数据可视化 ··· 131

8.1　知识准备 ·· 131

8.2　代码补全和知识拓展 ·· 149

8.3　实训任务：视频网站数据可视化 ··· 168

8.4　延伸高级任务 ··· 173

8.5　课后思考 ·· 177

第 9 章　核心数据处理库 pandas ·· 179

9.1　知识准备 ·· 179

9.2　代码补全和知识拓展 ·· 213

9.3 实训任务 219

9.4 延伸高级任务 221

9.5 课后思考 224

第 10 章 进阶数据处理库 226

10.1 SciPy 226

10.2 Statsmodels 239

10.3 Quandl 248

10.4 Zipline 和 Pyfolio 249

10.5 TA-Lib 和 QuantLib 254

10.6 课后思考 265

第三部分 行业应用

第 11 章 股票数据分析可视化 269

11.1 知识准备 269

11.2 任务介绍 271

11.3 代码演示 272

11.4 代码补全和知识拓展 276

11.5 实训任务：下载股票数据并绘制收盘价时间序列图 279

11.6 课后思考 281

第 12 章 实现量化交易策略 282

12.1 知识准备 282

12.2 任务介绍 285

12.3 代码演示 285

12.4 代码补全和知识拓展 289

12.5 实训任务：tushare 数据演示移动平均线交易策略 290

12.6 课后思考 294

第 13 章 商业银行数据迁移案例 297

13.1 知识准备 297

13.2 任务介绍 299

13.3 代码演示 302

13.4 代码补全和知识拓展 309

13.5 实训任务：某商业银行数据迁移案例 311

13.6 课后思考 314

第 14 章　银行信贷潜在违约客户识别 ·· 316

　　14.1　知识准备 ·· 316

　　14.2　任务介绍 ·· 319

　　14.3　代码演示 ·· 320

　　14.4　代码补全和知识拓展 ·· 325

　　14.5　实训任务：利用某银行实际数据进行贷款违约预测 ··············· 335

　　14.6　课后思考 ·· 339

第 15 章　金融机构电话营销数据分析 ·· 344

　　15.1　知识准备 ·· 344

　　15.2　任务介绍 ·· 346

　　15.3　代码演示 ·· 350

　　15.4　代码补全和知识拓展 ·· 351

　　15.5　实训任务：金融机构电话营销数据分析 ·························· 354

　　15.6　延伸高级任务 ·· 359

　　15.7　课后思考 ·· 363

Python 第一部分 编程基础

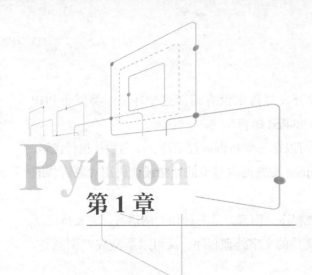

第1章

Python 语言概述

1.1 Python 语言与数据分析应用

1.1.1 Python 语言发展及特点

人类要和计算机进行"沟通与对话",即用指令操作计算机执行一系列动作,必须使用计算机能"听懂和理解"的一种特别语言。就像中国人要和英国人沟通,可以采用英语一样,人类与计算机交流也是使用一种特别设计的有着自身语法规则的语言:计算机程序设计语言。正如全世界的语言种类非常多,与计算机沟通的计算机程序设计语言也非常多,如 C 语言、Java 语言,当然还有本书即将介绍的 Python 语言。

Python 语言比较类似英语,人类完全能够看懂它,而且还能自如地使用 Python 语言形成复杂的程序和软件,对计算机各种操作施行精确指挥。但是计算机是无法直接理解英语的,当然也无法直接理解类似英语的 Python 语言。事实上,计算机都无法直接理解所有的程序设计语言。

一般通过一个翻译来将程序设计语言(包括 Python 语言、C 语言、Java 语言等)自动翻译成计算机能理解的语言,而这个翻译称为编译器或解释器(图 1-1)。

图 1-1　Python 必须有一个解释器才能运行 Python 程序

Python 是一个高层次的结合了解释性、编译性、互动性和面向对象的脚本语言。Python 的设计具有很强的可读性,相比其他语言它具有更有特色的语法结构。

Python 是一种解释型语言：这意味着开发过程中没有编译这个环节。类似于 PHP（Hypertext Preprocessor，超文本预处理器）和 Perl 语言。

Python 是交互式语言：这意味着使用者可以在一个 Python 提示符 >>> 后直接执行代码。

Python 是面向对象语言：这意味着 Python 支持面向对象的风格或代码用对象封装的编程技术。

Python 是初学者的语言：Python 对初级程序员而言，是一种伟大的语言，它支持广泛的应用程序开发，这些应用程序既可以是简单的文字处理程序，又可以是 WWW 浏览器，还可以是游戏等。

1. Python 的发展历程

Python 之父——荷兰人 Guido van Rossum，于 1982 年从阿姆斯特丹大学取得了数学和计算机硕士学位。

20 世纪 80 年代中期，Guido van Rossum 还在 CWI（数学和理论计算机科学领域的研究中心）为 ABC 语言贡献代码。ABC 语言是一个为编程初学者打造的研究项目。ABC 语言给了 Guido 很大的影响，Python 从 ABC 语言中继承了很多东西，如字符串、列表和字节数列都支持索引、切片排序和拼接操作。

在 CWI 工作了一段时间后，Guido 构思了一门致力于解决问题的编程语言，他觉得现有的编程语言对非计算机专业的人十分不友好。于是，1989 年 12 月，为了打发无聊的圣诞节假期，Guido 开始编写 Python 的第一个版本。

1991 年，Python 的第一个解释器诞生了，它是由 C 语言实现的，有很多语法来自 C 语言，又受到了 ABC 语言很多的影响。Python 1.0 版本于 1994 年 1 月发布，这个版本的主要功能是 lambda、map、filter 和 reduce，但是 Guido 并不喜欢这个版本。6 年半之后的 2000 年 10 月，Python 2.0 发布了。这个版本的主要新功能是内存管理和循环检测垃圾收集器以及对 Unicode 的支持。然而，尤为重要的变化是开发流程的改变，Python 此时有了一个更透明的社区。2008 年 12 月，Python 3.0 发布了。Python 3.x 不向后兼容 Python 2.x，这意味着 Python 3.x 可能无法运行 Python 2.x 的代码，并且 Python 2 已于 2020 年停止官方支持。

现在，Python 的社区变得更加庞大和活跃。越来越多的人开始使用 Python，并且贡献了大量的代码和库。Python 的生态系统变得更加丰富和多样化，包括各种框架、库和工具。其中一些最受欢迎的框架包括 TensorFlow、PyTorch 和 Keras。在过去的几十年里，Python 已经成为一种广泛使用的编程语言，它的应用领域不断扩大，社区变得越来越庞大和活跃。Python 的未来充满着无限的可能性，我们可以期待更多的创新和发展。

2. Python 的特点

Python 秉承"优雅、明确、简单"的设计理念，具有以下特点。

（1）简单易学。Python 是一种代表简单主义思想的语言，读者在开发 Python 程序时，可以专注于解决问题本身而不用顾虑语法的细枝末节。Python 极其容易上手，因为 Python 有极其简单的说明文档。

（2）免费、开源。Python 是 FLOSS（自由、开放源代码软件）之一，使用者可以自由地发布软件的备份，阅读它的源代码，对它的源代码进行改动，或者将其中一部分代码用于新的自由软件中。且用户使用 Python 进行开发或者发布自己的程序，不需要支付任何费用。

（3）高级语言。Python 封装较深，屏蔽了很多底层细节，如 Python 会自动管理内存（需要时自动分配，不需要时自动释放），因而用 Python 编写程序时无须考虑如何管理程序使用的内存一类的底层细节。

（4）面向对象。Python 既支持面向过程的编程，也支持面向对象的编程。在"面向过程"的语言中，程序是由过程或仅仅是可重用代码的函数构建起来的。在"面向对象"的语言中，程序是由数据和功能组合而成的对象构建起来的。

（5）可扩展性、可扩充性和可嵌入性。如果需要一段关键代码运行得更快或者希望某些算法不公开，可以部分程序用 C 或 C++ 编写，然后在 Python 中调用它们。同时也可以把 Python 代码嵌入 C 或 C++ 程序，从而向程序用户提供脚本功能。Python 能把其他语言"粘"在一起，所以被称为"胶水语言"。

（6）解释性。Python 语言写的程序不需要编译成二进制代码，可以直接从源代码运行程序。在计算机内部，Python 解释器把源代码转换成字节码的中间形式，然后再把它翻译成计算机使用的机器语言并运行，这使得使用 Python 更加简单，也使得 Python 程序更加易于移植。

（7）可移植性。由于它的开源特点，Python 能够运行在不同的平台上。绝大多数 Python 程序无须修改便可以在众多平台上运行，这些平台包括 Linux、Windows、QNX、VMS 以及 Google 基于 Linux 开发的 Android 平台等。

（8）丰富的库。Python 拥有许多功能丰富的库，其标准库非常庞大，包括正则表达式、文档生成、单元测试、线程、数据库、网页浏览器、HTML、WAV 文件、密码系统、GUI（图形用户界面）、Tk 等，这就是 Python 被誉为"功能齐全"的原因。此外，还提供了许多其他高质量的库，如 wxPython、Twisted 和 Python 图像库等。

1.1.2　大数据分析及应用

在当今时代，大数据已经成为许多企业决策的重要依据。为了更好地利用这些数据，许多企业的 IT 部门都开始使用各种工具和技术来处理和分析大数据。

大数据分析是指用适当的统计分析方法对收集来的大量数据进行统计分析，提取有用信息并形成结论，进而对数据加以详细研究和概括总结的过程。在实际应用中，数据分析可帮助人们和企业做出判断，以便采取适当行动。而 Python 语言是一种强大的工具，能够在大数据分析过程中充分发挥优势。Python 语言的可读性较强，且易于学习和使用，它也是数据分析领域中最受欢迎的编程语言之一。

1. 数据预处理

数据预处理是数据整理的先前步骤，是指对所收集数据进行分类或分组前所做的审核、筛选、排序等必要的处理。现实世界中的大规模数据往往都是杂乱、不完整、不一致、有噪声、冗余的，无法直接进行数据分析，或分析结果不尽如人意。为了提高数据分析的质量，数据预处理技术应运而生。

数据预处理有多种方法，如数据清理、数据集成、数据变换、数据归约等。这些数据处理技术在数据挖掘之前使用，可大大提高数据分析的质量，降低实际分析所需要的时间。

2. 数据分析方法

完整的数据分析主要包括六大步骤，依次为分析设计、数据收集、数据处理、数据分析、数据展现、报告撰写等，所以也叫数据分析六部曲。而对数据进行分析是数据分析的核心过程，下面介绍 4 种常用的统计分析方法。

1）描述性统计分析

描述性统计是指运用制表和分类、图形以及计算概括性数据来描述数据特征的各项活动。描述性统计分析要对调查总体所有变量的有关数据进行统计性描述，主要包括数据的频数分析、集中趋势分析、离散程度分析、分布以及一些基本的统计图形。

2）回归分析

回归分析是一种用于研究变量之间关系的统计方法。在金融市场中，回归分析可以用来研究股票价格和其他变量之间的关系，例如，利率通货膨胀率和公司盈利等。通过回归分析，投资者可以预测股票价格的变化，并做出相应的投资决策。

3）相关分析

相关分析就是对总体中确实具有联系的标志进行分析，其主体是对总体中具有因果关系标志的分析。它是描述客观事物相互间关系的密切程度并用适当的统计指标表示出来的过程。在一段时期内，出生率随经济水平上升而上升，这说明两指标间是正相关关系；而在另一时期，随着经济水平进一步发展，出现出生率下降的现象，两指标间就是负相关关系。

相关分析与回归分析之间的区别：回归分析侧重于研究随机变量间的依赖关系，以便用一个变量去预测另一个变量；相关分析侧重于发现随机变量间的种种相关特性。

4）时间序列分析

时间序列分析是一种用于研究时间序列数据的统计方法。在金融市场中，时间序列分析可以用来研究股票价格、汇率和利率等变量随时间的变化趋势。通过时间序列分析，投资者可以预测未来的市场趋势，并做出相应的投资决策。

1.1.3　Python 程序库简介

1. 基本概念

包、库、模块是 Python 中常用的概念。一般情况下，模块指一个包含若干函数定义、类定义或常量的 Python 源程序文件，库或包指包含若干模块并且其中一个文件名为 _init_.py 的文件夹。对于包含完整功能代码的单个模块也可以叫作库，例如，标准库 re 和 re 模块这两种说法都可以。但一般不把库叫作模块，例如，tkinter 库包含若干模块文件，此时一般说标准库 tkinter 而不是 tkinter 模块。

在 Python 中，有内置模块、标准库和扩展库之分。内置模块和标准库是 Python 官方的标准安装包自带的，内置模块没有对应的文件，可以认为是封装在 Python 解释器主程序中的；标准库对应的程序文件在 Python 安装路径中的 Lib 文件夹中。

Python 官方的标准安装包自带了 math（数学模块）、random（随机模块）、datetime（日期时间模块）、collections（包含更多扩展版本序列的模块）、functools（与函数以及函数式编程有关的模块）、urllib（与网页内容读取以及网页地址解析有关的模块）、itertools（与序列迭代有关的模块）、string（字符串操作）、re（正则表达式模块）、os（系统编程模块）、os.path（与文件、文件夹有关的模块）、zlib（数据压缩模块）、hashlib（安全散列与报文摘要模块）、socket（套接字编程模块）、tkinter（GUI 编程模块）、sqlite3（操作 SQLite 数据库的模块）、csv（读写 CSV 文件的模块）、json（读写 JSON 文件的模块）、pickle（数据序列化与反序列化的模块）、statistics（统计模块）、time（与时间操作有关的模块）等大量内置模块和标准库（完整清单可以通过官方在线帮助文档 https://docs.python.org/3/library/index.html 进行查看），但没有集成任何扩展库，程序员可以根据实际需要再安装第三方扩展库。

截至 2023 年 6 月，pypi 已经收录了超过 46 万个扩展库项目，涉及很多领域的应用，例如，jieba（用于中文分词）、moviepy（用于编辑视频文件）、xlrd（用于读取 Excel 2003 之前版本文件）、xlwt（用于写入 Excel 2003 之前版本文件）、openpyxl（用于读写 Excel 2007 及更新版本文件）、python-docx（用于读写 Word 2007 及更新版本文件）、python-pptx（用于读写 PowerPoint 2007 及更新版本文件）、pymupdf（用于操作 PDF 文件）、pymssql（用于操作 Microsoft SQL Server 数据库）、pypinyin（用于处理中文拼音）、pillow（用于数字图像处理）、pyopengl（用于计算机图形学编程）、NumPy（用于数组计算与矩阵计算）、SciPy（用于科学计算）、pandas（用于数据分析与处理）、Matplotlib（用于数据可视化或科学计算可视化）、requests（用于实现网络爬虫功能）、beautifulsoup4（用于解析网页源代码）、scrapy（爬虫框架）、sklearn（用于机器学习）、PyTorch、TensorFlow（用于深度学习）、flask、Django（用于网站开发）等几乎渗透到所有领域的扩展库或第三方库。

2. 库的安装与管理

Python 有两个基本的库管理工具，即 easy_install 和 pip。目前大部分用户都采用 pip 进行对扩展库的查看、安装与卸载。下面介绍 pip 命令几个常用的方法。

1）查看扩展库

```
cmd>pip list
```

例如：D:\Python 311\Scripts>pip list

2）查看当前安装的库

```
cmd>pip show Package
```

例如：D:\Python 311\Scripts>pip show numpy

3）安装指定版本的扩展库

```
cmd>pip install Package == 版本号
```

例如：D:\Python 311\Scripts>pip install tensorflow == 1.9.0

4）离线安装扩展库文件 whl

```
cmd>pip install Package.whl
```

例如：D:\Python 311\Scripts>pip install pyshp-2.1.3-py3-none-any.whl

5）卸载扩展库

```
cmd>pip uninstall Package
```

例如：D:\Python 311\Scripts>pip uninstall numpy

6）更新扩展库

```
cmd>pip install-U Package
```

例如：D:\Python 311\Scripts>pip install-U tensorflow

注：U 为大写字母。

1.1.4 实训任务：安装 package

例 1：库的安装。

打开命令提示符 cmd 窗口（按 Windows+R 组合键后输入 "cmd" 并按 Enter 键，如图 1-2 所示），使用 cd 命令进入安装 Python 的 scripts 文件夹中（例如，Python 安装的路径为 D:\python311），输入 "pip install Package"（比如 numpy），按 Enter 键进行安装即可。如图 1-3 所示，表明此库安装成功（也可以在打开命令提示符 cmd 窗口后，直接输入 "pip install Package" 进行安装）。程序运行效果可以扫码观看。

由于默认 pip 获取的是 Python 官方源，经常下载较慢甚至不可用，这时可以使用国内 Python 镜像源。下面列出一些常用的国内镜像源。

清华大学：https://pypi.tuna.tsinghua.edu.cn/simple

阿里云：http://mirrors.aliyun.com/pypi/simple/

图 1-2　运 行 cmd

图 1-3　运行安装 numpy

中国科学技术大学：https://pypi.mirrors.ustc.edu.cn/simple/

华中理工大学：http://pypi.hustunique.com/

山东理工大学：http://pypi.sdutlinux.org/

豆瓣：http://pypi.douban.com/simple/

使用时只需要在命令提示符后面输入 "pip install -i https://pypi.tuna.tsinghua.edu.cn/ simple numpy"（如使用清华大学镜像源）就可以成功安装扩展库 numpy。

例 2：永久更换安装源（以 Windows 为例）。

步骤如下。

（1）单击"此电脑"，在最上面的文件夹窗口中输入"%APPDATA%"，如图 1-4 所示。

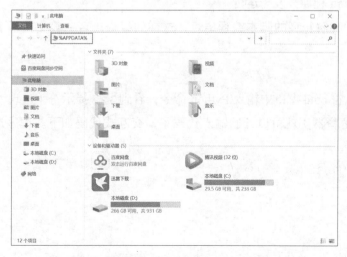

图 1-4　在文件夹窗口输入"%APPDATA%"

（2）回车跳转到目录 C:\...\admin\AppData\Roaming，新建 pip 文件夹 C:\Users\admin\AppData\Roaming\pip。

（3）创建 pip.ini 文件（注意扩展名）。

（4）打开文件输入以下内容，保存并关闭即可，如图 1-5 所示。

```
[global]
timeout = 6000
index-url = https://pypi.tuna.tsinghua.edu.cn/simple
trusted-host = pypi.tuna.tsinghua.edu.cn
```

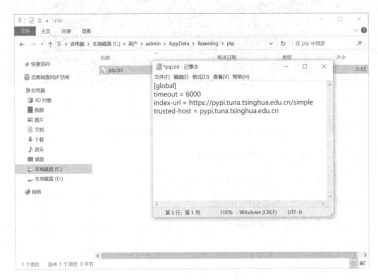

图 1-5　创建 pip.ini 文件

1.2　Python 程序开发与开发环境

1.2.1　Python 程序开发与运行

Python 是一种解释型的脚本编程语言，这样的编程语言一般支持以下两种代码运行方式。

1. 交互式

在命令提示符 cmd 窗口中输入 Python 命令，看到 >>> 提示符（出现 ">>>"即进入 Python 解释器）就可以开始输入代码了，交互式代码如下。程序运行效果可以扫码观看。

```
>>>print('Hello Python!')
Hello Python!
>>>a=2
>>>b=4
>>>a+b
6
```

2. 文件式

Python 源文件是一种纯文本文件，内部没有任何特殊格式，可以使用任何文本编辑器打开。例如，Windows 下的记事本程序，Linux 下的 Vim、gedit 等，macOS 下的 TextEdit 工具。

使用编辑器创建一个源文件，并输入下面的代码，保存为 demo.py。

```
print('Hello Python!')
a=2
b=4
print(a+b)
```

进入命令提示符 cmd 窗口，首先切换到 demo.py 所在的目录，然后输入下面的命令就可以运行源文件了。程序运行效果可以扫码观看。

```
cd /d D:\pythonproject      # 切换到 demo.py 所在的目录
python demo.py              # 运行代码
```

也可以在命令提示符 cmd 窗口中用另外一种方法运行 Python 程序，输入 "Python+ 程序地址 + 程序名 .py"，代码如下。程序运行效果可以扫码观看。

```
python D:\pythonproject\demo.py
```

运行完该命令，可以立即看到输出结果，如下所示。

```
Hello Python!
6
```

1.2.2 集成开发环境

解释器只是解决了翻译问题，还不能很方便地编写 Python 程序（图 1-6）；仅有编译器的确已经可以通过"命令行"（command line）来编写 Python 程序了，但是显然非常不方便。

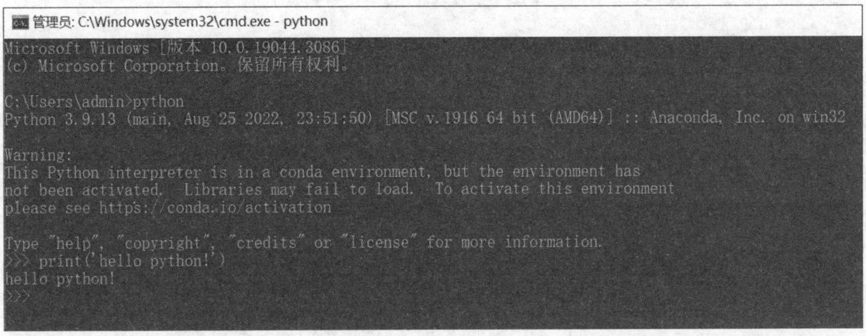

图 1-6 仅有编译器的 Python 命令行开发

因此还需要有一个非常容易使用的编写程序的开发环境，这种开发环境被称为集成开发环境（Integrated Development Environment，IDE）。IDE 是用于提供程序开发环境的应用程序，一般包括代码编辑器、编译器、调试器和图形用户界面等工具。IDE 是集成了代码编写功能、分析功能、编译功能、调试功能等一体化的软件开发服务套件（图1-7）。

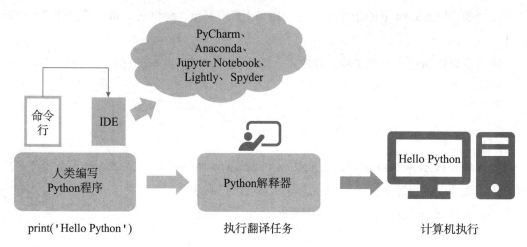

图 1-7 采用 IDE 的 Python 程序开发

Python 是一种开源、免费的脚本语言，它并没有提供一个官方的开发环境（仅自带了一个 IDLE），需要用户自主来选择编辑工具。目前，Python 的开发环境有很多种，可选择的 IDE 类别很多，既可以选用 Python 自带的 IDLE，也可以选择使用 PyCharm、Anaconda、Jupyter Notebook、Lightly、Spyder 等作为 IDE。

其中，IDLE 是 Python 内置的集成开发环境，它由 Python 安装包提供，也就是 Python 自带的文本编辑器。IDLE 为开发人员提供了许多有用的功能，如自动缩进、语法高亮显示、单词自动完成以及命令历史等，在这些功能的帮助下，用户能够有效地提高开发效率。更多的集成开发环境将会在 1.3 节中进行介绍。

【小知识】 IDE 与 IDLE 的区别

IDLE 是 Python 内置的集成开发环境，它由 Python 安装包提供。而 IDE 一般由第三方公司或者组织提供，如 PyCharm、Anaconda、Jupyter Notebook、Lightly、Spyder 等。事实上，Anaconda 不仅提供 IDE，它更是一个开源的 Python 集成发行版本，包含 conda、Python 等 180 多个科学包及其依赖项。

IDLE 全称是 "Integrated Development and Learning Environment"，是 Python 的集成开发和学习环境。它被打包为 Python 包装的可选部分，当安装好 Python 以后，IDLE 就自动安装好了，不需要另外去安装。使用 IDLE 运行 Python 程序的方法如下。

（1）从 Python 官网 https://www.python.org/ 下载安装 Python 解释器，如图1-8所示。

（2）单击 Windows "菜单" 按钮，如图1-9中数字1所示；然后从菜单中找到 IDLE（Python 3.10 64-bit）选项即可。

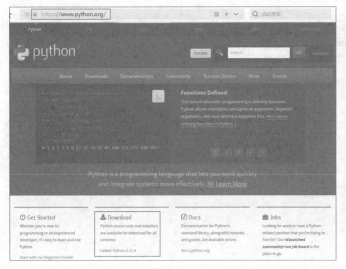
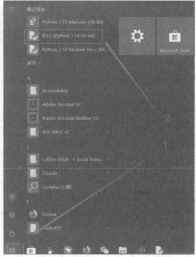

图 1-8　官网下载 Python 解释器　　　　　　图 1-9　Python IDLE

1.2.3　实训任务：编写简单程序

例 3：分别用交互式和文件式两种方法，编辑并运行 print 语句。程序运行
效果可以扫码观看。

交互式代码如下。

```
>>>print('Hello Python!')
Hello Python!
>>>print('Hello World!')
Hello World!
>>>print(1+2)
3
>>>print(2-1)
1
```

文件式代码如下。

```
print('Hello Python!')
print('Hello World!')
print(1+2)                 # 运用算术运算符：加号
print(2-1)                 # 运用算术运算符：减号
```

注意：在 Python 中，以 # 开头的信息称为注释，是用户在代码中加入的说明信息，不被解释器解释与执行。

例 4：采用 IDLE 编写上述代码。

（1）进入 Python 安装目录，运行 IDLE，或者直接使用命令行运行（图 1-10）。

（2）使用 File 菜单中的 New File 选项来创建一个新的 Python 文件（图 1-11）。

我们可以在新文件中编写 Python 代码，然后保存文件。保存好文件后再次

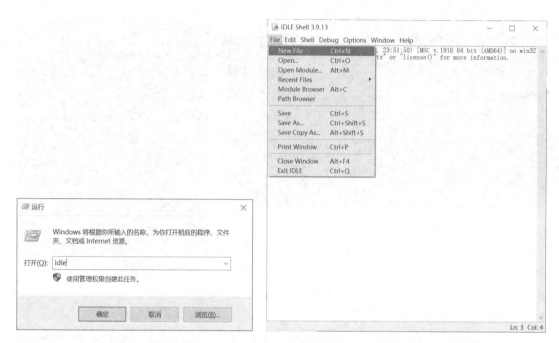

图 1-10　运行 IDLE　　　　　　　　图 1-11　新建一个 Python 文件

使用 Open 命令打开，可以使用 Run 菜单中的 Run Module 选项来运行 Python 程序。这将打开 Python 解释器，并执行编写的代码。如果代码中有任何错误，解释器将会输出错误信息（图 1-12）。

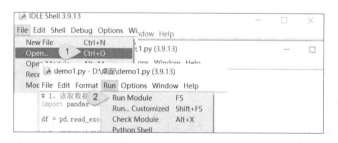

图 1-12　IDLE 打开 .py 文件并运行 Python 程序

1.3　Anaconda 与 Python

1.3.1　Anaconda

Anaconda 是一个第三方、开源、免费的工具，支持 800 多个第三方库，包含多个主流的 Python 开发调试环境，适合在数据处理和科学计算的领域使用。由于 Anaconda 是一个跨平台工具，因此它可以很好地在 Windows、Linux 和 macOS 上使用。

Anaconda 具有开源、安装过程简单、高性能使用 Python 和 R 语言、免费的社区支持等特点。

Anaconda 的安装过程如下。安装过程可以扫码观看。

（1）打开 Anaconda 的官方网站 https://www.anaconda.com，如图 1-13 所示，单击 Download，选择操作系统类型，然后选择需要的软件版本下载即可。

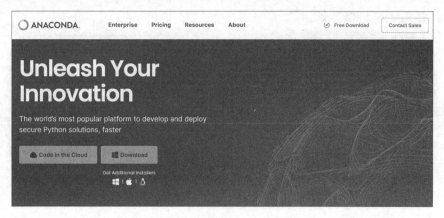

图 1-13　Anaconda 官方网站

（2）打开下载的程序文件，例如 Anaconda3-2022.10-Windows-x86_64.exe，如图 1-14 所示；单击 Next 按钮进入安装许可协议界面，如图 1-15 所示。

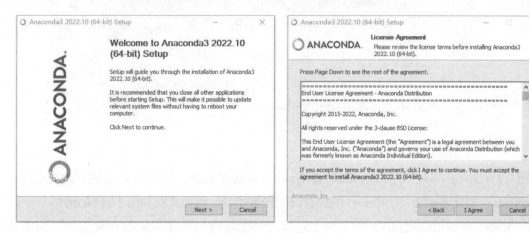

图 1-14　Anaconda3 安装界面　　　　图 1-15　Anaconda3 安装许可协议界面

（3）单击 I Agree 按钮进入安装类型界面，选择相应的安装类型选项，单击 Next 按钮进入安装路径界面，如图 1-16 所示。

（4）选择 Anaconda3 的安装路径，单击 Next 按钮进入高级安装选项界面，如图 1-17 所示。

（5）勾选两个复选框，第一个是添加到环境变量，第二个是默认使用 Python 3.9，单击 Install 按钮。安装完成后，单击 Next 按钮进入安装完成界面，单击 Finish 按钮结束安装，如图 1-18 所示。

（6）安装完成后，可在"开始"菜单中找到 Anaconda3 文件夹，查看所包含的内容，如图 1-19 所示。

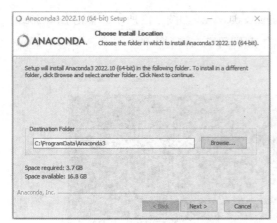

图 1-16　Anaconda3 安装路径界面

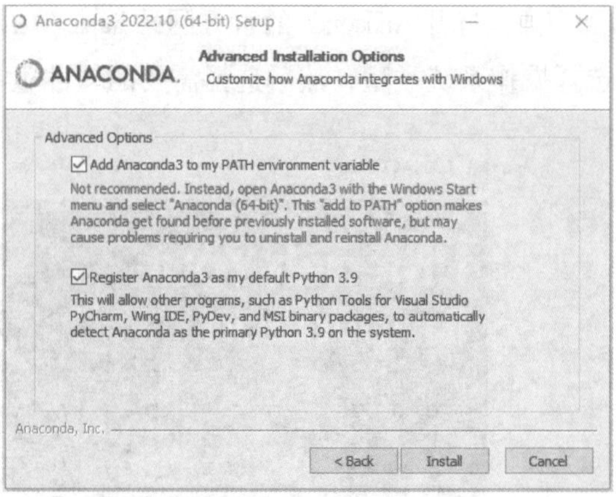

图 1-17　Anaconda3 高级安装选项界面

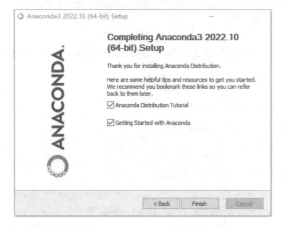

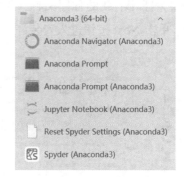

图 1-18　Anaconda3 安装完成

图 1-19　Anaconda3 文件夹

（7）双击图 1-19 中的 Anaconda Navigator，若成功启动，则说明真正成功地安装了 Anaconda；如果未成功，请务必仔细检查以上安装步骤。启动页面如图 1-20 所示。

图 1-20　Anaconda Navigator 界面

1.3.2　Jupyter Notebook、Lightly

1. Anaconda & Jupyter Notebook

Jupyter Notebook 是基于网页的用于交互计算的应用程序，其可被应用于全过程计算：开发、文档编写、运行代码和展示结果。

Jupyter 提供了一个 IDE，用户可以在该环境里写代码、运行代码、查看结果，并在其中可视化数据。鉴于众多优点，Jupyter 成为数据科学家喜欢的一款工具，它能够执行各种端到端的任务，如数据清洗、统计建模、机器学习等。而且它还允许把代码写入独立单元（cell）中，然后单独执行。

在"开始"菜单中找到 Anaconda3 文件夹。单击 Jupyter Notebook 即可启动 Jupyter，打开之后就可以看到如图 1-21 所示的 Jupyter 主界面了。

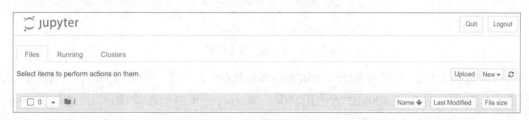

图 1-21　Jupyter 主界面

如果想新建一个 Notebook，单击面板右侧的 New，会出现 4 个选项。这里介绍使用 Notebook 来编写 Python 脚本。选择 Python 3，新建完成的界面如图 1-22 所示。

图 1-22　新建完成的界面

在 cell 中输入代码后，可以单击"运行"按钮或者按 Shift + Enter 组合键运行代码，如图 1-23 所示。

图 1-23　运行代码后的界面

2. Lightly

Lightly 是一款轻量且功能强大的集成开发工具。Lightly 支持多种主流的编程语言，用户无须任何操作，Lightly 会自动检测和生成开发环境，用户的任何修改都能实时同步到云端，并支持邀请其他人线上协助调试，共同协助开发。它既可以在网页上直接新建项目编程，也可以下载客户端体验更完整的 IDE 功能，如图 1-24 所示。

图 1-24　Lightly 官方网站

在浏览器地址栏中输入 https://lightly.teamcode.com，单击"在线使用"，登录后进入主界面，免费版提供了 500MB 的使用空间。单击右上角的"新建项目"，选择 Python，有 Python 3.7/3.8/3.9/3.10 四个版本可选。新建项目后，就可以输入代码了，还可以生成链接邀请好友、组员等一同协作，如图 1-25 所示。

图 1-25　Lightly 在线使用界面

1.3.3　PyCharm

PyCharm 是由 JetBrains 打造的一款 Python IDE，它拥有一整套在用户使用 Python 语言进行开发时使其效率提高的工具，如调试、语法高亮、项目管理、代码跳转、智能提示、自动完成、单元测试、版本控制等。此外，PyCharm 还提供了一些高级功能，用于支持 Django 框架下的专业 Web 开发。

PyCharm 是唯一一款专门面向 Python 的全功能集成开发环境。PyCharm 的产品分为社区（免费）版和专业（收费）版。我们编写的绝大多数程序，使用社区的免费版就可以完成。PyCharm 的安装与配置过程可以扫码观看。

1. PyCharm 安装

（1）进入 PyCharm 官 网 https://www.jetbrains.com/pycharm/，根据需要下载相应的版本。PyCharm 在 Windows 环境下有专业版（收费版）和社区版（免费版）两个不同的版本，以下载社区版为例。

（2）打开下载的程序文件，例如 pycharm-community-2023.1.3. exe，如图 1-26 所示，单击 Next 按钮进入 PyCharm 安装路径界面，如图 1-27 所示。

图 1-26　PyCharm 安装界面

（3）选择 PyCharm 安装路径，单击 Next 按钮进入 PyCharm 选项界面，如图 1-28 所示。

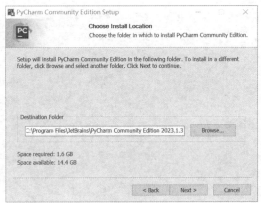

图 1-27　PyCharm 安装路径界面

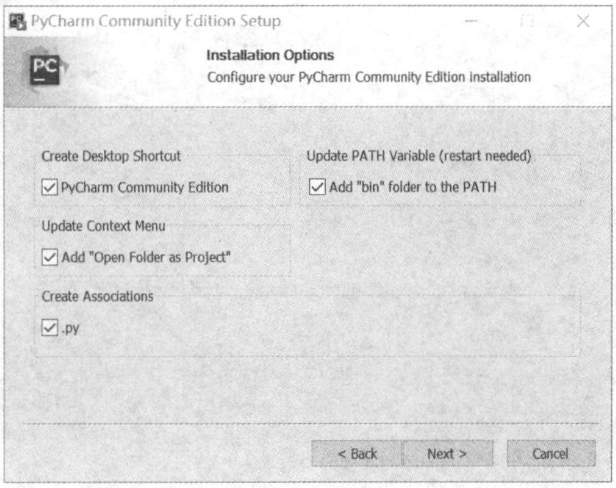

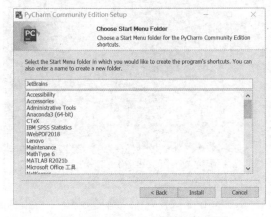

图 1-28　PyCharm 选项界面

（4）选择相应的选项，单击 Next 按钮进入 PyCharm 菜单文件界面，如图 1-29 所示。使用默认设置，单击 Install 按钮开始安装。

（5）安装完成后，如图 1-30 所示，单击 Finish 按钮结束安装。

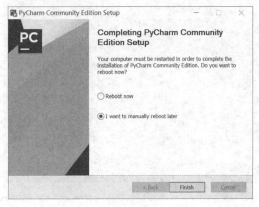

图 1-29　PyCharm 菜单文件界面

图 1-30　PyCharm 安装完成

2. PyCharm 配置

（1）双击桌面快捷方式，启动 PyCharm，在弹出的协议窗口中勾选"同意协议"，然后单击 Continue 按钮，进入 PyCharm 欢迎界面，如图 1-31 所示。

（2）单击 New Project 按钮新建项目，进入项目配置界面，如图 1-32 所示。先更改 Location，即新项目文件夹的路径和名称；然后单击左下方的 Previously configured interpreter，继续单击 Add Interpreter 按钮进去找到 Python 位置，前提是之前已经安装好 Python，如图 1-33 所示，单击 OK 按钮，返回项目配置界面；单击 Create 按钮，完成配置 Python 解释器。

（3）根据个人喜好依次选择 File → Settings → Editor → Color Scheme/Font，确定主题和字体等。

（4）统一字符编码设置为 UTF-8，如图 1-34 所示。

图 1-31　PyCharm 欢迎界面

图 1-32　PyCharm 项目配置界面

图 1-33　PyCharm 解释器界面

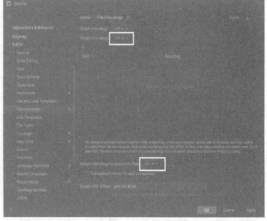

图 1-34　PyCharm 字符编码设置

（5）依次选择 File → Settings → Editor → File and Code Templates → Python Script 设置自动添加头部注释。头部注释包括 Python 解释器的位置、字符集、作者信息、创建脚本的时间等；还可以依次选择 File → Settings → Keymap → Editor Actions 查看和自定义快捷键等。

1.3.4　实训任务：配置开发环境

例 5：配置 Pycharm、安装插件 CSV Editor。

从官网下载 PyCharm 软件并完成安装配置。PyCharm 是一款功能强大的 Python 开发 IDE，拥有强大的功能和插件市场。PyCharm 的插件市场包含各类插件，包括主题、代码辅助工具、静态分析工具等，这些插件为 Python 开发带来了许多便利。因此，安装配置完成后，在 PyCharm 中安装插件，方法如下。

1. 在 PyCharm 中打开插件市场

在 PyCharm 中依次单击 File → Manage IDE Settings → Settings Sync → Plugins，搜索所需要的插件并直接进行安装。安装完成后，PyCharm 会提示重新启动，重新启动后，插件即可启用。程序运行效果可以扫码观看。

2. 手动获取插件市场链接地址

进入 PyCharm 的 官 方 插 件 市 场 https://plugins.jetbrains.com/，浏览所需要的插件，在插件详情页中下载插件的 .zip 文件。在 PyCharm 中依次单击 File → Manage IDE Settings → Settings Sync → Plugins，单击右上角设置符号中的 install plugin from disk，手动选择所下载的 .zip 文件，确认即可安装。安装完成后，PyCharm 会提示重新启动，重新启动后，插件即可启用。

1.4　课后思考

1. Python 是一门怎样的语言？
2. 列举常用的数据分析方法。
3. 描述 Python 的特点。
4. 描述 Python 支持哪几种代码运行方式。
5. 描述 Python IDE。
6. 简述 Python 安装扩展库常使用的工具及其使用方法。

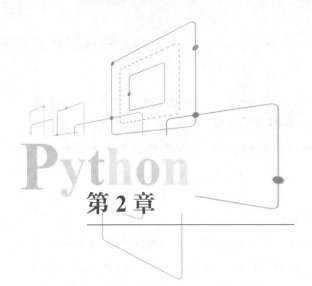

第 2 章　Python 程序结构

Python 程序结构

2.1　顺序执行：程序结构、标识符、赋值语句

2.1.1　变量命名规则

通常在程序运行过程中，无法预知用户的确切输入，这时就需要用一个符号（或称为变量）来保存用户的输入信息，以备后续的处理。另外，在程序运行过程中，也会有很多的变量参与其中，因此变量就成为 Python 程序设计中最基础的概念，与数学中的代数非常类似，这其实是对具体问题的一种抽象。例如，求两个数之和，就可以抽象为求 total=a+b，其中，total 保存着 a 与 b 的和。简而言之，变量的主要作用，就是用来存储信息，然后在计算机程序中使用这些信息。很显然，不同的变量需要不同的名称，上例中的 a 与 b 分别保存并代表着两个加数，其变量名也分别命名为 a 和 b。而变量名称为 total 的变量将被用来保存变量 a 与变量 b 之和。但是 Python 语言的变量进行取名字的时候需要遵循一定的规则：首先，Python 变量名区分大小写，一般使用小写字母命名（尽量不要使用中文字符和纯数学字符，避免编码错误）；其次，最好选择有意义的单词以提示用途，若有多个单词表达变量的含义，它们之间可以用下画线分隔。另外，注意不要使用关键字[①] 作为变量名。

【小知识】　　　　　　　　　Python 语言的命名规范和关键字

命名规范：

（1）项目：首字母大写 + 大写式驼峰，如 ProjectName。

（2）包：使用小写字母命名。多个单词之间用下画线分隔。

（3）模块：使用小写字母命名。多个单词之间用下画线分隔。

---

① 关键字就是 Python 自己保留内部使用的一组英文名称，不能将它作为普通的变量名称使用，Python 中有 35 个关键字。

（4）类／异常（驼峰命名法）：首字母大写＋大写式驼峰。Python 中一个模块可以包含多个类。私有类名称需要以下画线开头，如 HelloWorld 或 _HelloWorld。

（5）函数：使用小写字母命名。多个单词之间用下画线分隔。私有函数名称需要以下画线开头。

（6）变量：使用小写字母命名。多个单词之间用下画线分隔。私有变量名称需要以下画线开头。

（7）常量／全局变量：使用大写字母命名。多个单词之间用下画线分隔。私有常量名称需要以下画线开头。

关键字：

and as assert async await break class continue def del elif else except finally for from global if import in is lambda None nonlocal not or pass raise return try while with yield False True

2.1.2　赋值语句与顺序结构

为了更好地理解变量，可以形象地把变量想象为一个空盒子（存在于计算机内存之中），之后可以将钥匙、钢笔等物品存放在这个盒子中，也可以在需要的时候把盒子中的内容替换成其他想存放的新物品，如银行卡、手机等。将内容放入盒子的操作，在程序设计语言中称为"赋值"。例如，定义一个变量，其名称为 total，然后将数值 0 放入该变量中，由于程序的约定是等号右边的值放入等号左边的变量名中，因此程序代码就写为 total=0（当然，数值也可以是非整数，如 0.0，那么程序就写为 total=0.0，注意程序是严格区分整数和小数的，带有小数点的数也称为浮点数）。同理，

可以定义变量 a、b，把整数 5、6 分别赋值给 a、b，写为 a=5 b=6。如果再运行 total=a+b（图 2-1），就是将 5、6 从 a、b 中取出相加之后等于 11 并放入 total 变量中，这时 11 就替换了 total 中原有的数值 0。

图 2-1　赋值语句

因此可以将上述过程写成如下简单的 Python 程序。

例 1：求两个整数的和。

```
a = 5
b = 6
total = a + b    # 将 a、b 的值分别取出之后相加，再放入变量 total 中
print(total)     # 打印输出 total 的值
```

注意到仅包含 Python 赋值语句的程序是自上而下顺序执行的，因此也把这类最简单的程序执行方式称为顺序结构。那么是否有不按照顺序执行的程序呢？现实世界的事物处理逻辑显然不都是按部就班地按顺序进行的，有时候需要根据不同的条件采取不同的行动。采用了条件语句和循环语句的程序结构就属于不按顺序执行的情况。

2.2 条件语句

2.2.1 知识准备

1. 单条件

```
if 条件：
    语句1    # 如果条件成立，就执行语句1；注意语句1必须缩进排版
```

使用中要注意以下格式。

（1）if 语句后面要加冒号。

（2）满足条件后的执行语句要缩进四个空格。

（3）if 后的条件是一个表达式。表达式的逻辑运算结果布尔值（bool）分为 True 和 False。该表达式的值为 True 则执行语句1（即去执行 if 后面缩进的代码块），为 False 则跳过不执行（图 2-2）。

例 2：当两个整数和大于 100 时就显示"付款"两字。

```
a = 5
b = 6
total = a + b
if total > 100:
    print(' 付款 ')
print(' 结束 ')
```

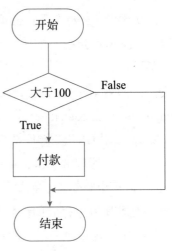

图 2-2　条件语句

2. 多条件

```
if 条件1：
    语句1    # 如果条件1成立，则执行语句1
elif 条件2：
    语句2    # 如果条件2成立，则执行语句2
else：
    语句3    # if 之前所有的条件均不成立，则执行 else 语句的缩进部分
```

注意上述 if 和 else 是同一层级，不需要缩进。if 和 else 下的执行语句都需要缩进四个空格。

例 3：判断两个数字之和的范围。

```
a = 5        # 可以改为 int(input())
b = 6
total = a + b
if total > 100:
    print(' 大于 100')
elif total > 50:
    print(' 大于 50')
```

```
else:
    print(' 小于 50')
print(' 结束 ')
```

例 3 中的 a、b 是固定数值，可以将 a 改为由使用者手动输入任意整数，只要使用 input 语句即可。但是要注意 input 得到的只是一个字符串，并不能和整数相加。必须要进行数据类型转换，可以使用 int 转换为整数类型，使用 float 转换为小数类型。

【小知识】　　　　　　　　　　　运算符

逻辑表达式的运算符

< 小于　　　　　　　　　　　　<＝ 小于或等于

> 大于　　　　　　　　　　　　>＝ 大于或等于

== 等于　　　　　　　　　　　!= 不等于

成员运算符 in / not in　　　**身份运算符** is / is not

算术运算符

* 乘法　　　　　　　　　　　　+= 递增

** 幂次　　　　　　　　　　　　/ 除法（商可为小数）

% 取余　　　　　　　　　　　　// 整除（取商的整数部分）

2.2.2　代码补全和知识拓展

1. 代码补全

请补全下述代码，使得输入成绩之后能够输出五级计分等级。例如，输入数字 80，输出良好，等等。程序运行效果可以扫码观看。

例 4：请在带括号横线上补全代码。

```
score = (_____)
if score >= 90:
    print(' 优秀 ')
(_____)    # 表示多行程序
```

进一步思考如何在程序中判断输入越界的分数，例如，输入负数和超过满分 100 分的数值。

2. 知识拓展：多重判断

例 5：根据旅客的选择，判断是否允许登机。程序运行效果可以扫码观看。

```
ticket = int(input(" 是否购买机票（0- 未购买 1- 购买）"))
safety = int(input(" 是否通过安检（0- 未通过 1- 通过）"))
(_____)
```

2.2.3　实训任务：猜测随机数

例 6：某同学编写了下述程序用来猜测计算机随机生成的随机数，但是该程序运行结果不符合逻辑，请进行修改，以实现对随机数的合理猜测步骤。程序运行效果可以扫码观看。

```python
# 猜测随机数
import random

i = random.randint(1, 3)    # 生成 1 ～ 3 的三个整数 1、2、3
# ----------------------------------------
guess1 = input("请第一次输入你猜的数：")
if i == int(guess1):
    print('第一次猜对了')
else:
    print('第一次猜错了')
# ----------------------------------------
guess2 = input("请第二次输入你猜的数：")
if i == int(guess2):
    print('第二次猜对了')
else:
    print('第二次猜错了')
# ----------------------------------------
guess3 = input("请第三次输入你猜的数：")
if i == int(guess3):
    print('第三次猜对了')
else:
    print('第三次猜错了')
# ----------------------------------------
```

2.2.4　延伸高级任务：人员管理系统

例 7：实现一个人员管理系统，选择不同的功能，则打印不同的提示信息。程序运行效果可以扫码观看。

```python
# 人员管理系统
# 功能：添加员工，删除员工，查询员工，修改员工信息
print('-'*20, ' 欢迎进入人员管理系统 ', '-'*20)
choice = input('请选择功能:\n1.添加员工 \n2.删除员工 \n3.查询员工 \n4.修改员工信息 \n')
# 将 choice 进行逐个比较
(_____)    # 表示多行程序
else:
    print(' 输入错误 ')
```

2.3　循环语句

2.3.1　知识准备：for 循环

1. 语法简介

```python
for i in range(1, 10):
    语句 1
    语句 2
```

使用中要注意以下格式。

（1）for 语句后面要加冒号。

（2）满足条件后的执行语句要缩进四个空格，如语句 1、语句 2。

（3）for 后的 i 是一个循环变量名称，可以用任何合法变量名称来命名，如 j、k 等。range 部分表示循环变量 i 将从 1 逐步变化到 10，每次步长为 1，即每次 i=i+1（图 2-3）。

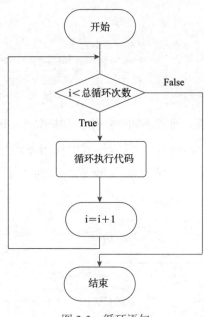

图 2-3　循环语句

2. range() 函数

range() 函数的作用是得到一串有序数列，常被用作循环变量的循环范围（设置起点和终点）。主要类型有以下三种。

（1）range(11) # 得到一串从 0 到 10 的序列。

（2）range(1, 11) # 得到一串从 1 到 10 的序列。

（3）range(1, 11, 2) # 得到一串从 1 到 10、步长为 2 的序列，即 1,3,5,7,9。

例 8：用循环语句求从 1 加到 10 的和（分别采用以上三种 range() 的写法）。

```
total = 0
for i in range(11):        # 得到一串从 0 到 10 的序列
    total += i
print(total)


total = 0
for i in range(1, 11):     # 得到一串从 1 到 10 的序列
    total += i
print(total)
```

```
total = 0
for i in range(1, 11, 1):   #得到一串从1到10、步长为1的序列
    total += i
print(total)
```

2.3.2 知识准备：while 循环

1. 语法简介

```
while 条件:
    语句1
    语句2
```

使用中要注意以下格式。

（1）while 语句后面要加冒号。

（2）满足条件后的执行语句要缩进四个空格，如语句1、语句2。

（3）while 后的条件是一个表达式。该表达式的使用方式与条件语句相同。

（4）对于循环次数是确定性的情况常用 for 循环，而在循环次数预先不可知的情况下常用 while 循环（图 2-4）。

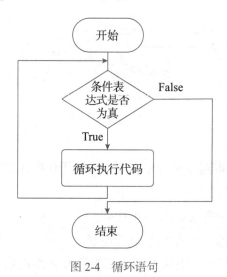

图 2-4　循环语句

2. break 和 continue

break 语句用在 while 和 for 循环中，被用来终止循环语句。即使循环条件没有 False 条件或者序列还没被完全遍历完，也会停止执行循环语句。在嵌套的多个循环中，break 语句将停止并跳出最深层的循环，返回到上一层次的循环中。

continue 语句也是跳出 while 和 for 循环，不过它只跳过当前循环的剩余语句，然后继续进行下一轮循环。例如，一个循环有 10 次，continue 语句仅跳出本轮次循环，如仅跳出第 5 次循环，然后继续进行第 6 次循环。而 break 语句则跳出整个循环，如从第 5 次循环开始直到第 10 次循环全部跳过。

例 9：循环输出字符串。

```
for i in "python":
    for j in range(5):
        print(i, end="")
        if i == "t":
            break
# 程序执行结果为: pppppyyyyythhhhhooooonnnnn
for i in "python":
    if i == "t":
        continue
    print(i, end="")
# 程序执行结果为: pyhon
```

3. break 与 while-else 循环

在 while 循环正常执行完的情况下，执行 else 输出，如果 while 循环中执行了跳出循环的语句，如 break，将不执行 else 代码块的内容。

例 10：打印输出 0 ~ 4。

```
a = 0
while(a<5):
    print(a)
    if a == 3:
        break
    a +=1
else:
print("ok")
输出:
0
1
2
3
```

```
a = 0
while a < 5:
    print(a)
    if a == 10:
        break
    a += 1
else:
    print("ok")
输出:
0
1
2
3
4
ok
```

2.3.3　代码补全和知识拓展

1. 代码补全

例 11：统计 101 ~ 200 中素数的个数，并且输出所有的素数。请补全该程序代码。

```
for i in range(101, 200):
    # 在判断每个数 x 是否为素数的时候，只需要计算这个数能不能被 [2,x/2] 中的数整除即可
    for j in range(2, i//2):
        if i % j == 0:
            (_____)
        elif j == i // 2-1:
```

```
                    print(i)
            else:
                (_____)
```

2. 知识拓展：enumerate() 函数

例 12：enumerate() 函数也常与 for 循环一起使用，可以自动维护循环索引。

```
values = ["a", "b", "c"]
# 循环打印值
for value in values:
    print(value)
# 循环打印索引
index = 0
for value in values:
    print(index)
    index += 1
# 同时循环打印索引和值
for index, value in enumerate(values):
    print(index, value)
# 另一种做法
for index in range(len(values)):
    value = values[index]
    print(index, value)
```

2.3.4　实训任务：求出 1+…+10 的和并分步骤打印结果

例 13：从 1 到 10 累加求和。

```
total = 0
for i in range(1, 11):
    total += i
print("total = {}".format(total))
```

（1）请对以上每个累加步骤进行打印输出。

（2）分别求 1 ～ 1000 中的偶数之和、奇数之和。

2.3.5　延伸高级任务：百钱买百鸡问题

假设大鸡 5 元一只，中鸡 3 元一只，小鸡 1 元三只，现有 100 元钱想买 100 只鸡，有多少种买法？

例 14：百钱买百鸡问题。

```
# 设大鸡 x 只，中鸡 y 只，小鸡 z 只
#
# 则有：
#x+y+z=100   #100 只   鸡数 100
#5*x+3*y+z*1//3=100   #100 元   钱数 100
#x,y,z ∈ N   鸡数 x，y，z 都是自然数，不能为负数，这也是一个条件
#
#
```

取其中的一种鸡，大鸡 x 有几种可能，也就是推出可能的循环取值次数，最多有 100//5=20。
遍历 range(21) 计数应该取 21，表示 0 ～ 20；中鸡的取值最多只能有 100//3=33，取 33，遍
历 range(34)

```
for x in range(21):
    for y in range(34):
        z = 100-x-y
        (_____)
```

2.4　课后思考

1. 求整数 1 ～ 100 的累加值，但要求跳过所有个位为 3 的数。

输入 1:
输出 1: 4570

2. 有一分数序列：2/1,3/2,5/3,8/5,13/8,21/13,…，求出这个数列的第 20 个分数。

输入 1:
输出 1: 28657/17711

3. 鸡兔同笼问题。鸡兔同笼，是中国古代著名典型趣题之一，大约在 1500 年前，《孙子算经》中就记载了这个有趣的问题。"今有雉兔同笼，上有三十五头，下有九十四足，问雉兔各几何？"也就是根据笼中鸡兔的头总数和脚总数，求出鸡兔各有几只。请循环输入鸡和兔的头总数 heads 以及脚的总数 feet，程序将循环输出鸡的只数 chicks 和兔的只数 rabbits。

程序必须能正确从以下输入中运行得到相应的输出结果才算正确。

输入 1: 20 54
输出 1: heads=20 feet=54
　　　　chicks=13 rabbits=7
输入 2: 12 54
输出 2: data error
输入 3: 27 54
输出 3: heads=27 feet=54
　　　　chicks=27 rabbits=0
输入 4: 0 54
输出 4: data error
输入 5: 0 0
输出 5: data error

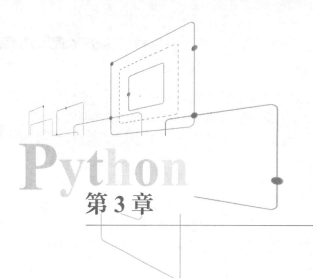

第3章 列表与元组

3.1 知识准备

我们都使用过 Excel 表格，Excel 表格中的一列或者一行是非常有用的一种数据组织形式。例如，可以将全国部分超大城市 GDP 放在同一列进行分析，或者将某只股票的开盘价、收盘价、成交量放在同一行进行研究。而这样的一行或者一列就萌生出列表的概念，即将一系列相关的数据放在一个维度上形成一维的表格，这就是列表（图 3-1）。

	A	B	C	D	E	F
1	超大城市列表1	GDP列表2				
2	北京	41610				
3	上海	44652				
4	广州	28839				
5	深圳	32388				
6	天津	15691				
7	重庆	29129				
8						
9						
10						

图 3-1　列表的概念

列表也被称为数据的容器，通过这样的容器可以把数据按照一定的规则存储起来方便后续的使用和分析。程序的编写和应用，就是通过操作数据容器中的数据来实现的。

在数据处理中，Python 的数据可以被划分为不同的类型，称为数据类型。不同类型的数据有不同的特点和不同的处理方式。例如，数值类型的数据就可以进行加、减、乘、除等运算（1+2=3），而字符类型的数据就可以进行各种组合（1+2=12）。Python 语言中数据类型不但包括数值、字符串等基本类型，也包含列表、元组等结构类型，其中，列表、元组等也常被称为数据容器或者数据结构，通过它们可以把数据按照一定的规则存储起来，从而方便后续的数据处理。本章主要介绍列表和元组的概念和基本用法。

3.1.1 列表的定义

列表作为 Python 中的一种数据结构，可以存放不同类型的数据，用方括号 [] 括起来进行定义，示例代码如下。

```
A1=[1,2,3]
A2=[5,6,"my",7]
A3=["you","he","she","hello"]
print(A1,A2,A3)
```

在 Spyder IDE 中运行，Variable Explorer 中显示结果如图 3-2 所示。

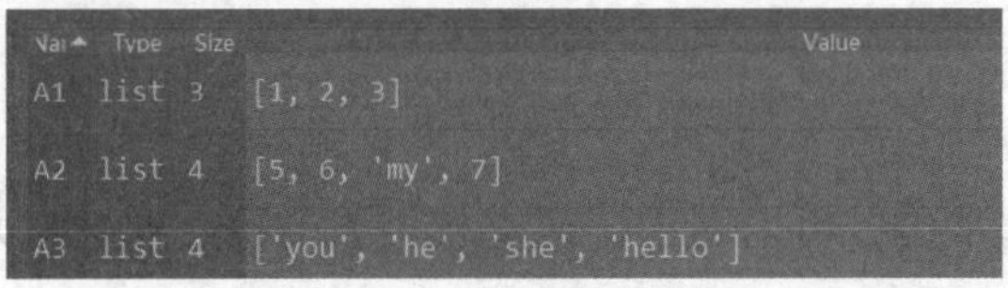

图 3-2　列表的定义

3.1.2　元组的定义

元组与列表是类似的概念，也是 Python 中的一种数据结构，它与列表的不同在于元组中的元素不能修改，元组是使用圆括号 () 括起来进行定义的，示例代码如下。

```
B1=(1,2,3)
B2=(5,6,"my",7)
B3=("you","he","she","hello")
print(B1,B2,B3)
```

运行结果如图 3-3 所示。

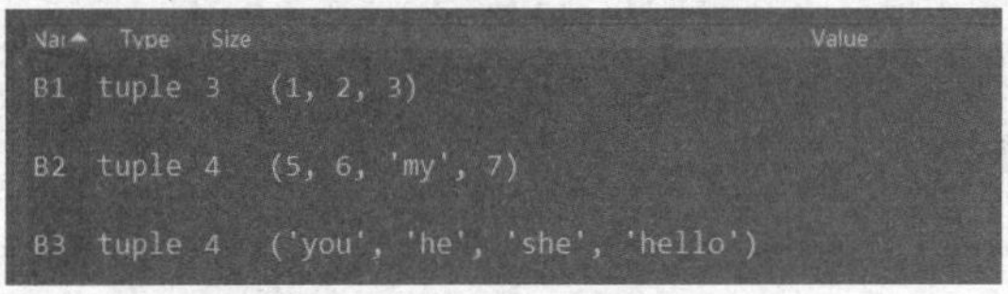

图 3-3　元组的定义

3.1.3　列表、元组的共有方法

因元组与列表是类似的概念，所以 Python 中的大部分数据结构均可以通过一种公用的数据操作方法来进行程序编写，下面主要介绍空列表（元组）的创建、索引、返回下标、切片、求长度、统计、元素计数、成员身份确认、变量删除等常用操作方法。

1. 创建

创建空列表使用 list 函数或者使用方括号 [] 来创建，创建空元组使用 tuple() 函数或者使用圆括号 () 来创建，示例代码如下。

```
A1=list()
A2=[]
B1=tuple()
B2=()
```

运行结果如图 3-4 所示。

图 3-4　创建空列表和空元组

2. 索引

索引是一个数据库术语，可以用于快速查找相关内容。列表和元组可以通过索引，即数据的下标位置来定位和访问指定的数据类型变量的值。需要注意的是：下标是从 0 开始的。示例代码如下。

```
A1=[1,2,3]
A2=[5,6,"my",7]
A3=["you","he","she","hello"]
B1=(1,2,3)
B2=(5,6,"my",7)
B3=("you","he","she","hello")
print(A1[0],A2[1],A3[3],B1[0],B2[1],B3[3])
```

运行结果如图 3-5 所示。

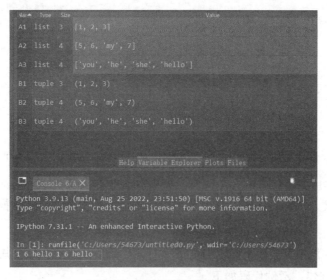

图 3-5　列表和元组的索引

3. 返回下标

列表和元组是通过元素的下标位置来定位和访问的，返回下标使用 index() 函数，示例代码如下。

```
A2=[5,6,"my",7]
print("5 的下标为；",A2.index(5))
```

```
B3=("you","he","she","hello")
print("he 的下标为; ",B3.index("he"))
```

运行结果如图 3-6 所示。

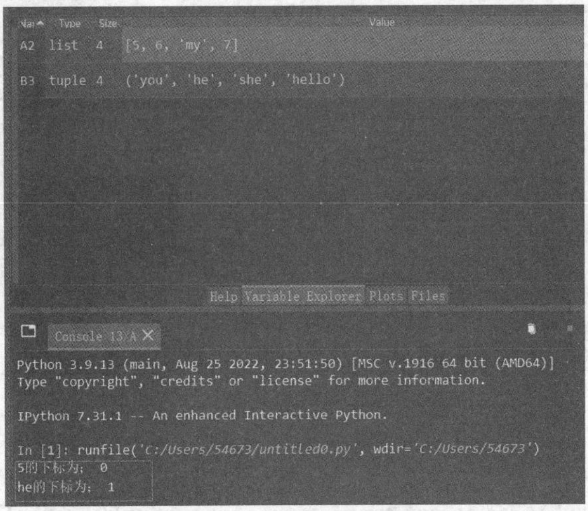

图 3-6　列表和元组通过元素的下标位置来定位和访问

4. 切片

切片是指使用指定的索引位置，取出一个或者连续取出多个元素，对数据的一种访问和提取方式。其方式为：索引开始位置→索引结束位置 +1。需要注意的是：索引开始位置是从 0 开始的，如果省略开始位置或结束位置，则默认为 0 或结束位置。示例代码如下。

```
A1=[1,2,3]
A2=[5,6,"my",7]
A3=["you","he","she","hello"]
B1=(1,2,3)
B2=(5,6,"my",7)
B3=("you","he","she","hello")
C1=A1[0:]
C2=A2[1:]
C3=A3[0:3]
D1=B1[0:2]
D2=B2[1:2]
D3=B3[:]
print(C1)
print(C2)
print(C3)
print(D1)
print(D2)
print(D3)
```

运行结果如图 3-7 所示。

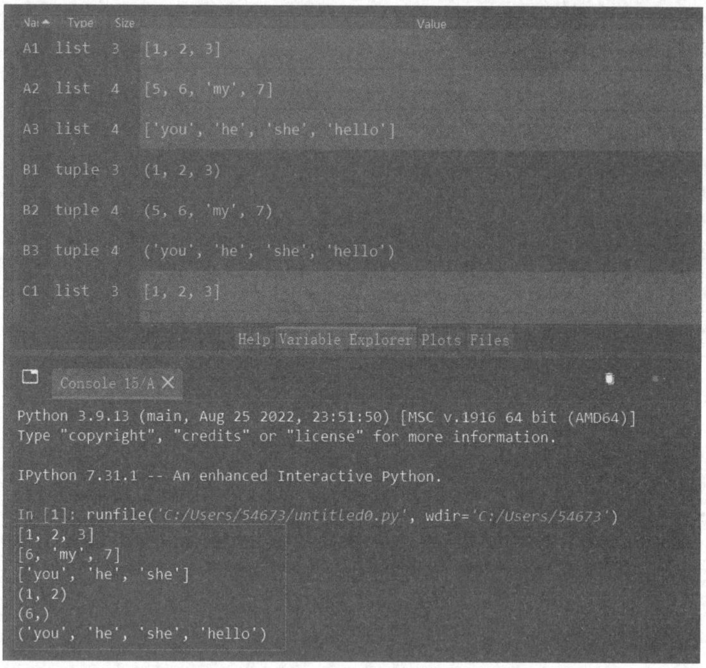

图 3-7　切片操作

5. 求长度

列表、元组的长度是指元素的个数，一般用函数 len() 来实现，示例代码如下。

```
A1=[1,2,3]
A2=[5,6,"my",7]
A3=["you","he","she","hello"]
B1=(1,2,3)
B2=(5,6,"my",7)
B3=("you","he","she","hello")
E1=len(A1)
E2=len(A2)
E3=len(A3)
F1=len(B1)
F2=len(B2)
F3=len(B3)
print(E1)
print(E2)
print(E3)
print(F1)
print(F2)
print(F3)
```

运行结果如图 3-8 所示。

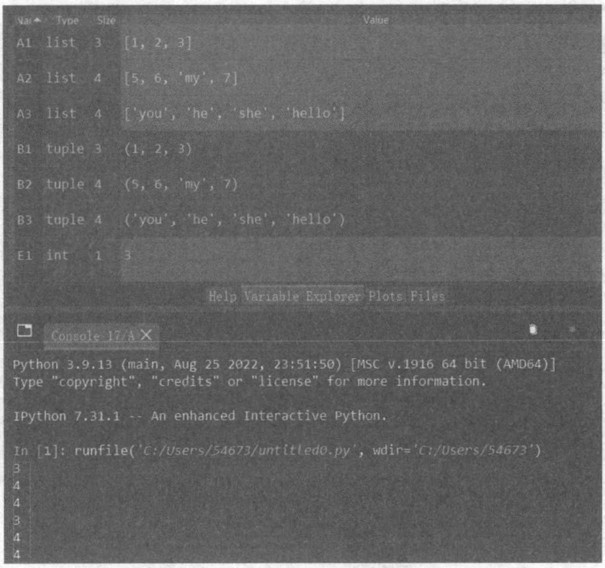

图 3-8　列表、元组的长度

6. 统计

统计是指求最大值、最小值、求和等，一般用函数 max()、min()、sum() 来实现，示例代码如下。

```
A1=[1,2,3]
A3=["you","he","she","hello"]
B1=(1,2,3)
B3=("you","he","she","hello")
G1=sum(A1)
G3=min(A3)
H1=sum(B1)
H3=min(B3)
print(G1)
print(G3)
print(H1)
print(H3)
```

运行结果如图 3-9 所示。

值得注意的是，数字和字符等之间是不能进行统计的，示例代码如下。

```
A2=[5,6,"my",7]
B2=(5,6,"my",7)
G2=max(A2)
H2=max(B2)
print(G2)
print(H2)
```

运行结果如图 3-10 所示。

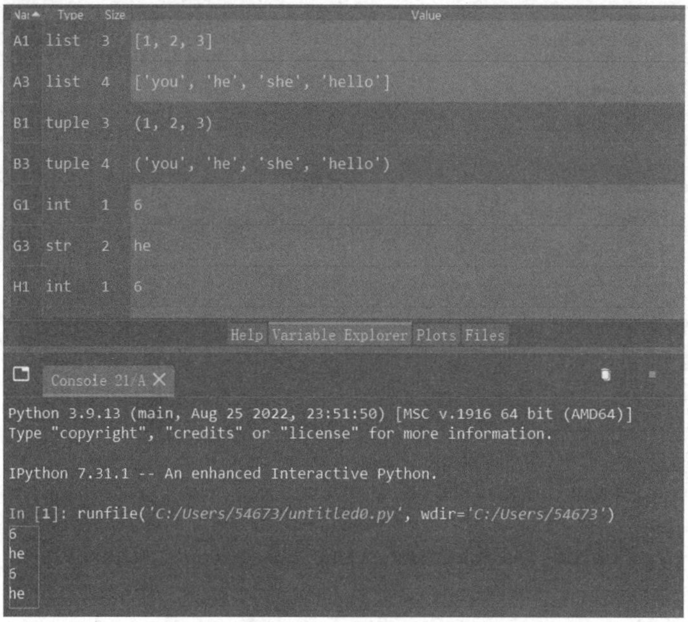

图 3-9　统计操作

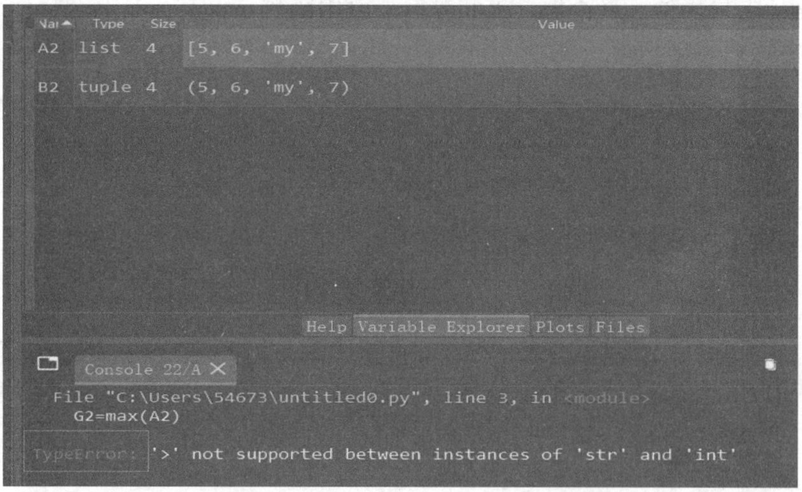

图 3-10　数字和字母之间不能进行统计

7. 元素计数

元素计数是用来统计某个元素在列表、元组中出现的次数，使用 count() 函数。需要注意的是，元素是指整体的一个元素，示例代码如下。

```
A3=["you","he","she","hello"]
print("元素 he 出现的次数为；",A3.count('he'))
B3=("you","he","she","hello")
print("元素 h 出现的次数为；",B3.count("h"))
```

运行结果如图 3-11 所示。

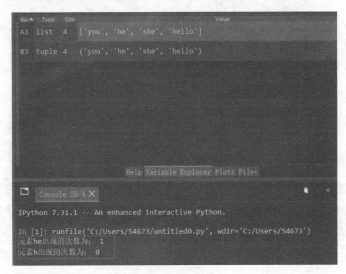

图 3-11 元素计数

8. 成员身份确认

成员身份的确认是用于判断元素是否属于某个数据结构变量，一般使用 in 命令，运行结果用 False、True 表示，分别意为假、真，示例代码如下。

```
A1=[1,2,3]
B2=(5,6,"my",7)
I1=1 in A1
I2="my" in B2
```

运行结果如图 3-12 所示。

图 3-12 成员身份确认

9. 变量删除

程序在运行过程中会产生一些中间变量，若想删除这些变量，一般使用 del 命令，示例代码如下。

```
A1=[1,2,3]
A2=[5,6,"my",7]
A3=["you","he","she","hello"]
B1=(1,2,3)
B2=(5,6,"my",7)
B3=("you","he","she","hello")
del  A1,A2,A3
```

运行结果如图 3-13 所示。

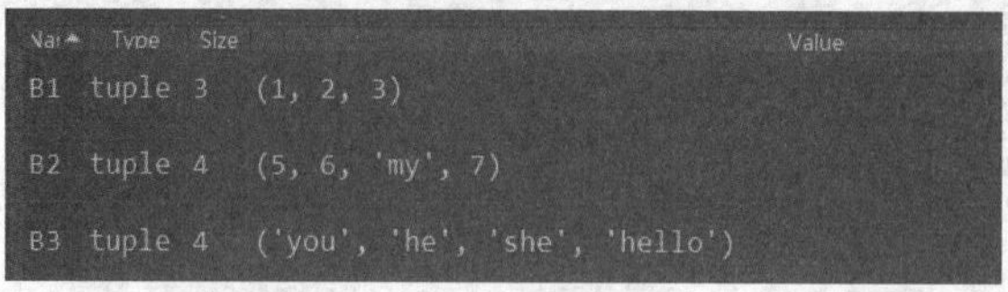

图 3-13　变量删除

3.1.4　列表的私有方法

前面强调元组与列表是类似的概念，也是 Python 中的一种数据结构，它与列表的不同之处在于元组中的元素不能被修改，所以列表的一些方法不适用于元组，在此将其称为列表独有或私有的方法，主要包括列表元素的添加、扩展、删除、排序。

1. 元素的添加

使用 append() 函数可以实现向列表中添加元素，与 for 循环叠加使用可以实现依次向列表中增加元素，示例代码如下。

```
A1=[1,2,3]
A1.append("a")
print(A1)
A2=[5,6,"my",7]
A3=["you","he","she","hello"]
for t in A2:
        A3.append(t)
print(A3)
```

运行结果如图 3-14 所示。

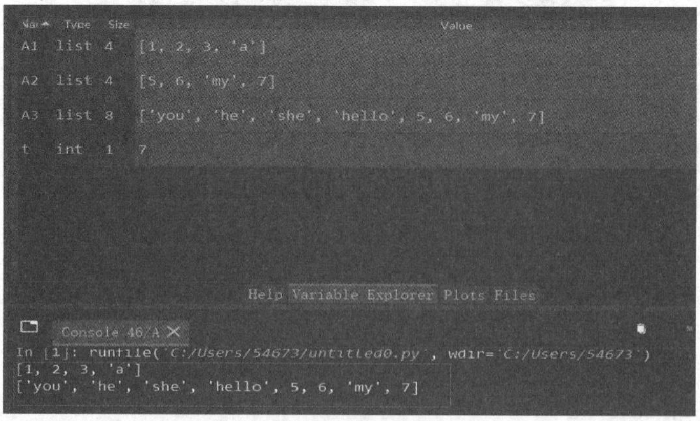

图 3-14　向列表中添加元素

2. 元素的扩展

使用 extend() 函数可以实现列表的扩展，将整个列表添加在原列表后面，示例代码如下。

```
A1=[1,2,3]
A2=[5,6,"my",7]
A1.extend(A2)
print(A1)
```

运行结果如图 3-15 所示。

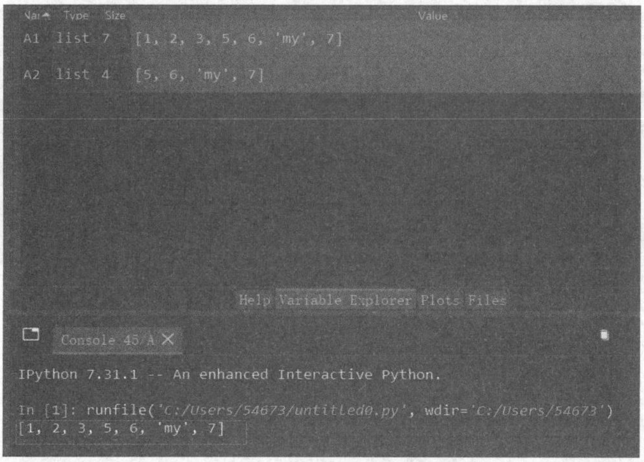

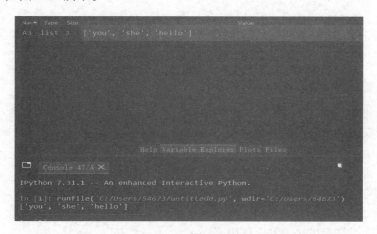

图 3-15　实现列表的扩展

3. 元素的删除

使用 remove() 函数可以实现列表中元素的删除，示例代码如下。

```
A3=["you","he","she","hello"]
A3.remove("he")
print(A3)
```

运行结果如图 3-16 所示。

图 3-16　元素的删除

4. 元素的排序

使用 sort() 函数可以实现列表中元素的排序，默认为按照升序进行排序，若想按照降序进行排序，则可使用 sort() 函数和 reverse = True 参数。值得注意的是：如果是文字，大小写不同则不能识别排序。示例代码如下。

```
A4=[1,8,4,2,3]
A4.sort()
print(A4)
A4.sort(reverse=True)
print(A4)
```

运行结果如图 3-17 所示。

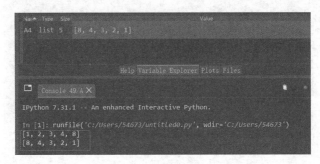

图 3-17　元素的排序

3.2　代码补全和知识拓展

3.2.1　代码补全

例 1：请在带括号横线上补全代码。

```
# 代码补全
# 请在 ___ 上填写代码，写完后将无关的 ___ 及其他括号去掉
l=['h', 'a', 'b', 'b', 'c', 'c', 'd', 'p', 'q', 'q']
l.(_____)    # 升序
print(l)
l.sort(reverse=___)             # 降序
___(l)                          # 输出 l
print(' 元素 a 出现的次数是：',l.___(___))
print(' 元素 a 的索引下标是：',l.___(___))
```

例 2：请在带括号横线上补全代码。

```
t1=___()        # 建立空元组
l=___()         # 创建空列表
l.___('H')      # 将元素 H 添加在 l 中
print(l)
```

例 3：请在带括号横线上补全代码。

```
m='''hello world'''
for t in m:
    l.append(t)
```

```
    print(l)
l.___(m)                    #将 l 添加在 m 的后面（拓展）
print(l)
```

3.2.2　知识拓展：二维数组与 zip() 函数

1. 定义指定长度的数组并赋初值

Python 中没有数组的数据结构，但列表很像数组，例如：

```
a=[0,1,2]
```

这时 a[0]=0、a[1]=1、a[2]=2，但引出一个问题，即如果列表 a 想定义为一个数值型数组 0 ~ 999 怎么办？

这时可以通过 a = range(0, 1000) 实现，或省略为 a = range(1000)。如果想定义长度为 1000、初始值全为 0 的这样一个数组 a，则可以使用这样的表达式：

```
a = [0 for x in range(0, 1000)]
```

2. 二维数组的定义

（1）直接定义：

```
a=[[1,2],[3,4]]
```

这里定义了一个 2×2 的二维数组。

（2）间接定义：

```
a=[[0 for x in range(10)] for y in range(10)]
```

这里定义了 10×10、初始为 0 的二维数组。

3. zip() 与 zip(*) 函数

zip() 函数可以将列表视为一个整体，遍历时，能从列表里按索引依次取出元素。

```
a = [1,2,3]
b = [4,5,6]
c = [4,5,6,7,8]
zipped = zip(a,b)
#list() 转换为列表
print(list(zipped))      #[(1, 4), (2, 5), (3, 6)]
#元素个数与最短的列表一致
print(list(zip(a,c)))    #[(1, 4), (2, 5), (3, 6)]
#与 zip() 相反，zip(*) 可理解为解压，返回二维矩阵形式
a1, a2 = zip(*zip(a,b))
print(list(a1))          #[1, 2, 3]
print(list(a2))          #[4, 5, 6]
```

3.3　实训任务：两个列表相加

例 4：现有两个列表，列表长度相同，列表里的元素都是 int 类型数据。请将这两个列表对应索引位置元素相加，生成新的列表。

示例如下。

输入：
```
lst1 = [1, 4, 7]
lst2 = [2, 5, 3]
```
输出：
```
sum_lst = [3, 9, 10]
```

方法一：遍历相加

```
lst1 = [1, 4, 7]
lst2 = [2, 5, 3]
sum_lst = []
(_____)
(_____)
(_____)          # 请在带括号横线上补全代码
```

方法二：使用 zip() 函数

```
lst1 = [1, 4, 7]
lst2 = [2, 5, 3]
sum_lst = (_____)     # 请在带括号横线上补全代码
print(sum_lst)
```

方法三：使用 map() 函数

```
lst1 = [1, 4, 7]
lst2 = [2, 5, 3]
import operator
sum_lst = (_____)     # 请在带括号横线上补全代码
print(sum_lst)
```

提示：map() 函数从 lst1 和 lst2 中各取出一个数据，然后使用 operator.add 相加，operator.add 也可以替换成 lambda 表达式：

```
sum_lst = list(map(lambda x, y: x + y, lst1, lst2))
```

方法四：使用 numpy

```
lst1 = [1, 4, 7]
lst2 = [2, 5, 3]
import numpy as np
sum_lst = list(np.add(lst1, lst2))
print(sum_lst)
```

3.4 延伸高级任务

3.4.1 append 与 extend 的区别

append() 用于在列表末尾添加新的对象，输入参数为对象，可以是列表本身；extend() 用于在列表末尾追加另一个序列中的多个值，输入对象可以是列表中具体的元素，而非列表本身。

```
list1 = [1, 2]
list2 = [3, 4]
list3 = [1, 2]
list1.append(list2)        # 追加新对象
print(list1)               #[1, 2, [3, 4]]
list3.extend(list2)        # 追加新元素序列
print(list3)               #[1, 2, 3, 4]
```

extend() 相当于将输入对象（此处是列表，还可以是字符串或字典）等拆开加入新的列表中。但要注意字典是比较特殊的，它在用 extend() 时，加入的默认为 "key"，而在用 append() 时，是整个加入的。

```
list1 = [1, 2]
list2 = [1, 2]
list1.extend({'zhangsan': 18, 'lisi': 22})   # 字典（默认 key）
print(list1)  #[1, 2, 'zhangsan', 'lisi']
list2.append({'zhangsan': 18, 'lisi': 22})
print(list2)  #[1, 2, {'zhangsan': 18, 'lisi': 22}]
```

例 5：请用 list_2d = [[0 for col in range(cols)] for row in range(rows)] 方式创建一个初始值全为 0 的二维列表，再用 append 方式拓展该列表，得到结果如下。

```
0 0 0 0 0 3 5
0 0 0 0 0
0 0 0 0 0 7
0 0 0 0 0
0 0 0 0 0
```

请补全下面的代码以完成上述任务。

```
list_2d = (_____)
(_____)
(_____)
(_____)        # 请在带括号横线上补全代码
print(list_2d)  # [[0, 0, 0, 0, 0, 3, 5], [0, 0, 0, 0, 0], [0, 0, 0, 0, 0,
7], [0, 0, 0, 0, 0], [0, 0, 0, 0, 0]]
```

3.4.2　打印嵌套的列表

例 6：有一个二维列表如下：

输入：

```
1 2 3
4 5 6
```

输出：

```
1
2
3
4
```

```
5
6
```

请编写程序完成上述任务。

```
num_list = (_____)
for i in num_list:
(_____)
(_____)      # 请在带括号横线上补全代码
```

3.4.3　remove 与 del 的区别

```
a = [1, 2, 3, 5, 4, 2, 6]
a.remove·(a[5])
print(a)  #[1, 3, 5, 4, 2, 6]

b = [1, 2, 3, 5, 4, 2, 6]
del(b[5])
print(b)  #[1, 2, 3, 5, 4, 6]
```

3.5　课后思考

1. 分别定义一个列表 A11（内容：ab，1，xyz，你的名字）、元组 A12（内容：ab，1，xyz，你的名字），并分别逐行输出 A11，A12。

2. 创建一个新列表 A21（内容：1，2，你的名字，学号后两位），将 A11 中的元素依次添加到 A21 中，请使用两种循环方式进行编程，输出 A21。

3. 请编写程序可以清空列表 test = ['a','','b','','c','',''] 中的多项空值。

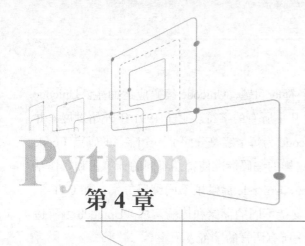

第 4 章

字符串

4.1 知识准备

无论是在金融报告、股票代码还是在新闻标题中，文字无处不在。文字是人们与世界交流的重要工具，而在金融数据分析与应用中，常常需要处理大量的文字数据，如财务报表、新闻报道和交易记录等。这就引出了一个重要的概念：字符串。通过对字符串的处理和分析，可以从文本数据中提取关键信息、进行文本挖掘和情感分析，帮助做出更加准确的决策。本章将介绍字符集、字符串的基本操作、正则表达式、字符串的高级操作以及应用案例，帮助读者掌握字符串处理的技巧和方法。

4.1.1 字符集

字符集编码在计算机中处理文本和字符数据时起着重要的作用，下面将详细介绍几种常见的字符集编码。

ASCII 编码是最早的字符编码标准，它起源于 20 世纪 60 年代，并最初用于美国。ASCII 编码使用 7 位二进制数表示字符，共计 128 个字符。这些字符包括英文字母、数字和一些基本符号，如标点符号和控制字符。ASCII 编码在英语为主要语言的国家和地区得到广泛应用，但由于只包含基本字符集，不支持非英语字符，因此在处理其他语言时存在限制。

```
#ASCII 编码转换示例
text = 'Hello'
ascii_code = [ord(c) for c in text]
print(ascii_code)        # 输出：[72, 101, 108, 108, 111]

#ASCII 编码转换为字符示例
text = [72, 101, 108, 108, 111]
decoded_text = ''.join(chr(c) for c in text)
print(decoded_text)      # 输出：Hello
```

为了解决 ASCII 编码无法表示非英语字符的问题，Unicode 编码应运而生。Unicode 是一种全球字符编码标准，旨在覆盖世界上几乎所有的字符。它于 1991 年开始发展，并不断扩展以满足不同语言和符号的需求。Unicode 为每个字符分配了一个唯一的码点（code point），用于表示字符在字符集中的位置。这样的编码标准使得在不同的计算机和操作系统之间交换和处理文本变得更加可靠和一致。Unicode 提供了不同编码方案，如 UTF-8、UTF-16 和 UTF-32，来表示这些码点，从而支持不同的存储和传输需求。Unicode 编码适用于全球范围内的所有国家和地区，支持几乎所有语言的字符表示。

```
#Unicode 编码转换示例
text = ' 你好 '
unicode_bytes = text.encode('unicode_escape')
print(unicode_bytes)      # 输出：b'\\u4f60\\u597d'

#Unicode 字节序列解码为字符串示例
unicode_bytes = b'\\u4f60\\u597d'
decoded_text = unicode_bytes.decode('unicode_escape')
print(decoded_text)       # 输出：你好
```

UTF-8 编码是一种基于 Unicode 的可变长字符编码方案，成为互联网上最常用的编码方案之一。UTF-8 编码在 1993 年由肯·汤普森（Ken Thompson）设计，并具有向后兼容 ASCII 编码的特性。它使用 1 ～ 4 字节来表示不同范围的字符。对于 ASCII 字符，UTF-8 使用单字节表示，因此能够节省存储空间。对于非 ASCII 字符，UTF-8 采用多字节编码，以保证兼容性和覆盖范围。UTF-8 编码广泛应用于互联网和计算机系统中，特别是处理多语言和多国家环境的文本数据。

```
#UTF-8 编码转换示例
text = ' 你好 '
utf8_bytes = text.encode('utf-8')
print(utf8_bytes)         # 输出：b'\xe4\xbd\xa0\xe5\xa5\xbd'

#UTF-8 字节序列解码为字符串示例
utf8_bytes = b'\xe4\xbd\xa0\xe5\xa5\xbd'
decoded_text = utf8_bytes.decode('utf-8')
print(decoded_text)       # 输出：你好
```

另一个常见的字符编码是 GBK 编码，它是中文字符编码标准，是 GB 2312 的扩展版本。GB 2312 于 1981 年发布，GBK 于 1995 年推出，以支持更多的中文字符。GBK 编码采用双字节编码方案，每个中文字符占用两字节。它兼容 ASCII 编码，其中的英文字母和数字可以使用单字节表示。GBK 编码主要用于中国和其他一些使用中文的国家和地区。

```
# 将文本字符串转换为 GBK 编码
text = " 你好 "
gbk_str = text.encode('gbk')
```

```
print(gbk_str)    # 输出：b'\xc4\xe3\xba\xc3'

# 将 GBK 编码字符串转换为文本
gbk_str = b'\xc4\xe3\xba\xc3'
text = gbk_str.decode('gbk')
print(text)       # 输出：你好
```

在 Python 中，处理字符集编码非常方便。可以使用字符串对象的 encode() 方法将字符串编码为特定字符集的字节序列，需要指定目标字符集。相应地，可以使用字节对象的 decode() 方法将字节序列解码为字符串，同样需要指定原始字符集。Python 默认使用 UTF-8 编码处理字符串，但可以通过特定的编码参数来指定其他字符集。

```
text = ' 你好 '     #Unicode 字符串

# 编码为 UTF-8 字节序列
utf8_bytes = text.encode('utf-8')

# 解码 UTF-8 字节序列为字符串
decoded_text = utf8_bytes.decode('utf-8')
```

正确地处理字符集编码对于文本处理、文件读写和网络通信等场景非常重要。理解不同字符集编码的特点和用途，以及在 Python 中处理字符编码的方法，将有助于正确地处理不同语言和字符集的文本数据。

4.1.2　字符串的常见操作

1. 字符串的定义和表示方法

字符串就是一串由字符组成的文本。字符可以是字母、数字、符号或者其他特殊符号。想象一下，当人们在处理金融数据时，实际上是在和一堆有着特定排列的文字打交道，而这些文字就是字符串。

当我们在编写代码时，给字符串加引号就像是给文字穿上了一件独特的衣服，这样计算机才能认识并正确处理它们。如果不给字符串加引号，计算机就完全搞不清楚我们到底想表达什么。想象一下，你和一个外星人交流，他不懂你的语言，只能通过你的手势和表情来猜测你的意思，外星人肯定一头雾水，根本不知道你在说什么。这就好比在编写代码时没有给字符串加引号，计算机对字符串的意义一无所知。所以，给字符串加引号就像是给文字穿上了一件特殊的衣服，让计算机能够认出它们的身份，知道它们是文字而不是其他的代码。

举个例子，假设想要打印出一个问候语，如果直接写以下代码：

```
greeting = Hello, there! How are you today?
print(greeting) # 输出：SyntaxError: invalid syntax
```

在这个例子中，计算机会将 Hello, there! How are you today? 视为变量或函数，而不是字符串。它会尝试去找到这些变量或函数的定义，然后执行相关的操作。但是，由于这里并没有定义这些变量或函数，计算机会报错。

然而，如果将问候语放在引号中，一切就正常了。

```
greeting = "Hello, there! How are you today?"
print(greeting) #输出: Hello, there! How are you today?
```

在这个例子中，计算机知道 "Hello, there! How are you today?" 是一个字符串，它会将整个字符串作为一个文本来处理，而不会将其解释为变量或函数。这样，就能够正确地打印出问候语了。因此，引号的作用是将文字标记为字符串，告诉计算机以不同的方式处理它们。这样，可以在代码中使用字符串来表示文本信息，进行各种操作和处理。

在计算机中，使用引号来表示字符串。常见的引号包括单引号（'）、双引号（"）和三引号（'''或 """）。通过在引号内放置字符，就可以创建一个字符串。例如，'Hello'、"World" 以及 '''Python is awesome!''' 都是字符串。需要注意的是，三引号中的字符串可以分行编写，但是单引号和双引号不行。

```
single_quoted = 'Hello'
double_quoted = "World"
triple_quoted = '''Python
is
awesome!'''                    # 允许字符串跨越多行并保留换行符

print(single_quoted)      # 输出: Hello
print(double_quoted)      # 输出: World
print(triple_quoted)
# 输出:
Python
is
awesome!
```

当字符串中包含单引号时，如果使用单引号将字符串括起来，会导致解释器误认为字符串已经结束，从而产生语法错误。这是因为在 Python 中，字符串的开始和结束需要使用相同类型的引号进行匹配。

下面通过一个通俗易懂的例子来解释这个问题。假设你是一名记者，需要采访一个人，并将其说的话完整地记录下来。如果那个人说了一句包含单引号的话，你便不能使用单引号来将整个话语引起来，因为这样会使你自己的记录产生混淆。正确的做法是使用双引号或引号内嵌引号的方式来标记整个话语，以确保你的记录是准确无误的。

在 Python 中，字符串也是类似的情况。当字符串中包含单引号时，使用单引号引起整个字符串会使解释器无法准确地识别字符串的开始和结束位置，从而导致语法错误。

```
message = 'I'm learning Python.'
print(message)
```

运行上述代码会导致语法错误，因为解释器无法正确识别字符串的开始和结束位置。在这个示例中，单引号 'I' 和 'm learning Python.' 之间的单引号会使解释器产生混淆。

要解决这个问题，可以使用双引号将字符串引起来，或者使用转义字符 \' 来表示字符串中的单引号。

以下是使用双引号引起字符串的示例。

```
message = "I'm learning Python."
print(message) # 输出: I'm learning Python.
```

通过使用双引号将字符串引起来，解释器能够准确识别字符串的开始和结束位置，从而正确地打印出包含单引号的字符串。

另外，也可以使用转义字符 \' 来表示字符串中的单引号，输出结果是相同的。

```
message = 'I\'m learning Python.'
print(message) # 输出: I'm learning Python.
```

总结起来，由于语法的规定，当字符串中包含单引号时，为了避免引起解释器的混淆和语法错误，需要使用双引号或转义字符来正确表示和打印包含单引号的字符串。

当编写字符串时，转义字符用于表示一些特殊字符或者无法直接输入的字符。它们以反斜杠（\）开头，后面跟着一个特定的字符，用于表示特殊含义。

以下是常见的转义字符及其含义的详细解释。

'\\'：反斜杠符号。在字符串中输入一个反斜杠时，需要使用两个反斜杠来表示。

'\''：单引号。在字符串中使用单引号时，需要使用 '\'' 来表示，以避免与字符串的开始或结束引号混淆。

'\"'：双引号。在字符串中使用双引号时，需要使用 '\"' 来表示，以避免与字符串的开始或结束引号混淆。

'\n'：换行符。表示在字符串中插入一个换行符，使得后续的文本在新的一行显示。

'\t'：制表符（Tab）。表示在字符串中插入一个制表符，用于创建水平对齐的间距。

'\r'：回车。表示将光标移动到当前行的开头，常用于在终端中模拟文本的覆盖或替换。

'\b'：退格。表示删除前一个字符，常用于在终端中模拟光标的回退。

'\f'：换页。表示在字符串中插入一个换页符，常用于控制打印输出的分页。

通过使用这些转义字符，可以在字符串中插入特殊字符或者控制字符串的格式。例如，'print("Hello\nWorld")' 将会在 "Hello" 和 "World" 之间插入一个换行符，使得它们分别显示在不同的行上。

以下是一个简单的示例，演示如何在字符串中使用转义字符。

```
# 使用转义字符
message = "Hello,\'Python\'!\n\tWelcome to Python programming."
```

```
print(message)
```
输出：
```
Hello,'Python'!
    Welcome to Python programming.
```

在上面的示例中，使用了转义字符 \' 来表示单引号，\n 来表示换行符，\t 来表示制表符（Tab）。

2. 字符串的拼接和重复

有时候，需要将多个字符串连接在一起，形成一个新的文本。例如，想把 "Hello"、"World" 和 "!" 三个字符串连接成一句问候语。通过简单的字符串操作，就可以把它们拼接在一起，形成一个新的字符串 "Hello World!"。这就好像是把多个独立的单词串联在一起，形成了一个完整的句子。

字符串的拼接最常见的方式是使用加号（+）运算符，它可以将多个字符串连接起来。
```
str1 = "Hello"
str2 = "World"
str3 = "!"
result = str1 + str2 + str3
print(result)  # 输出: HelloWorld!
```

在 Python 中，数值类型（例如整数和浮点数）不能直接与字符串进行拼接。如果尝试直接拼接数值和字符串，将会引发类型错误。

下面看一个示例。
```
age = 30
message = "I am " + age + " years old."
print(message)
```

运行这段代码会产生一个类型错误，如下所示。
```
TypeError: can only concatenate str (not "int") to str
```

这个错误表明，不能将整数类型直接拼接到字符串类型上，因为它们是不兼容的类型。在拼接时，Python 要求所有的操作数（操作符两侧的值）必须是同一类型的。

为了解决这个问题，需要将数值类型转换为字符串类型，然后再进行拼接。在 Python 中，可以使用 str( ) 函数将数值转换为字符串。
```
age = 30
message = "I am " + str(age) + " years old."
print(message) # 输出: I am 30 years old.
```

在上述示例中，使用 str(age) 将整数 age 转换为字符串类型，然后再与其他字符串拼接，这样就避免了类型错误。

Python 中的 join( ) 方法允许以指定的字符串作为分隔符，将一个字符串列表连接成一个新的字符串。

```
words = ["Hello", "World", "Python"]
separator = " "
result = separator.join(words)
print(result)  # 输出: Hello World Python
```

字符串的重复可以使用乘法（*）运算符，将一个字符串复制多次。

```
str1 = "Hello "
repeated_str = str1 * 3
print(repeated_str)  # 输出: Hello Hello Hello
```

在 Python 中，字符串对象有一个 replicate( ) 方法，可以用来重复字符串。

```
str1 = "World "
repeated_str = str1.replicate(4)
print(repeated_str)  # 输出: World World World World
```

可以通过 for 循环，按照需要的次数重复输出字符串。

```
str1 = "Hi "
repeat_count = 5
repeated_str = ""
for i in range(repeat_count):
    repeated_str += str1
print(repeated_str)  # 输出: Hi Hi Hi Hi Hi
```

字符串的拼接和重复是 Python 中常用的字符串操作，它们可以将多个字符串合并成一个新的字符串，或者将一个字符串复制多次。在实际编程中，拼接和重复字符串有助于处理文本数据、生成格式化输出和满足各种需求。通过加号（＋）、join( ) 方法、乘法（＊）和 replicate( ) 方法，以及 for 循环等方式，可以灵活地进行字符串的拼接和重复。无论是简单地连接字符串，还是根据特定需求重复生成字符串，这些操作都是日常编程中经常用到的技巧。

3. 计算字符串的长度

计算字符串的长度是在编程中常用的操作，它指的是统计字符串中字符的个数。在 Python 中，可以通过内置函数 len( ) 来计算字符串的长度，该函数能够直接返回字符串中字符的个数，包括字母、数字、符号、空格以及特殊字符等。

下面详细介绍如何计算字符串的长度，并举例说明。

（1）使用 len( ) 函数计算字符串长度。

len( ) 函数可以直接应用于字符串，返回字符串中字符的个数。例如：

```
string1 = "Hello, World!"
length1 = len(string1)
print(length1)  # 输出: 13
```

在上述例子中，字符串 "Hello, World!" 共有 13 个字符，len( ) 函数返回了这个长度。

（2）计算空字符串的长度。

空字符串是一个没有任何字符的字符串，其长度为 0。例如：

```
empty_string = " "
length2 = len(empty_string)
print(length2)    # 输出：0
```

在这个例子中，空字符串的长度为 0，因为它不包含任何字符。

（3）计算包含空格的字符串长度。

字符串中的空格也会被计算在内。例如：

```
string2 = "Python is fun!"
length3 = len(string2)
print(length3)    # 输出：14
```

在这个例子中，字符串 "Python is fun!" 包含 14 个字符，其中有两个空格。

（4）计算含有特殊字符的字符串长度。

特殊字符（例如换行符、制表符等）也会被计算在字符串的长度中。例如：

```
string3 = "Hello\n\tWorld!"
length4 = len(string3)
print(length4)    # 输出：14
```

在这个例子中，字符串 "Hello\n\tWorld!" 包含 14 个字符，其中有一个换行符 \n 和一个制表符 \t。

4. 截取字符串

在京东官网或其他电商网站的页面上，可能会注意到在商品标题或者其他内容中，有时候文本并没有完整地显示出来，而是以省略号（…）结尾。这是为了适应页面的排版和显示需求，特意对字符串进行截取处理（图 4-1）。

图 4-1　字符串被截取为仅显示部分字符

当商品标题过长时，为了保持页面的整洁和美观，通常只显示部分文本，并用省略号来表示被截取的部分。这样可以让用户了解商品的大致信息，同时单击标题或展开按钮可以查看完整信息。

当处理字符串时，切片（slicing）是一种常用的方法，它允许从一个字符串中截取出需要的部分。在 Python 中，可以使用切片来实现多种截取方式，例如，获取指定位置的字符、从特定位置开始截取、指定截取长度、增加步长等。下面通过简短的例子来说明这些不同的切片操作。

假设有一个字符串：

```
text = "Python is fun and powerful."
```

现在使用切片来进行截取。

（1）获取第 3 个字符。

```
third_character = text[2]
print(third_character)   # 输出: t
```

（2）从第 6 个字符开始截取。

```
substring1 = text[5:]
print(substring1)   # 输出: n is fun and powerful.
```

（3）从左边开始截取 4 个字符。

```
substring2 = text[:4]
print(substring2)   # 输出: Pyth
```

（4）从第 3 个字符截取到第 8 个字符。

```
substring3 = text[2:8]
print(substring3)   # 输出: thon i
```

（5）增加步长，从索引 0 开始每隔 3 个字符截取。

```
substring4 = text[::3]
print(substring4)   # 输出: Ph snaofl.
```

（6）倒序截取整个字符串。

```
reversed_string = text[::-1]
print(reversed_string)   # 输出: .lufrewop dna nuf si nohtyP
```

（7）倒序截取从第 7 个字符开始的每隔 5 个字符。

```
substring5 = text[6::-5]
print(substring5)   # 输出: naP
```

通过这些简短的例子，可以看到切片操作的灵活性。使用切片，可以根据不同需求截取出字符串中的子串，并且可以实现反向截取和跳跃截取。这些切片技巧在处理字符串时非常有用，能够提取所需信息、处理文本数据，以及进行字符串操作。无论是获取单个字符、截取特定部分、增加步长或者进行反向截取，切片都是 Python 中强大且常用的功能之一。

假设京东官网有一个商品标题：

```
product_title = "华为 HUAWEI P40 Pro+ 5G 全网通手机（8GB RAM/256GB ROM）- 黑色"
```

下面来模拟一个简单的情况，假设网页要求在标题栏最多显示 20 个字符，超过的部分要截取掉并显示省略号。

```
max_length = 20
if len(product_title) > max_length:
    truncated_title = product_title[:max_length-3] + "..."
else:
    truncated_title = product_title
print(truncated_title) #输出: 华为 HUAWEI P40 Pro...
```

在上述代码中，使用了字符串切片来对商品标题进行截取。首先，判断标题的长度是否超过了最大限制（20 个字符），如果超过了，则截取前 17 个字符（20-3），然后在末尾加上省略号。如果标题的长度没有超过最大限制，则直接使用原标题。

这样，就可以保持页面的整洁，同时向用户展示了商品的关键信息，引导用户进一步了解或单击查看详情。

5. 分割与合并字符串

分割与合并字符串是在字符串处理中非常常用的操作，它们能够帮助将字符串按照特定的规则进行拆分或者将多个字符串组合成一个更大的字符串。下面详细说明如何分割和合并字符串，并举例说明各种不同情形。

1）分割字符串

分割字符串是将一个较长的字符串拆分成多个部分的过程，通常会使用分隔符来指定拆分的规则。在 Python 中，可以使用 split( ) 方法来实现字符串的分割。默认情况下，split( ) 方法使用空格作为分隔符，将字符串拆分成一个列表，其中每个元素都是以空格分隔的部分。

```
sentence = "Python is a powerful programming language."
words = sentence.split( )        # 使用默认空格作为分隔符
print(words)
# 输出: ['Python', 'is', 'a', 'powerful', 'programming', 'language.']
```

除了使用空格作为分隔符，还可以使用其他字符作为分隔符，如逗号、冒号等。

```
names = "Alice,Bob,Charlie"
name_list = names.split(',')    # 使用逗号作为分隔符
print(name_list)                # 输出: ['Alice', 'Bob', 'Charlie']
```

2）分割字符串并限制次数

在使用 split( ) 方法时，还可以指定可选的 maxsplit 参数，用于限制分割的次数。这样可以在拆分过程中，只拆分前几个部分，而不会继续拆分整个字符串。

```
text = "apple,banana,grape,orange,pear"
fruits = text.split(',', 2) #使用逗号作为分隔符，限制拆分为 3 部分
print(fruits)                # 输出: ['apple', 'banana', 'grape,orange,pear']
```

3）合并字符串

合并字符串是将多个字符串组合成一个更大的字符串的过程。在 Python 中，可以使用 + 运算符或者字符串的 join( ) 方法来实现字符串的合并。

使用 + 运算符：

```
part1 = "Hello"
part2 = "World"
greeting = part1 + " " + part2  # 使用 + 运算符合并字符串
print(greeting)                 # 输出: Hello World
```

使用 join( ) 方法：

```
words = ['Python', 'is', 'awesome']
sentence = ' '.join(words)       # 使用空格将列表中的字符串连接起来
print(sentence)                  # 输出: Python is awesome
```

join( ) 方法可以将一个字符串列表中的所有元素用指定的分隔符连接起来成为一个字符串。这样，可以方便地将多个字符串合并成一个整体。

4）分割 - 合并字符串组合

在处理字符串时，有时候需要先分割字符串，然后再对分割后的部分进行某种操作，最后再将它们合并成一个新的字符串。

```
text = "apple,banana,grape,orange,pear"
fruits = text.split(',')             # 使用逗号作为分隔符拆分字符串
new_text = '|'.join(fruits)          # 使用竖线作为分隔符合并字符串
print(new_text)                      # 输出: apple|banana|grape|orange|pear
```

在这个例子中，先使用逗号作为分隔符将字符串拆分成一个列表，然后使用竖线作为分隔符将列表中的字符串连接成一个新的字符串。

5）字符串分割并过滤空白字符

有时候在分割字符串后，还希望过滤掉分割结果中的空白字符。

```
text = "apple, ,banana, ,grape, ,orange, ,pear"
fruits = [fruit.strip( ) for fruit in text.split(',') if fruit.strip( )]
print(fruits) # 输出: ['apple', 'banana', 'grape', 'orange', 'pear']
```

在这个例子中，先使用逗号作为分隔符将字符串拆分成一个列表，然后使用列表推导式对列表中的每个元素去掉首尾空白字符，并过滤掉空白字符。

分割和合并字符串是在字符串处理中非常常用的操作。使用 split( ) 方法可以将一个字符串拆分成多个部分，使用 + 运算符和 join( ) 方法可以将多个字符串合并成一个整体。通过合理运用字符串的分割和合并操作，可以对字符串进行灵活的处理，从而满足不同的需

求，处理文本数据，以及进行字符串的组合和拆分。在 Python 中，字符串的分割和合并是非常简单而强大的功能，为字符串处理提供了便捷和高效的方式。

6. 检索字符串

在 Python 中，查找字符串是一项常见而重要的操作。例如，经常需要在一个较长的字符串中找到特定的子串或字符，以进行文本处理、数据提取或信息匹配等。Python 提供了多种方法来实现字符串的查找，下面逐一详细介绍这些方法，并通过例子进行说明。

1）使用 find( ) 方法查找子串

find( ) 方法是 Python 中最常用的查找子串的方法。它可以在一个字符串中查找指定的子串，并返回子串第一次出现的索引位置。如果未找到子串，则返回 -1。

```
text = "Python is a powerful programming language."
sub_string = "powerful"
index = text.find(sub_string)
if index != -1:
    print(f"子串 '{sub_string}' 在字符串中的索引位置为: {index}")
else:
    print(f"子串 '{sub_string}' 未在字符串中找到")
# 输出: 子串 'powerful' 在字符串中的索引位置为: 14
```

在上述例子中，使用 find( ) 方法在字符串 text 中查找子串 "powerful"。由于该子串在位置 14 处首次出现，所以返回了相应的索引位置。

2）使用 rfind( ) 方法查找子串

rfind( ) 方法与 find( ) 方法类似，不同之处在于它从字符串的右侧开始查找子串，并返回子串第一次出现的右侧索引位置。如果未找到子串，则返回 -1。

```
text = "Python is a powerful programming language."
sub_string = "language"
index = text.rfind(sub_string)
if index != -1:
    print(f"子串 '{sub_string}' 在字符串中的右侧索引位置为: {index}")
else:
    print(f"子串 '{sub_string}' 未在字符串中找到")
# 输出: 子串 'language' 在字符串中的右侧索引位置为: 37
```

在上述例子中，使用 rfind( ) 方法在字符串 text 中查找子串 "language"。由于该子串在位置 37 处首次出现，所以返回了相应的右侧索引位置。

3）使用 count( ) 方法统计子串出现的次数

count( ) 方法用于统计子串在字符串中出现的次数。

```
text = "Python is a powerful programming language. Python is versatile."
sub_string = "Python"
count = text.count(sub_string)
```

```
print(f" 子串 '{sub_string}' 在字符串中出现的次数为：{count}")
# 输出：子串 'Python' 在字符串中出现的次数为：2
```

在上述例子中，使用 count( ) 方法统计子串 "Python" 在字符串 text 中出现的次数，结果为 2 次。

count( ) 和 find( ) 是两种不同的查找字符串的方法，各自有着特定的用途和场景。理解它们的区别和适用场景，可以在处理字符串时更加灵活和高效，以满足不同的文本处理任务。

count( ) 方法用于统计指定子串在原字符串中出现的次数，返回的是子串出现的总次数。如果子串未出现，则返回 0。这种方法非常适用于需要了解一个字符串中特定子串出现的频率，或统计一个字符在字符串中出现的次数的情况。

find( ) 方法用于查找指定子串在原字符串中的位置，返回的是子串第一次出现的索引位置。如果子串未找到，则返回 -1。这种方法主要用于查找子串在原字符串中的位置，可以定位子串在字符串中的具体位置，以及截取字符串的一部分进行进一步处理。

综合运用这两种方法，就可以解决更复杂的字符串处理任务。假设有一篇文章，现在希望统计其中某个关键词出现的次数，并找到第一次出现的位置，则可以首先使用 count( ) 方法统计关键词的重复次数，然后再使用 find( ) 方法找到第一次出现的索引位置。

```
article = "Python is a powerful programming language. Python is versatile.
Python is popular."
keyword = "Python"

# 统计关键词出现的次数
count = article.count(keyword)
print(f" 关键词 '{keyword}' 在文章中出现的次数为：{count}")

# 查找关键词的第一次位置
index = article.find(keyword)
if index != -1:
    print(f" 关键词 '{keyword}' 第一次出现的位置为：{index}")
else:
    print(f" 关键词 '{keyword}' 未在文章中找到 ")
# 输出结果：
关键词 'Python' 在文章中出现的次数为：3
关键词 'Python' 第一次出现的位置为：0
```

通过综合运用 count( ) 和 find( ) 方法，可以得到关键词在文章中的重复次数和第一次出现的位置。这个例子展示了两种方法在实际应用中的优势和灵活性，这些方法能够巧妙高效地处理字符串数据，满足不同的文本处理需求。

4）使用 index( ) 方法查找子串

index( ) 方法与 find( ) 方法功能相似，它也是用于查找子串在字符串中的索引位置。

如果未找到子串，index( )方法会抛出 ValueError 异常，因此需要使用 try-except 结构来处理异常情况。

```
text = "Python is a powerful programming language."
sub_string = "is"
try:
    index = text.index(sub_string)
    print(f"子串 '{sub_string}' 在字符串中的索引位置为：{index}")
except ValueError:
    print(f"子串 '{sub_string}' 未在字符串中找到")
# 输出：子串 'is' 在字符串中的索引位置为：7
```

在上述例子中，使用 index( )方法在字符串 text 中查找子串 "is"。由于该子串在位置 7 处首次出现，所以返回了相应的索引位置。

5）使用 rindex( )方法查找子串

rindex( )方法与 index( )方法类似，不同之处在于它从字符串的右侧开始查找子串，并返回子串第一次出现的右侧索引位置。如果未找到子串，rindex( )方法同样会抛出 ValueError 异常。

```
text = "Python is a powerful programming language."
sub_string = "language"
try:
    index = text.rindex(sub_string)
    print(f"子串 '{sub_string}' 在字符串中的右侧索引位置为：{index}")
except ValueError:
    print(f"子串 '{sub_string}' 未在字符串中找到")
# 输出：子串 'language' 在字符串中的右侧索引位置为：37
```

在上述例子中，使用 count( )方法统计子串 "Python" 在字符串 text 中出现的次数，结果为 2 次。

6）使用 startswith( )和 endswith( )方法判断字符串的开头和结尾

startswith( )方法用于判断字符串是否以指定的子串开头，返回布尔值。endswith( )方法用于判断字符串是否以指定的子串结尾，同样返回布尔值。

```
text = "Python is a powerful programming language."
start_string = "Python"
end_string = "language."
starts_with = text.startswith(start_string)
ends_with = text.endswith(end_string)
print(f"字符串是否以 '{start_string}' 开头：{starts_with}")
print(f"字符串是否以 '{end_string}' 结尾：{ends_with}")
# 输出：
字符串是否以 'Python' 开头：True
字符串是否以 'language.' 结尾：True
```

7. 字母的大小写转换

字符串字母的大小写转换是在编程中常见的操作，通常用于将字符串中的字母字符转换为大写或小写形式。这在很多场景下都很有用，例如，用户输入大小写混合的字符串，需要进行统一处理；或者字符串的大小写形式在不同情况下有不同的意义。

在大多数编程语言中，都提供了内置的方法或函数来实现字符串字母大小写转换。下面以 Python 语言为例，详细描述字符串字母大小写转换的方法。

（1）将字符串转换为全大写形式（Upper Case）。

在 Python 中，可以使用 upper( ) 方法将字符串转换为全大写形式。该方法会将字符串中的所有字母字符转换为大写，而非字母字符不受影响。

```
text = "Hello, World!"
upper_case_text = text.upper( )
print(upper_case_text)   # 输出结果为: "HELLO, WORLD!"
```

（2）将字符串转换为全小写形式（Lower Case）。

在 Python 中，可以使用 lower( ) 方法将字符串转换为全小写形式。该方法会将字符串中的所有字母字符转换为小写，而非字母字符不受影响。

```
text = "Hello, World!"
lower_case_text = text.lower( )
print(lower_case_text)   # 输出结果为: "hello, world!"
```

（3）字符串大小写互换。

在 Python 中，可以使用 swapcase( ) 方法将字符串中的大写字母转换为小写，小写字母转换为大写，而非字母字符不受影响。

```
text = "Hello, World!"
swapped_case_text = text.swapcase( )
print(swapped_case_text)   # 输出结果为: "hELLO, wORLD!"
```

（4）首字母大写形式（Title Case）。

在 Python 中，可以使用 title( ) 方法将字符串中每个单词的首字母转换为大写，其余字母转换为小写。单词的划分是以空格为依据的。

```
text = "hello, world!"
title_case_text = text.title( )
print(title_case_text)   # 输出结果为: "Hello, World!"
```

（5）自定义大小写转换。

如果需要自定义大小写转换规则，可以使用 str.translate( ) 方法配合 str.maketrans( ) 方法实现。其中，str.maketrans( ) 用于创建字符映射表，str.translate( ) 用于根据映射表进行字符转换。

```
text = "Hello, World!"
```

```
custom_translation = str.maketrans("Helo", "hOlO")
custom_case_text = text.translate(custom_translation)
print(custom_case_text)  # 输出结果为: "hOllo, WOrld!"
```

在实际应用中，根据需求选择合适的方法进行字符串字母大小写转换，能够更好地处理字符串数据，增加代码的灵活性和适用性。

8. 去除字符串中的空格和特殊字符

当处理字符串时，经常会遇到需要去除字符串中的空格和特殊字符的情况。空格是指字符串中的空白字符，如空格、制表符、换行符等；而特殊字符则是指非打印字符和标点符号等。这些字符可能会影响字符串的处理和比较，因此需要将它们去除，使字符串更加规范和易于处理。

在 Python 中，可以使用多种方法去除字符串中的空格和特殊字符，以下是几种常见的方法。

1）去除空格

空格是最常见的特殊字符，在字符串中可能出现在开头、结尾或中间位置。常用的方法有以下几种。

使用 str.replace( ) 方法：这是最简单的方法，它可以将指定的字符或子串替换为新的字符或子串。如果将空格替换为空字符串，就可以去除字符串中的所有空格。

```
text = " Hello, World! "
cleaned_text = text.replace(" ", "")
print(cleaned_text)  # 输出结果为: "Hello, World!"
```

使用 str.strip( ) 方法：该方法可以去除字符串开头和结尾处的空格字符。如果需要去除字符串中间的空格，可以使用 replace( ) 方法。

```
text = " Hello, World! "
cleaned_text = text.strip( )
print(cleaned_text)  # 输出结果为: "Hello, World!"
```

2）去除特殊字符

特殊字符可能是非打印字符（如制表符、换行符等）或标点符号等。在处理字符串时，通常希望去除这些特殊字符，只保留字母、数字和少数标点符号。常用的方法有以下几种。

使用 str.isalnum( ) 方法：该方法可以判断一个字符串是否只包含字母和数字，然后通过列表解析去除非字母和数字的字符。

```
text = "Hello, World!@#$"
cleaned_text = ''.join(char for char in text if char.isalnum( ))
print(cleaned_text)  # 输出结果为: "HelloWorld"
```

使用 str.maketrans( ) 和 str.translate( ) 方法：str.maketrans( ) 用于创建字符映射表，str.translate( ) 用于根据映射表进行字符转换。可以将特殊字符映射为空字符串。

```
import string

text = "Hello, World!@#$"
special_chars = "@#$"
translation_table = str.maketrans("", "", special_chars)
cleaned_text = text.translate(translation_table)
print(cleaned_text)   # 输出结果为: "Hello, World!"
```

通过这些方法，可以去除字符串中的空格和特殊字符，使字符串更规范和易于处理。在实际应用中，根据具体需求选择合适的方法，能够更好地处理字符串数据，增加代码的灵活性和适用性。同时，去除空格和特殊字符可以提高数据处理的准确性和效率，确保后续处理和分析工作的顺利进行。

在现实生活中，用户可能会输入包含空格和特殊字符的字符串，例如，在网站的注册页面或搜索框中输入用户名或关键词。在这种情况下，通常需要对用户输入进行清洗，去除其中的空格和特殊字符，以保证数据的准确性和一致性。

```
user_input = " H!e@l#l$o, W%o^r&l(d)! "
cleaned_input = ''.join(char for char in user_input if char.isalnum( ))
print(cleaned_input)   # 输出结果为: "HelloWorld"
```

9. 格式化字符串

字符串格式化是指将一组数据按照特定格式插入字符串中的过程，以便得到所需的输出。在编程中，字符串格式化是一个非常常见且重要的操作，它允许将变量的值、表达式的结果或其他数据动态地插入字符串中，使字符串更灵活和具有可读性。下面详细介绍 Python 中的字符串格式化，包括不同的格式化方法和情况。

在 Python 中，字符串格式化有多种方法，其中最常用的方法包括以下三种。

1）使用占位符格式化

Python 中最传统的字符串格式化方法是使用占位符，通常使用 % 符号进行格式化。占位符指定了数据的类型和插入位置，被替换的数据以元组的形式传入。

```
name = "Alice"
age = 30
height = 1.65
formatted_string = "My name is %s, I'm %d years old, and my height is %.2f
meters." % (name, age, height)
print(formatted_string)
# 输出结果为:
"My name is Alice, I'm 30 years old, and my height is 1.65 meters."
```

2）使用 f-string 格式化

Python 3.6 引入了 f-string，它是一种更加直观和方便的字符串格式化方法，可以在字符串中直接使用变量名，并在变量名前加上 f 前缀。

```
name = "Alice"
age = 30
height = 1.65
formatted_string = f"My name is {name}, I'm {age} years old, and my height
is {height:.2f} meters."
print(formatted_string)
# 输出结果为:
"My name is Alice, I'm 30 years old, and my height is 1.65 meters."
```

3）使用 str.format( ) 方法

str.format( ) 方法是另一种常见的字符串格式化方法，它使用大括号 {} 作为占位符，并将要插入的数据作为参数传入。

```
name = "Alice"
age = 30
height = 1.65
formatted_string = "My name is {}, I'm {} years old, and my height is {:.2f}
meters.".format(name, age, height)
print(formatted_string)
# 输出结果为:
"My name is Alice, I'm 30 years old, and my height is 1.65 meters."
```

在这些方法中，f-string 是 Python 中推荐的字符串格式化方式，因为它更加简洁易读，并且在性能上优于其他方法。下面将通过不同的情形案例来进一步说明字符串格式化的应用。

在实际应用中，可能需要根据用户的姓名、年龄等信息生成个性化的欢迎消息。下面是一个使用 f-string 格式化的例子。

```
name = input("请输入您的姓名: ")
age = int(input("请输入您的年龄: "))
welcome_message = f"欢迎 {name}, 您今年 {age} 岁了! "
print(welcome_message)
```

运行程序后，用户可以输入自己的姓名和年龄，然后程序会根据输入的信息生成欢迎消息。例如，输入姓名为 "Alice"，年龄为 "30"，输出的欢迎消息为：" 欢迎 Alice，您今年 30 岁了! "。

在金融和财务领域，金额的格式化非常重要。工作中经常需要将数字转换成带有逗号分隔的千位分隔符，并保留相应的小数位数。以下是一个使用占位符格式化的例子。

```
amount = 1234567.89
formatted_amount = "金额: %,.2f" % amount
print(formatted_amount)
# 输出结果为: "金额: 1,234,567.89"
```

在这个例子中，使用 %,.2f 来表示千位分隔符和保留两位小数。输出的结果是：" 金额：1,234,567.89"。

在处理耗时较长的任务时，可能需要显示进度条来提供反馈，让用户了解任务的执行进度。以下是一个使用 str.format( ) 方法格式化进度条的例子。

```
import time

total_steps = 10
for step in range(total_steps):
    progress = (step + 1) / total_steps
    progress_bar = "[{}{}] {:.0%}".format("#" * int(progress * 10), "-" *
(10-int(progress * 10)), progress)
    print(progress_bar, end="\r")
    time.sleep(0.5)

# 输出结果为："[##########] 100%"
```

在这个例子中，使用 "#" * int(progress * 10) 生成进度条中已完成的部分，使用 "-" * (10-int(progress * 10)) 生成进度条中未完成的部分，并使用 {:.0%} 格式化进度百分比。在每次循环结束后，使用 \r 将光标移到行首，从而实现进度条的动态更新。

通过以上情形案例，介绍了字符串格式化的多种方法和不同应用场景。字符串格式化是 Python 编程中的重要操作，能够使输出更具有可读性和美观性，同时也提高了代码的灵活性和适用性。掌握这些字符串格式化的方法，将会在实际应用中提高代码编写效率和输出质量。

10. 字符串的替换

字符串替换是指在一个字符串中查找指定的子串，并将其替换为另一个子串。这个操作在现实生活中也很常见，例如，在编辑文档时可能会用一个词替换另一个词，或者在进行文本规范化时会用一种格式替换另一种格式。在编程中，字符串替换常用于处理文本数据、数据清洗以及字符串的格式化等方面。

在 Python 中，字符串替换有多种常用的方法，下面介绍几种常见的方法。

1）使用 str.replace( ) 方法

str.replace(old, new[, count]) 方法用于将字符串中的 old 子串替换为 new 子串。其中，old 是要被替换的子串，new 是替换后的新子串，count 是可选参数，表示最多替换的次数。

```
text = "Hello, World!"
new_text = text.replace("Hello", "Hi")
print(new_text)  # 输出结果为："Hi, World!"
```

2）使用 str.translate( ) 方法

str.translate(table) 方法可以根据给定的字符映射表进行字符替换。通常情况下，使用 str.maketrans( ) 方法创建字符映射表。

```
text = "Hello, World!"
translation_table = str.maketrans("HW", "hw")
new_text = text.translate(translation_table)
print(new_text)  #输出结果为："hello, world!"
```

字符串替换在现实生活和编程中有广泛的应用场景，下面列举几个常见的例子。

（1）文本编辑：在文本编辑器中，可以用一个词替换另一个词，以实现文本内容的修改。

```
text = "I love apples, apples are delicious!"
new_text = text.replace("apples", "oranges")
print(new_text)  #输出结果为："I love oranges, oranges are delicious!"
```

（2）数据清洗：在数据处理中，可能需要将特定字符或格式替换为其他字符或格式，以便进一步处理。

```
raw_data = "1,000,000"
cleaned_data = raw_data.replace(",", "")
print(cleaned_data)  # 输出结果为："1000000"
```

（3）文本规范化：在文本处理中，可能需要将不同的表达方式或格式替换为统一的格式，以方便后续分析。

```
text = "Monday, Mon, Mon."
new_text = text.replace("Monday", "Mon")
print(new_text)  #输出结果为："Mon, Mon, Mon."
```

在上述例子中，可以看到字符串替换的灵活性和实用性。它可以用于处理文本数据、清洗数据、规范化文本等，让程序更加健壮和高效。

4.2 代码补全和知识拓展

4.2.1 代码补全：找到特定字符串

三引号自始至终能保持所谓的 WYSIWYG（所见即所得）格式，这让程序员从引号和特殊字符串的泥潭里面解脱出来，当特殊文字较多时，也无须费神进行字符串的转义。

```
errHTML = '''
<HTML><HEAD><TITLE>
Friends CGI Demo</TITLE></HEAD>
<BODY><H3>ERROR</H3>
<B>%s</B><P>
<FORM><INPUT TYPE=button VALUE=Back
ONCLICK="window.history.back()"></FORM>
</BODY></HTML>
'''
print(errHTML)
(_____)
```

```
(_____)
(_____)       # 请在带括号横线上补全代码
```

请从上述字符串 errHTML 中找到 ONCLICK= 后面的函数名称，即编写输入字符串 errHTML，输出 window.history.back()。

4.2.2 代码补全：重命名目录下所有的文件名

修改指定目录下所有文件的文件名称，例如，把文件名称类似"金融工程 2019640121 张三 .pdf"或类似"金融工程 +2019640121+ 张三 .pdf"的均改名为"金融工程 2019640121 张三 .pdf"。可以通过这个程序演练字符串的操作。

首先可以建立一个文件夹 c:\ 毕业设计文件夹，然后在该文件夹下创建一些实验用的空文件，将文件名称按"金融工程 2019640121 张三 .pdf"或类似"金融工程 + 2019640121+ 张三 .pdf"这样的格式进行命名。之后就可以编写 Python 程序对该目录下的文件进行统一改名了。

```python
import os
def removehiddenfile(filePath):
    if os.name == 'nt':
        import win32file, win32con

    def file_is_hidden(p):
        if os.name == 'nt':
            #注意：这里要用全路径文件名，否则报错
            attribute = win32file.GetFileAttributes(p)
            flag = attribute & (win32con.FILE_ATTRIBUTE_HIDDEN | win32con.
FILE_ATTRIBUTE_SYSTEM)
            if flag:
                return True            #flag != 0 是隐藏文件、临时文件等
            else:
                return False           #flag == 0 是正常文件
        else:
            if p.startswith('.'):      #linux-osx
                return True
            else:
                return False

    file_list = [f for f in os.listdir(filePath) if not file_is_hidden(filePath +
os.sep + f)]

    return file_list
PATH = r'c:\ 毕业设计文件夹 '    # 定义文件存放位置，开始读入文件名称
# 获取当前目录下所有文件名
filenames = removehiddenfile(PATH)
```

```
for filename in filenames:
    needrename = False
    if filename.find(' ') == -1 and filename.find('+') == -1:
        newfilename = (_____)    # 请在带括号横线上补全代码
        needrename = True
    elif filename.find('+') != -1:
        newfilename = (_____)    # 请在带括号横线上补全代码
        needrename = True
    if needrename:
        try:
            os.rename(PATH + '\\' + filename, PATH + '\\' + newfilename)
        except Exception as e:
            print(e)
            print(f'rename {filename} fail')
        else:
            print(f'rename {filename} success')
```

4.2.3 知识拓展：正则表达式

1. 概念

字符串正则表达式是一种强大的文本匹配工具，它可以在字符串中搜索、匹配、替换特定的模式。在编程和文本处理中，正则表达式常被用于从复杂的文本中提取特定信息、验证字符串格式、进行字符串的搜索和替换等操作。

正则表达式（Regular Expression，Regex）是由一系列字符和特殊字符组成的模式，用于描述字符串的特定结构。在 Python 中，可以使用 re 模块来操作正则表达式。下面是一些常用的正则表达式的基本概念。

字面值字符：正则表达式中的普通字符表示它们自身，例如，字符 a 表示字符 a 本身。

特殊字符：正则表达式中的特殊字符有特殊含义，例如，匹配任意字符，\d 匹配数字等。

字符类：用方括号 [] 表示，用于匹配一组字符中的任意一个字符。

量词：用于指定匹配字符出现的次数，例如，* 匹配 0 次或多次，+ 匹配 1 次或多次，? 匹配 0 次或 1 次。

边界匹配符：用于指定匹配字符串的边界，例如，^ 匹配字符串的开头，$ 匹配字符串的结尾。

分组：用圆括号 ( ) 表示，用于将一组字符当作一个整体来处理。

2. 基本用法

在 Python 中，可以使用 re 模块创建正则表达式对象，并使用该对象进行字符串的匹配、搜索和替换。下面是一些常用的正则表达式的基本用法。

1）字面值匹配

```
import re

pattern = "hello"
text = "Hello, World! hello"
match = re.search(pattern, text)
print(match.group( ))  # 输出结果为："hello"
```

在这个例子中，正则表达式 "hello" 匹配字符串 "hello"，但不匹配 "Hello"，因为它是大小写敏感的。

2）字符类匹配

```
import re


pattern = "[aeiou]"
text = "Hello, World!"
matches = re.findall(pattern, text)
print(matches)  # 输出结果为：['e', 'o', 'o']
```

在这个例子中，正则表达式 "[aeiou]" 匹配任意一个元音字母。

3）量词匹配

```
import re


pattern = "\d+"
text = "The price is $99.99"
matches = re.findall(pattern, text)
print(matches)  # 输出结果为：['99', '99']
```

在这个例子中，正则表达式 "\d+" 匹配一个或多个数字。

4）边界匹配

```
import re


pattern = r"\b\w+\b"
text = "Hello, World! 123"
matches = re.findall(pattern, text)
print(matches)  # 输出结果为：['Hello', 'World', '123']
```

在这个例子中，正则表达式 "\b\w+\b" 匹配一个单词，\b 表示单词边界。

5）分组

```
import re


pattern = r"(\d{3})-(\d{4})"
text = "My phone number is 123-4567"
match = re.search(pattern, text)
```

```
print(match.group(1))    # 输出结果为: "123"
print(match.group(2))    # 输出结果为: "4567"
```

在这个例子中，正则表达式 "(\d{3})-(\d{4})" 匹配一个电话号码，(\d{3}) 和 (\d{4}) 表示两个分组，分别匹配三个数字和四个数字。

正则表达式在文本处理、数据清洗、格式验证等方面都有广泛的应用场景。下面列举几个常见的例子。

（1）邮箱格式验证。

```
import re

pattern = r"^\w+@[a-zA-Z_]+?\.[a-zA-Z]{2,3}$"
email = "hello@example.com"
if re.match(pattern, email):
    print("Valid email address")
else:
    print("Invalid email address")
```

在这个例子中，正则表达式 "^\w+@[a-zA-Z_]+?\.[a-zA-Z]{2,3}$" 用于验证邮箱的格式是否合法。

（2）手机号码提取。

```
import re

pattern = r"\b\d{11}\b"
text = "My phone number is 12345678901"
matches = re.findall(pattern, text)
print(matches)    # 输出结果为: ['12345678901']
```

在这个例子中，正则表达式 "\b\d{11}\b" 匹配一个手机号码。

（3）文本提取。

```
import re

pattern = r"\b\w+\b"
text = "The quick brown fox jumps over the lazy dog."
words = re.findall(pattern, text)
print(words)    # 输出结果为: ['The', 'quick', 'brown', 'fox', 'jumps', 'over',
                #'the', 'lazy', 'dog']
```

在这个例子中，正则表达式 "\b\w+\b" 用于提取文本中的单词。

以上只是正则表达式在实际应用中的几个例子，实际应用中还有更多的用途。通过正则表达式，可以灵活地匹配和处理字符串，实现复杂的文本处理任务。正则表达式的学习对于编程和数据处理非常重要，正则表达式的应用将会让程序在字符串处理方面拥有更大的能力和灵活性。

4.3　实训任务：处理股票交易数据

字符串在处理金融数据方面有广泛的应用。金融数据通常以文本格式存储，包含各种信息，如交易记录、股票价格、财务报表等。通过字符串的处理，不但可以从金融数据中提取有用的信息、实现数据分析和可视化等，而且由于金融数据往往包含大量的无关信息、特殊字符和格式问题，通过字符串处理还可以将数据进行清洗和格式化，以便后续分析。

4.3.1　清洗交易记录数据

假设有一份交易记录数据，其中包含交易日期、股票代码、交易类型和交易金额，但是数据中存在空格、无关字符以及金额的格式不统一，则可以使用字符串的替换、分割和格式化等操作来清洗数据。

```python
import re

data = """
2023-01-01, AAPL, Buy, $100
2023-01-02, MSFT, Sell, 150
2023-01-03, AMZN, Buy, $300
"""

# 清洗数据
cleaned_data = []
lines = (_____)        # 请在带括号横线上补全代码
for line in lines:
    line = line.replace(",", "")         # 去除逗号
    line = (_____)      # 去除美元符号
    cleaned_data.append(line)

print(cleaned_data)
# 输出结果:
 ['2023-01-01 AAPL Buy 100', '2023-01-02 MSFT Sell 150', '2023-01-03 AMZN
Buy 300']
```

4.3.2　提取股票代码

金融数据中常常包含大量文本信息，可以使用正则表达式等技术从中提取有用的信息。假设有一份股票交易报告，其中包含多只股票的信息，可以使用正则表达式来提取每只股票的代码。

```python
import re

report = """
Stock: AAPL, Price: $150.50
Stock: MSFT, Price: $300.00
Stock: AMZN, Price: $3500.00
```

```
"""

# 提取股票代码
pattern = (_____)    # 请在带括号横线上补全代码
codes = re.findall(pattern, report)
print(codes)    # 输出结果为: ['AAPL', 'MSFT', 'AMZN']
```

4.3.3 计算股票收益率

通过字符串的处理，可以将金融数据转换为合适的格式，并进行数据分析和可视化。假设有一份股票价格数据，记录了某只股票每日的收盘价。可以使用字符串的处理将数据转换为数字，并计算股票的收益率。

```
data = """
2023-01-01, 150.50
2023-01-02, 155.00
2023-01-03, 152.00
"""

# 数据处理和计算收益率
prices = []
lines = data.strip( ).split("\n")
for line in lines:
    date, price = (_____)    # 请补全代码
    prices.append(float(price))

returns = [(prices[i]-prices[i-1]) / prices[i-1] for i in range(1, len(prices))]
print(returns)
# 输出结果:
[0.0299003322259913625, -0.01935483870967742]
```

通过字符串的清洗、提取和格式化等操作，可以将原始的金融数据转换为方便处理的格式，进而进行数据分析和可视化。对于金融从业者和研究人员来说，字符串的处理在金融领域具有重要的作用，掌握这些技巧将大大提高数据处理和分析的效率和准确性。

4.4 延伸高级任务

为了处理字符串，Python 提供了很多的内建方法（即自带的功能，无须用户自己来实现），如查找子串、统计字符串长度、大小写转换等。表 4-1 归纳了常用字符串支持的方法。

表 4-1   字符串支持的方法

方　　　法	描　　　述
string.capitalize()	把字符串的第一个字符大写
string.center(width)	返回一个原字符串居中，并使用空格填充至长度 width 的新字符串

72

方　　法	描　　述
string.count(str, beg=0, end=len(string))	返回 str 在 string 里面出现的次数，如果 beg 或者 end 指定则返回指定范围内 str 出现的次数
string.decode(encoding='UTF-8', errors='strict')	以 encoding 指定的编码格式解码 string，如果出错默认报一个 ValueError 的异常，除非 errors 指定的是 'ignore' 或者 'replace'
string.encode(encoding='UTF-8', errors='strict')	以 encoding 指定的编码格式编码 string，如果出错默认报一个 ValueError 的异常，除非 errors 指定的是 'ignore' 或者 'replace'
string.endswith(obj, beg=0, end=len(string))	检查字符串是否以 obj 结束，如果 beg 或者 end 指定则检查指定的范围内是否以 obj 结束，如果是，返回 True，否则返回 False
string.expandtabs(tabsize=8)	把字符串 string 中的 Tab 符号转为空格，Tab 符号默认的空格数是 8
string.find(str, beg=0, end=len(string))	检测 str 是否包含在 string 中，如果 beg 和 end 指定范围，则检查是否包含在指定范围内，如果是，返回开始的索引值，否则返回 -1
string.format()	格式化字符串
string.index(str, beg=0, end=len(string))	跟 find() 方法一样，只不过如果 str 不在 string 中会报一个异常
string.isalnum()	如果 string 至少有一个字符并且所有字符都是字母或数字则返回 True，否则返回 False
string.isalpha()	如果 string 至少有一个字符并且所有字符都是字母则返回 True，否则返回 False
string.isdecimal()	如果 string 只包含十进制数字则返回 True，否则返回 False
string.isdigit()	如果 string 只包含数字则返回 True，否则返回 False
string.islower()	如果 string 中包含至少一个区分大小写的字符，并且所有这些（区分大小写的）字符都是小写，则返回 True，否则返回 False
string.isnumeric()	如果 string 中只包含数字字符，则返回 True，否则返回 False
string.isspace()	如果 string 中只包含空格，则返回 True，否则返回 False
string.istitle()	如果 string 是标题化的（见 title()）则返回 True，否则返回 False
string.isupper()	如果 string 中包含至少一个区分大小写的字符，并且所有这些（区分大小写的）字符都是大写，则返回 True，否则返回 False
string.join(seq)	以 string 作为分隔符，将 seq 中所有的元素（的字符串表示）合并为一个新的字符串
string.ljust(width)	返回一个原字符串左对齐，并使用空格填充至长度 width 的新字符串
string.lower()	转换 string 中所有大写字符为小写
string.lstrip()	截掉 string 左边的空格
string.maketrans(intab, outtab)	maketrans() 方法用于创建字符映射的转换表。对于接受两个参数的最简单的调用方式，第一个参数是字符串，表示需要转换的字符；第二个参数也是字符串，表示转换的目标

续表

方　法	描　述
max(str)	返回字符串 str 中最大的字母
min(str)	返回字符串 str 中最小的字母
string.partition(str)	有点像 find() 和 split() 的结合体，从 str 出现的第一个位置起，把字符串 string 分成一个 3 元素的元组 (string_pre_str,str,string_post_str)，如果 string 中不包含 str，则 string_pre_str == string
string.replace(str1, str2, num= string.count(str1))	把 string 中的 str1 替换成 str2，如果 num 指定，则替换不超过 num 次
string.rfind(str, beg=0,end= len(string))	类似于 find() 函数，返回字符串最后一次出现的位置，如果没有匹配项则返回 −1
string.rindex(str, beg=0,end= len(string))	类似于 index()，不过是返回最后一个匹配到的子字符串的索引号
string.rjust(width)	返回一个原字符串右对齐，并使用空格填充至长度 width 的新字符串
string.rpartition(str)	类似于 partition() 函数，不过是从右边开始查找
string.rstrip()	删除 string 字符串末尾的空格
string.split(str="", num= string.count(str))	以 str 为分隔符切片 string，如果 num 有指定值，则仅分隔 num+1 个子字符串
string.splitlines([keepends])	按照行 ('\r', '\r\n', '\n') 分隔，返回一个包含各行作为元素的列表，如果参数 keepends 为 False，不包含换行符，如果为 True，则保留换行符
string.startswith(obj, beg= 0,end=len(string))	检查字符串是否是以 obj 开头，是则返回 True，否则返回 False。如果 beg 和 end 指定值，则在指定范围内检查
string.strip([obj])	在 string 上执行 lstrip() 和 rstrip()
string.swapcase()	翻转 string 中的大小写
string.title()	返回"标题化"的 string，即所有单词都是以大写开始，其余字母均为小写（见 istitle()）
string.translate(str, del="")	根据 str 给出的表（包含 256 个字符）转换 string 的字符，要过滤掉的字符放到 del 参数中
string.upper()	转换 string 中的小写字母为大写
string.zfill(width)	返回长度为 width 的字符串，原字符串 string 右对齐，前面填充 0

请利用学习到的各种内建函数，编写程序进行合法身份证号码的校验。

一个合法的身份证号码共 18 位，前面 17 位是 0～9 的数字，第 18 位是校验位，可以由数字或字母 X 构成（输入身份证号时，X 有时用大写，有时也可能用小写）。

一个合法的身份证号码前面 17 位由 6 位地区码、8 位出生日期、3 位顺序号组成。例如，在身份证号 320124198808240056 中，320124 为地区码，19880824 为出生日期，005 则为顺序号，6 则是根据前 17 个数字生成的校验码。校验码可以帮助检查身份证号在转述、抄录的过程中是否出现错误。

校验码的计算规则如下：

对前 17 位数字从左到右加权求和，权重分配为 {7，9，10，5，8，4，2，1，6，3，7，9，10，5，8，4，2}。

将加权和对 11 取模得到余数 Z。

按下述 Z-M 对应关系取得校验码 M（即 Z=0，则 M=1；Z=1，则 M=0；Z=2，则 M=X；以此类推）。

```
Z: [0,1,2,3,4,5,6,7,8,9,10]
M: [1,0,X,9,8,7,6,5,4,3,2]
```

下面是一些测试数据。

```
# 输入格式 1:
320124198808240056
# 输出格式 1:
正确

# 输入格式 2:
3K01241X880824005
# 输出格式 2:
错误

# 输入格式 3:
ABCDE
# 输出格式 3:
错误


# 以下各类测试数据，均可用来测试程序的有效性
12345678901234567890    # 错误
123abc456               # 错误
1&*（）qj123             # 错误
22020220200202020022    # 正确
530102192005080 11X     # 正确
530102192005080 11x     # 正确
32                      # 错误
```

4.5 课后思考

1. 统计单词个数：统计字符串 "Python is a powerful programming language" 中的单词个数。

2. 删除重复字符：删除字符串 "abracadabra" 中的重复字符，保留每个字符的第一次出现。

3. 拼接文本: 给定两个字符串 "Hello" 和 "World", 请将它们拼接起来并用空格分隔。

4. 截取子串: 给定一个字符串 "Python Programming", 请编写一个程序截取其中的子串 "Programming"。输出结果为: "Programming"。

5. 将字符串 "Hello World" 中的每个单词翻转后重新组合, 并保持单词的顺序不变。

6. 在下面这个交易清单中, 每一行代表一笔交易, 包含交易日期、交易金额和交易类型三个字段。交易日期采用 "YYYY-MM-DD" 的格式, 交易金额是一个整数, 表示交易的金额, 交易类型是一个字符串, 表示交易的类型(例如, 购买股票、购买基金、卖出股票等)。

```
交易日期, 交易金额, 交易类型
2023-07-01,5000, 购买股票
2023-07-02,3000, 购买基金
2023-07-03,2000, 卖出股票
2023-07-04,10000, 购买债券
2023-07-05,1500, 购买股票
2023-07-06,8000, 卖出基金
2023-07-07,4000, 购买债券
2023-07-08,6000, 购买股票
2023-07-09,3500, 卖出债券
2023-07-10,2000, 购买基金
```

请对交易金额字段进行清洗, 并转换为浮点数, 以便后续数据分析。

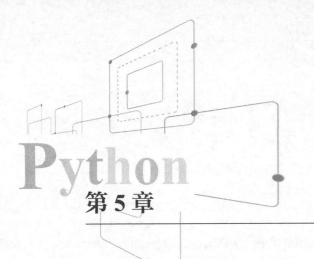

第5章

字典

5.1 知识准备

5.1.1 字典的含义

用 Python 进行数据分析时，会遇到很多种集合数据类型，它们由基础数据类型组成，具备其各自运行的特点。字典 {dict} 是一种非常常用的数据类型。字典采用键值对（key-value）的形式来存储对象，键值对之间以冒号分隔，每个键值对之间用逗号分隔，所有键值对包括在 {} 中。有别于已经学过的列表 [list]，字典是无序的对象集合，也就是说，想要查找字典中的某个值，不能通过次序来索引它，而只能通过它的"代号"——键来找到它。为了更好地理解字典的含义，可以将字典的键理解为 Excel 表格中的表头，将字典的值理解为 Excel 表格中的行值。

字典中键的设定具有特殊性。在一个字典中，键的设定必须唯一，也就是说，同一个键只能有一个。如果在字典中重复设定键，则后设定的键会覆盖之前的设定。同时，键是不可变的数据结构，因此键的数据类型只能是不可变的数据类型，如字符串、数值、元组等，而不能是列表、字典、集合等可变数据类型。键的唯一性和不可变数据结构设定在值的设定上均没有要求（图 5-1）。

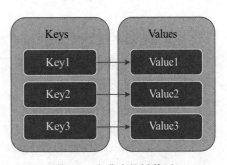

图 5-1　字典中的键值对

5.1.2 字典的创建

字典用 {} 包裹，可以通过向 {} 中传入键值对的形式创建字典，也可以通过 dict( ) 函数创建字典。

例 1：创建字典。

```
dict1={'name':'A','age':18,'height':175}    # 通过 {} 创建一个字典 dict1
print(dict1)                                 # 打印输出 dict1
```

```
dict2=dict(name='B',age=19,height=180)        # 通过 dict() 函数创建字典 dict2
print(dict2)                                    # 打印输出 dict2
```

5.1.3 字典的嵌套

例 2：字典的嵌套。

```
dict3={}  # 通过 {} 创建一个字典 dict3
dict1={'name':'A','age':18,'height':175}       # 通过 {} 创建一个字典
dict2=dict(name='B',age=19,height=180)         # 通过 dict() 函数创建字典
dict3={1:dict1,2:dict2}                         # 将创建好的两个字典 dict1、dict2 嵌入 dict3 中
print(dict3)                                    # 打印输出 dict3
```

5.1.4 字典的基本操作

1. 新增字典的键和值

字典的增、删、改、查是字典的基本操作，其中，增指的是向字典中增加键值对。

例 3：新增键和值。

```
dict1={'name':'A','age':18,'height':175}       # 通过 {} 创建一个字典
dict1['weight']=[70]                            # 为字典 dict1 新增一个键和值
print(dict1)                                    # 打印输出 dict1
```

2. 删除字典的键和值

删除字典的键和值，可使用 del 语句。

例 4：删除字典的键和值 。

```
dict1={'name':'A','age':18,'height':175}       # 通过 {} 创建一个字典
print(dict1)                                    # 打印输出 dict1
del dict1['height']     # 使用 del 语句删除字典 dict1 的其中一个键 height
print(dict1)                                    # 打印输出 dict1
```

3. 修改字典的键和值

对字典中的键进行赋值会覆盖原来的值，这样就完成了对字典值的修改。

例 5：修改字典的键和值。

```
dict1={'name':'A','age':18,'height':175}       # 通过 {} 创建一个字典
print(dict1)                                    # 打印输出 dict1
dict1['height']=180     # 修改字典 dict1 中的键 height 对应的值
print(dict1)                                    # 打印输出 dict1
```

4. 查找访问字典的键和值

在实际应用中，经常会提取字典的键、值数据，可以通过 dict.values() 访问字典所有的值，使用 dict.keys() 访问字典所有的键，使用 dict.items() 访问字典所有的键值对。另外，根据键的唯一性特点，还可以通过字典的键来访问其对应的值，但无法通过值来获取相应的键。

例6：访问字典的键。

```
# 通过键来获取相应的值
dict1={'name':'A','age':18,'height':175}    # 通过 {} 创建一个字典
print(dict1['name'])                         # 打印输出键对应的值
# 获取所有键、值、键值对
dict1={'name':'A','age':18,'height':175}    # 通过 {} 创建一个字典
print(dict1.values())                        # 打印输出字典 dict1 的所有值
print(dict1.keys())                          # 打印输出字典 dict1 的所有键
print(dict1.items())                         # 打印输出字典 dict1 的所有键值对
```

另外，Python 字典常用的方法与函数请参考表 5-1 的总结。

表 5-1　Python 字典常用方法与函数

方法和函数	描　述
clear()	清空字典中所有键值对
fromkeys(seq,value)	以 seq 中所有元素为键、value 为值创建字典
get(key,default)	根据 key 获取字典中的值，不存在则返回 default
items()	返回字典所有键值对
keys()	返回字典所有键

5.1.5　字典与列表

对比之前学习过的列表，可以发现列表和字典的最大区别在于，列表是有序的，列表中的元素都有自己明确的"位置"；字典显得随和，数据随机排列，是无序的数据类型。因此在查找、赋值、删除等操作中，列表是通过位置索引，字典是通过键来索引的（表 5-2）。

表 5-2　字典与列表操作的区别

功能应用	字典操作		列表操作	
	操　作	释　义	操　作	释　义
求长度	len(字典)	键值对个数	len(列表)	元素个数
找到某位置上的值	字典 [键]	通过键查找	列表 [索引号]	通过顺序查找
元素赋值	字典 [键]= 值	通过键赋值	列表 [索引号]= 值	通过顺序赋值
删除元素	del 字典 [键]	通过键删除	del 列表 [索引]	通过顺序删除

5.1.6　遍历字典

遍历字典可以简单理解为按照某一个规则去逐步摸索。可以简单理解为盲人摸象，从象的鼻子、嘴、眼睛、尾巴……逐步摸索且仅摸索一遍。字典可以存储大量的键值对，可以单独遍历键、值，也可以遍历键值对。

1. 遍历字典的键

首先回顾一下第 2 章中学习的 for 循环语句，for 后的 i 是一个循环变量名称，可以用任何合法变量名称来命名，如 j、k 等。in 表示从字符串或其他集合数据类型中依次取值，一般称为遍历。在这里，将采用 for in 循环来遍历字典。

例 7：遍历字典的键。

```
dict1={'name':'A','age':18,'height':175}    # 通过 {} 创建一个字典
for key in dict1.keys():                    # 使用 for in 遍历字典的键
print(key)                                  # 打印输出字典 dict1 的键
```

2. 遍历字典的值

例 8：遍历字典的值。

```
dict1={'name':'A','age':18,'height':175}    # 通过 {} 创建一个字典
for value in dict1.values():                # 使用 for in 遍历字典的值
print(value)                                # 打印输出字典 dict1 的值
```

3. 遍历字典的键值对

例 9：遍历字典的键值对。

```
dict1={'name':'A','age':18,'height':175}    # 通过 {} 创建一个字典
for item in dict1.items():                  # 使用 for in 遍历字典的键值对
print(item)                                 # 打印输出字典 dict1 的键值对
```

4. 遍历字典的键和值

例 10：遍历字典的键和值。

```
dict1={'name':'A','age':18,'height':175}    # 通过 {} 创建一个字典
for i,j in dict1.items():                   # 使用 for in 遍历字典的键和值
print(i,':',j)                              # 打印输出字典 dict1 的键和值
```

5. 字典中键的特殊性

字典中的键是任意可散列对象，也就是说，字典中的键由不可变数据构成，例如，数字、字符串、元组等，但是列表是不可以成为字典中的键的。

例 11：输入以下字典并运行，查看是否会报错。

```
dict5={[1,2,3]:'a'}
dict6={'a':[1,2,3]}
```

5.2 代码补全和知识拓展

5.2.1 代码补全

1. 整理自选股

①请补全下述代码，使得删除第三个自选股"万科 A"及其相关信息；②请补全下述代码，使得增加其余两个自选股的市盈率（PE）信息。

```
dict3 = {'code':['300033.SZ','600519.SZ','000002.SZ'],'name':[' 同花顺 ',' 贵
州茅台 ',' 万科 A '],'price':[102,2008,28]}
```

① 代码：(＿＿＿＿＿＿＿＿＿＿＿＿＿＿＿＿) # 可写多行代码

```
print(dict3)                                      # 输出字典 dict3
```

② 代码：(＿＿＿＿＿＿＿＿＿＿＿＿＿＿)

```
print(dict3)                                      # 输出字典 dict3
```

2. 设计中文数字对照程序

工作中填写票据时经常会用到大写（繁体）的中文数字，下面请补全代码，制作一个大写（繁体）数字查询程序。

```
num=input(' 请输入需要转换的数字 ')
dict=(＿＿＿＿＿＿＿＿＿＿＿＿＿＿＿＿＿＿ )
for i in range(0,len(num)):
print( ＿＿＿ [int(num[i])])    #input( ) 函数的返回值是 str 字符串类型，所以用其元
                              # 素进行索引时要转换为 int 类型，此处使用了 int( ) 函数
```

运行程序，查询数字 3 的大写中文。

3. 补全学生信息

已知嵌套字典 dict 中存储了学生的信息，其中学生姓名为键，对于每个学生而言，其信息也为一个字典，包含年龄、性别、联系电话三个键，试完成以下习题：①为字典中每个同学添加所在班级 (class 2301)；②遍历字典，输出每个同学的信息。

```
'Danny':{'age':19,'sex':'male','tel':'13303330333'}
'Jenny':{'age':18,'sex':'famale','tel':'13101110111'}
'LiMing':{'age':20,'sex':'male','tel':'13202220222'}
```

5.2.2　知识拓展：JSON 和集合

1. JSON

1）JSON 的含义及其语法格式

JSON 的全称为 JavaScript Object Notation，是一种轻量级的数据交换格式，独立于编程语言，独立于平台，其本质可以理解为字符串化的键值对。JSON 具有结构简单、紧凑、解析速度快、可读性高等特点，几乎所有的主流编程语言都能解析 JSON 或将数据字符串化为 JSON，应用极其广泛。从外观上看，JSON 和字典非常相像，可以对比学习记忆；在使用上，JSON 和字典的转换是会经常用到的基本操作。

下面是一段 JSON 语句，描述了"天津市 7 月 5 日、6 日、7 日的天气预报情况"。当仔细阅读时发现，JSON 和字典的表达方式很相似，都是通过花括号 {} 包裹键值对，键和值之间通过冒号连接，键值对之间通过逗号相隔。JSON 语法规则中要求键和值均使用双引号，JSON 的值可以是数字（整数或浮点数）、字符串（在双引号中）、逻辑值（True 或 False）、数组（在方括号中）、对象（在花括号中）等。

Python 中的 JSON 语法示例：

js='''{"city":"\\u5929\\u6d25","update_time":"07:30","date":"7\\u67085\\
u65e5", "weather": [{"date": "5\\u65e5\\uff08\\u4eca\\u5929\\uff09", "weather":
"\\u6674", "icon1":"00","icon2":"00","temp":"36/25\\u2103","w":"","wind":"\\
u897f\\u5357\\u98ce\\u8f6c\\u5357\\u98ce","icond":"100","iconn":"150"},{"date":
"6\\u65e5\\uff08\\u660e\\u5929\\uff09","weather":"\\u6674\\u8f6c\\u591a\\
u4e91","icon1":"00","icon2":"01","temp":"38/26\\u2103","w":"","wind":"\\u8f97\\
u5357\\u98ce\\u8f6c\\u5357\\u98ce","icond":"100","iconn":"151"},{"date":"7\\
u65e5\\uff08\\u540e\\u5929\\uff09", "weather": "\\u591a\\u4e91", "icon1":
"01", "icon2": "01", "temp": "36/25\\u2103", "w": "3-4\\u7ea7\\u8f6c", "wind":
"\\u4e1c\\u5317\\u98ce", "icond": "101", "iconn": "151"}]}'''

注：上述 JSON 语句在本章课后思考中有详解。

2）JSON 与字典

JSON 与字典的区别见表 5-3。

表 5-3　JSON 与字典的区别

JSON	字　　典
JSON 是字符串，其操作取决于转换成何种数据类型，一般转换为字典	字典是 Python 中的一种数据结构，可以进行多种数据操作
JSON 中的字符串为双引号	字典中的字符串使用单引号
JSON 的键只能是字符串	字典的键可以是任何可散列对象

Python 中有一个库 json，可以用来实现 JSON 和字典的转换。首先要使用 import json 来调用这个库。使用 json.loads( ) 将 JSON 转换为字典，使用 json.dumps( ) 将字典转换为 JSON（图 5-2）。

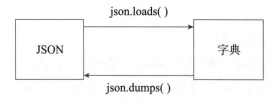

图 5-2　JSON 和字典的转换

例 12：JSON 与字典的相互转换

```
import json # 调用 json 库
dict1={'name':' 小明 ','age':18,'height':175}  # 通过 {} 创建字典 dict1
print(" 字典 1:",dict1)                # 打印输出字典 dict1
js1=json.dumps(dict1)                  # 将字典 dict1 转换为 JSON 格式，命名为 js1
print("json1:",js1)                    # 打印输出 js1
dict2=json.loads(js1)                  # 将 js1 转换为字典，命名为 dict2
print(" 字典 2:",dict2)                # 打印输出字典 dict2
```

3）字典转换为 JSON 过程中的中文问题

当字典中存在中文，将字典转换为 JSON 格式时，会出现中文乱码现象，如下。

```
字典1: {'name': ' 小明 ', 'age': 18, 'height': 175}
json1: {"name": "\u5c0f\u660e", "age": 18, "height": 175}
```

字典采用的是 Unicode 编码格式，在字典 1 中，字符串"小明"通过 Unicode 编码解析。JSON 采用 ASCII 编码格式，而中文不在 ASCII 编码中，因此将字典转换为 JSON 时中文会出现乱码。逆向操作时会将 Unicode 编码转换回中文。

对于例 12 中的问题，可以使用添加条件"不转换 ASCII 编码"保持中文字符串。

```
js1=json.dumps(dict1,ensure_ascii=False)    # 将字典 dict1 转换为 JSON 格式且不
                                            # 转换为 ASCII，命名为 js1
```

2. 集合

1）集合的含义

集合 {set} 和字典一样，也是一种集合数据类型，两者还有一些相似之处。例如，集合也是由 {} 包裹，集合也是一种无序序列，也就是说，想要查找集合中的某个值，不能通过次序来索引它。但是集合也有它的特殊性，也是集合的重要功能，它可以进行集合类计算，例如，取交集、并集、差集、补集等，这一点和数学中的集合一样。

2）集合的创建

集合由花括号 {} 包裹，其元素以逗号隔开。可以通过向 {} 中传入元素的形式创建集合，也可以通过 set( ) 函数构造集合。

例 13：创建集合。

```
set1={1,2,3,4,5}         # 通过 {} 直接创建一个集合 set1
print(set1)              # 打印输出集合
set2=set([2,4,6,8,10])   # 通过 set() 构造一个集合 set2
print(set2)              # 打印输出集合 set2
```

注意：①当看到 {} 中的元素为键值对的形式，该数据类型为字典，如为单个元素（对象）的形式，则该数据类型为集合；②在使用 set( ) 函数构造集合时，要将元素放置于列表 [ ] 中。

3）集合的运算

集合的运算是经常使用的功能，也是集合这个数据类型的最大特点。集合的运算有交集、并集、差集、补集。

set1 和 set2 的交集表示为 set1&set2。

例 14：集合的交集。

```
set1={1,2,3,4,5}                    # 通过 {} 直接创建一个集合 set1
set2=set([2,4,6,8,10])              # 通过 set() 构造一个集合 set2
print(set1&set2)                    # 输出 set1 和 set2 的交集
print(set1.intersection(set2))      # 输出 set1 和 set2 的交集
```

【交集示意图】

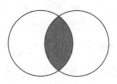

set1 和 set2 的并集表示为 set1|set2。

例 15：集合的并集。

```
set1={1,2,3,4,5}              # 通过 {} 直接创建一个集合 set1
set2=set([2,4,6,8,10])        # 通过 set() 构造一个集合 set2
print(set1|set2)              # 输出 set1 和 set2 的并集
print(set1.union(set2))       # 输出 set1 和 set2 的并集
```

【并集示意图】

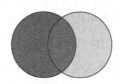

set1 和 set2 的差集表示为 set1-set2，即 set1 中有而 set2 中没有的元素。

set2 和 set1 的差集表示为 set2-set1，即 set2 中有而 set1 中没有的元素。

例 16：集合的差集。

```
set1={1,2,3,4,5}         # 通过 {} 直接创建一个集合 set1
set2=set([2,4,6,8,10])   # 通过 set() 构造一个集合 set2
print(set1-set2)         # 输出 set1 和 set2 的差集
print(set2-set1)         # 输出 set2 和 set1 的差集
```

【差集示意图】

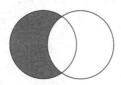

set1 和 set2 的补集表示为 set1^set2，即 set1 与 set2 的并集中不含 set1 和 set2 交集的部分。

例 17：集合的补集。

```
set1={1,2,3,4,5}         # 通过 {} 直接创建一个集合 set1
set2=set([2,4,6,8,10])   # 通过 set() 构造一个集合 set2
print(set1^set2)         # 输出 set1 和 set2 的补集
```

【补集示意图】

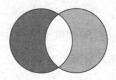

Python 集合常用方法和函数如表 5-4 所示。

表 5-4　Python 集合常用方法和函数

方法和函数	描　　述
add()	向集合中添加单个元素
update()	向集合中添加多个元素
pop()	随机删除集合中的元素
remove()	删除集合中的指定元素
clear()	清空集合中的元素

5.3　实训任务：银行卡密码初始化

5.3.1　银行卡密码初始化

编写程序生成 100 个随机银行卡号，并且设定初始密码均为"888888"。

具体要求如下。

（1）随机生成 100 个卡号。

卡号以 6102009 开头，后面 3 位依次按顺序增加（001，002，003，…，100）。

（2）生成关于银行卡号的字典，默认每个卡号的初始密码为"888888"。

（3）输出卡号和密码信息，格式如下。

卡号　　　　　　　　密码

6102009001　　　　　888888

```
# 定义列表用于存储银行卡号
s = []
#for 循环生成连续 100 个卡号，存储在列表中
for i in range(100):
    s1 = '6101009%.3d'(_____)
    s.append(s1)
# 使用 fromkeys 函数创建并返回一个新字典，s 为 key，value 值设为 redhat
s2=(_____)
print(' 银行卡号：\t\t\t 密码：')
# 使用 for 循环输出卡号及密码
for key, value, in s2.items():
```

```
        print('%s\t\t\t%s' % (key, value))
```

5.3.2 编写字典程序

请实现一个字典程序，该程序具备的功能有：①用户能添加单词和定义；②用户能查找这些单词；③如果查不到，请让用户知道。

```
# 字典添加：a    字典寻找 :c

dictionary = {}
flag = 'a'
pape = 'y'
off = 'a'
while flag == 'a' or 'c':
    flag = input(" 添加或查找单词 ?(a/c)")
    if flag == "a":                              # 开启
        word = input(" 输入单词 (key):")
        defintion = input(" 输入定义值 (value):")
        dictionary[str(word)] = str(defintion)   # 添加字典
        print(" 添加成功 !")
        pape = input(" 您是否要查找字典 ?(y/n)")
        if pape == 'y':
            print(dictionary)
        else:
            continue
    elif flag == 'c':
        check_word = input(" 要查找的单词 :")      # 检索
        for key in sorted(dictionary.keys()):
            if (_____):
                print(" 该单词存在 ! ", key, dictionary[key])
                break
            else:
                off = 'b'
        if off == 'b':
            print(" 抱歉，该值不存在! ")
    else:                                        # 停止
        print("error type")
        break
```

对该程序功能的进一步完善是当词典中查不到某个单词时，可以直接询问用户是否需要添加到词典中。

5.4 延伸高级任务

Python 中的字典相当于 C++ 或者 Java 等高级编程语言中的容器 Map，每一项都是由 Key 和 Value 键值对构成的，当访问字典时，根据关键字就能找到对应的值。另外要再次强调的是，字典和列表、元组在构建上有所不同。列表是方括号 []，元组是圆括号 ()，字典是花括号 {}（集合也是花括号 {}）。

访问字典里的值的时候，如果直接用 [] 访问，在没有找到对应键的情况下会报错，一个更好的替代方案是用内置的 get() 方法来取键值，这时候如果不存在也不会报错。

```
test = {'key1':'value1','key2':'value2'}
print(test['key3'])              # 报错：KeyError:'key3'
print(test.get('key3'))          # 无输出
print(test.get('key3','default'))  # 输出 'default'
```

下面请对一组班级数据按要求进行编程操作。

```
stu = [
    {'name': ' 小张 ', 'age': 23, 'score': 88, 'tel': '16888888883',
'gender': ' 女 '},
    {'name': ' 小周 ', 'age': 22, 'score': 98, 'tel': '16823488885'},
    {'name': ' 小任 ', 'age': 22, 'score': 100, 'tel': '16888567888',
'gender': ' 男 '},
    {'name': ' 小梁 ', 'age': 20, 'score': 69, 'tel': '13456688886',
'gender': ' 男 '},
    {'name': ' 小王 ', 'age': 17, 'score': 63, 'tel': '16578888888'},
    {'name': ' 小刘 ', 'age': 19, 'score': 55, 'tel': '16889878877'},
    {'name': ' 小李 ', 'age': 17, 'score': 50, 'tel': '16883578841'}
]
#1. 统计不及格学生的个数
count = 0
for(_____):
    if x['score'] < 60:
        count += 1
print(' 不及格学生个数：', count)
#2. 打印不及格中 20 岁以下（含）学生的名字和对应的成绩
for x in stu:
    if x['score'] < 60 (_____):
        print(x['name'], x['score'])
#3. 求所有男生的平均年龄
count = 0
sum = 0
for x in stu:
    x.setdefault('gender', None)
for x in stu:
    if x['gender'] == ' 男 ':
        (_____)
        count += 1
print(sum / count)
#4. 打印手机尾号是 8 的学生的名字
```

```
for x in stu:
    if (_____) == 8:
        print(x['name'])
```
#5.打印最高分和对应的学生的名字
```
max1 = stu[0]['score']
for x in stu:
    if (_____):
        max1 = x['score']
print('最高分: ', max1, end='    姓名: ')
for x in stu:
    if x['score'] == max1:
        print(x['name'])
```
#6.将列表按学生成绩从高到低排序
```
stu.sort(reverse=True, key=lambda x: x['score'])    # 排序算法
(_____)
(_____)                             # 打印
```
#7.删除性别不明的所有学生
方法1
```
for x in stu:
    x.setdefault('gender', None)
for index in range(len(stu)-1, -1, -1):
    if stu[index]['gender'] is None:
        stu.pop(index)
print(stu)
```
方法2
```
for x in stu.copy():                                # 复制一个，否则取不完
    if (_____):
        stu.remove(x)
print(stu)
```

5.5 课后思考

1. 请根据下面的 JSON 语言查询所包含的信息并提取 7 月 7 日的气温。

#js='''{"city":" 天 津 ","update_time":"07:30","date":"7 月 5 日 ", "weather":[{"date":"5 日（ 今 天 ）","weather":" 晴 ","icon1":"00","icon2":"00","t emp":"37/25 ℃ ","w":"","wind":" 西 南 风 转 南 风 ","icond":"100","iconn":"150"},{"da te":"6 日（明天）","weather":" 晴转多云 ","icon1":"00","icon2":"01","temp":"38/26℃ ","w":"","wind":" 西南风转南风 ","icond":"100","iconn":"151"},{"date":"7 日（后天） ","weather":" 多云 ","icon1":"01","icon2":"01","temp":"36/25 ℃ ","w":"3-4 级 转 ", "wind":" 东北风 ","icond":"101","iconn":"151"}]}'''

实践实操   **解题思路**

代码：（_____）

代码：（_____）

代码：（_____）

结果：（_____）

```
JSON转换为
字典
```
↓
```
提取字典的键
```
↓
```
提取7月7日
的气温
```
↓
```
打印输出结果
```

2. 已知一个列表保存了多个狗对应的字典。

```
dogs = [
    {'name': '贝贝', 'color': '白色', 'breed': '银狐', 'age': 3, 'gender':
'母'},
    {'name': '花花', 'color': '灰色', 'breed': '法斗', 'age': 2},
    {'name': '财财', 'color': '黑色', 'breed': '土狗', 'age': 5, 'gender': '公'},
    {'name': '包子', 'color': '黄色', 'breed': '哈士奇', 'age': 1},
    {'name': '可乐', 'color': '白色', 'breed': '银狐', 'age': 2},
    {'name': '旺财', 'color': '黄色', 'breed': '土狗', 'age': 2, 'gender': '母'}
]
```

请编写程序实现：①打印字典数据中所有狗的品种；②打印字典数据中所有白色狗的名字；③给 dogs 中没有性别的狗添加性别为"未知"；④统计"银狐"品种的数量。

3. 检测并输出重复单词。这里的单词是指以空格为分隔符进行分隔的英文字母（a～z，A～Z）组合，并且不包含英文标点符号，如英文的逗号、句号、大于号、分号等一系列符号。

（1）用户输入一句英文句子。

（2）打印出每个单词及其重复的次数。

例如，输入："hello world! hello python! hello!"

则输出：

```
hello    2
world!   1
python!  1
hello!   1
```

对以上程序更进一步的改进是：过滤掉标点符号的影响，在上面的输入中将 hello 和 hello! 等同，则 hello 出现 3 次。

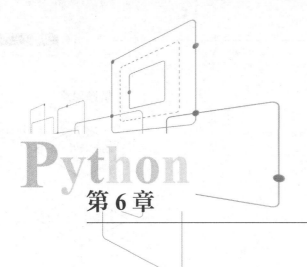

第6章

函数与类

函数是组织好的、可重复使用的、用来实现单一或相关联功能的代码段。Python 中函数的作用有以下几点。

（1）减少代码的冗余，增加程序的可扩展性和维护性。

（2）提高应用的模块性和代码的重复利用率。

（3）避免重复编写代码，函数的编写更容易理解、测试代码。

（4）保持代码的一致性，方便修改，更易于扩展。

函数能提高应用的模块性和代码的重复利用率。函数能够将程序分解成若干小块，每一小块负责完成一项具体任务。有了函数，将不再需要反复编写执行同样任务的代码，事先编写好函数，根据需要多次调用执行该任务的函数，让 Python 运行函数中的代码即可。也可以将函数存储在独立的文件中，让主程序文件的组织更为有序。使用函数可让代码执行效率更高，更容易维护和排除故障。

在本章中除了回顾系统自带的函数外，还将学习编写符合自定义需求的函数，包括函数名称、函数参数的传递等。而类可以将函数和数据打包封装起来，使用起来就会更方便。如果把模块比喻成工具箱，那么类就是工具箱中的多功能螺丝刀，刚开始无刀头，需要安装，否则无法直接使用。函数就是螺丝刀刀柄装上不同的刀头，就可以使用了。当然工具箱中也有许多工具是可以直接使用的，如美工刀、钳子等，这就涉及类与函数的调用方式了。

6.1　知识准备

6.1.1　函数的概念

函数是代码的一个基本单位，即带名字的代码块，其功能是通过调用自身来完成特定的任务。可以对比 Excel 中的公式，来理解函数（图 6-1）。

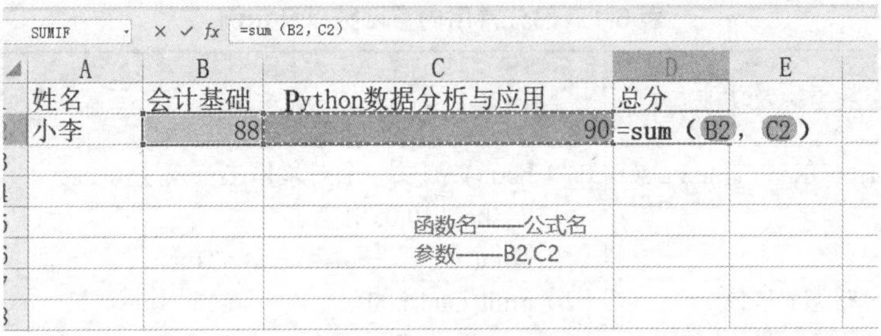

图 6-1 函数可以类比为 Excel 中的函数

图 6-1 中的 sum 就类似函数名，B2、C2 是传递给 sum 函数的参数。Excel 中常用的公式在 Python 中大多作为内置函数而存在。还可以用别的方式来理解何为函数：如果把 Python 比喻成一个仓库，那么函数就是这个仓库中各种各样的工具，当需要使用某一个工具的时候，就可以将其从仓库中取出来，按照说明书使用就行。就像之前多次调用 print() 函数一样，无非是将预先编写完成的、用于打印的工具 print 拿出来使用而已。

综上所述，函数就是 Python 为了实现特定功能而存储的工具，在需要时就可以直接使用，或者多次调用它。

6.1.2 内置函数

内置函数，顾名思义是指 Python 为用户提供的，可以拿来直接使用的函数。Python 中常用的内置函数有 68 个，如用得比较多的 print() 函数就是其中之一。68 个函数具体情况如下。

abs()	dict()	any()	min()	setattr()
all()	dir()	hex()	next()	slice()
help()	divmod()	id()	object()	sorted()
ascii()	enumerate()	input()	oct()	staticmethod()
bin()	eval()	int()	open()	str()
bool()	exec()	isinstance()	ord()	sum()
bytearray()	filter()	issubclass()	pow()	super()
bytes()	float()	iter()	print()	tuple()
callable()	format()	len()	property()	type()
chr()	frozenset()	list()	range()	vars()
classmethod()	getattr()	locals()	repr()	zip()
compile()	globals()	map()	reversed()	_import_()
complex()	hasattr()	max()	round()	delattr()
hash()	memoryview()	set()		

下面列出部分常用内置函数以及示例（表 6-1）。

表 6-1 部分常用内置函数以及示例

所属分类		函数名称及功能	示例
数字相关	数据类型	（1）bool：布尔型 (True,False)	（1）bool() 测试一个对象是 True 还是 False a = bool([0,0,0]) print(a)　　　　　　　　　　#True
		（2）int：整型（整数） （3）float：浮点型（小数） （4）complex：复数	（2）print(int(16.00))　　　　　#16 （3）print(float(3))　　　　　　#3.0 （4）print(complex(1,2))　　　　#(1+2j)
	进制转换	（1）bin()：将给的参数转换成二进制 （2）otc()：将给的参数转换成八进制 （3）hex()：将给的参数转换成十六进制	（1）print(bin(10))　　　　　　# 二进制 0b1010 （2）print(oct(10))　　　　　　# 八进制 0o12 （3）print(hex(10))　　　　　　# 十六进制 0xa
	数学运算	（1）abs()：返回绝对值 （2）divmod()：返回商和余数 （3）round()：四舍五入 （4）pow(a, b)：求 a 的 b 次幂 （5）sum()：求和 （6）min()：求最小值 （7）max()：求最大值	（1）print(abs(-2))　　　　　　# 绝对值 2 （2）print(divmod(20,3))　　　 # 求商和余数 (6,2) （3）print(round(4.50))　　　　# 五舍六入 4 　　　print(round(4.51))　　　　#5 （4）print(pow(10,2,3)) # 如果给了第三个参数，表示最后取余 1 （5）print(sum([1,2,3,4,5,6,7,8,9,10])) # 求和 55 （6）print(min(5,3,9,12,7,2))　# 求最小值 2 （7）print(max(7,3,15,9,4,13)) # 求最大值 15
数据结构相关	序列	（1）list()：将一个可迭代对象转换成列表 （2）tuple()：将一个可迭代对象转换成元组 （3）reversed()：将一个序列翻转，返回翻转序列的迭代器 （4）slice()：列表的切片	（1）print(list((1,2,3,4,5,6)))　#[1,2,3,4,5,6] （2）print(tuple([1,2,3,4,5,6])) #(1,2,3,4,5,6) （3）lst=" 你好啊 " 　　　it=reversed(lst) 　　　print(list(it))　　　　#[' 啊 ',' 好 ',' 你 '] （4）s=slice(1,3,1)　　　　# 切片 　　　print(lst[s])　　　　　#[2,3]
	数据集合	（1）字典：dict 创建一个字典 （2）集合：set 创建一个集合 （3）len()：返回一个对象中元素的个数 （4）sorted()：对可迭代对象进行排序操作	（1）a = dict([(' a ',1),(' b ',2)]) 　　　print(a)　　　　　　　#{' a ': 1, ' b ': 2} （2）a=[1,4,2,3,1] 　　　b = set(a) 　　　print(b)　　　　　　　#{1, 2, 3, 4} （3）dic={' a ':1,' b ':3} 　　　print(len(dic))　　　　#2 （4）lst=[5,7,6,12,1,13,9,18,5] 　　　ll=sorted(lst) # 内置函数，返回一个新列表，新列表是被排序的 　　　print(ll)　　　　#[1, 5, 5, 6, 7, 9, 12, 13, 18]

以上是一些常见的 Python 内置函数及其示例。Python 还提供了其他许多内置函数，

可以根据需要查阅 Python 官方文档来获取更详细的信息：

https://docs.python.org/3/library/functions.html

6.1.3　自定义函数

自定义函数，顾名思义就是根据用户自己的需求做一个 DIY，通过 DIY 的函数解决特定场景下的问题。同时，这个被封装的自定义函数还可以多次调用，从而可以避免代码的重复编写。

1. 自定义函数的创建与调用

下面通过一个例子来看一下构造自定义函数的语法。

```
# 简单函数：打印问候语
1: def func_name():
2:     print("hello, python")
3:
4: func_name()
```

（1）def 为创建自定义函数的关键字，即告诉 Python，要准备构造函数了。

（2）func_name() 是函数的名称，最好做到见名知义。

（3）print("hello,python") 是函数实体，即需要这个函数实现什么功能。

（4）func_name() 是调用函数，让 Python 执行函数代码。

接下来再看一个稍微复杂一点的函数，小丽今天刚学完等差数列，晚上老师布置了关于求解等差数列 $S_n = 2+4n$ 的前 10 项、前 20 项、前 50 项和前 100 项的和的作业。例如，要求出前 100 项的和，则可以利用循环语句写出如下代码。

```
1: Sn = 0
2: i = 1
3: n=100
4: while(i <= n):
5:     Sn += 2 + 4*i
6:     i += 1
7: print(Sn)
```

基于上面的这个循环，只需将 n 换成 10、20、50 就可以得到其他的结果。但是我们发现，每次运行的时候都是这 7 行代码一起运行，代码重复性很高。如果把这不断重复出现的代码封装到一个函数体内，只要改变 n 的数值然后再重复调用，将便利很多。具体看如下的代码。

```
1: # 等差数列的前 n 项和
2: def S(n):  # 每次需要改变 n，因此 n 作为函数的参数
3:     Sn = 0
4:     i = 1
5:     while(i <= n):
6:         Sn += 2 + 4*i
```

```
7:          i += 1
8:     return(Sn)
9:
10: # 求和
11: S(10)
12: S(20)
13: S(50)
14: s(100)
```

求等差数列前 n 项和，仅需要调用这个自定义函数 S（n），然后将参数 n 变换为不同的具体数值即可。上面的例子中已经体现出函数的便利性以及代码的简洁性，而且在完成特定的任务时，对封装的函数可以进行多次调用，避免代码的重复编写与运行，提高了代码编写和运行效率。如果需要更改代码的算法，如等差数列需要变换为另外一种表达式（假定等差数列表达式变更为 $S_n = 2+5n$），则仅需要修改封装算法的函数即可，避免了大范围修改代码的工作。

2. 参数的传递与范围

通过仔细观察上面两个案例会发现，第一个例子不需要传递值，而第二个例子需要传递值 n。上述案例函数定义中的 n 叫作参数，每次运行函数的时候，只需要将一个实际值传递给这个 n 即可。

在 Python 中，有关自定义函数的参数一共有 4 种，分别是必选参数、关键字参数、默认参数、可变参数。接下来对这 4 种参数进行举例说明。

1）必选参数

顾名思义，必选参数就是指在调用一个自定义函数时，必须给函数中的这个参数赋值，参数必须以正确的顺序传入函数。调用时的数量必须和声明时的一样，否则程序就会报错，错误提示为"缺少一些必选的位置参数"。例如，下面这个例子，如果参数 str 没有被赋值，程序执行结果将报错。

```
1: def printstring(str):
2:     print(str)
3:     return
4:
5: # 调用 printstring() 函数，不加参数会报错
6: printstring()
TypeError: printstring() missing 1 required positional argument: 'str'
```

2）关键字参数

关键字参数不同于必选参数，使用关键字参数允许函数调用时参数的顺序与声明时不一致。关键字参数使用的是键值对的形式（key: value）来确定输入的参数值，允许以任何顺序传递参数，Python 解释器会自动使用参数名 key 匹配参数值 value。使用关键字参

数，可以让参数传递更加明确，让调用方清楚地知道每个参数的传值情况。

```
1: def printstring(name, age):
2:    "打印任何传入的字符串"
3:    print("名字: ", name)
4:    print("年龄: ", age)
5:    return
6:
7: #调用 printstring()函数
8: printstring(age=50, name="python") 输出结果: 名字:  python 年龄:  50
```

【小知识】　　　　　　形参、实参、位置参数、返回值的概念

实参和形参：形参是指定义函数的时候参数列表中的参数名；实参是指调用函数的时候给形参传递的参数值。

位置参数：位置参数是一个函数调用时的概念，调用函数时传入的实参数量和位置都必须和定义函数时的形参数量和位置保持一致。

返回值：函数并非总是直接输出，当它处理一些数据，返回一个或者一组值，此时的值被称为函数的返回值。在函数中用 return 将值返回到函数的代码行。

3）默认参数

默认参数也叫参数的默认值，即在定义函数时，直接指定形参的默认值。调用函数时，如果没有传递参数，则会使用默认参数。在以下示例中如果没有传入 age 参数，则使用默认值。

```
1: def printstring(name, age=35):
2:    "打印任何传入的字符串"
3:     print("名字: ", name)
4:     print("年龄: ", age)
5:     return
6:
7: #调用 printstring()函数
8: printstring(age=50, name="python")
9: printstring(name="C++")
```

输出结果：

```
名字:  python
年龄:  50
名字:  C++
年龄:  35
```

4）可变参数

可变参数也叫作不定长参数，上面说的必选参数和默认参数，是在已经知道需要的参数个数情况下去创建的函数。那如果事先不确定该给这个函数传入多少个参数时，该怎样

自定义函数呢？此时就需要可变参数了，它可以接受任意多个数值。调用者只需在形参前面加上 *，则表示实参为可变参数。下面来看一个可变参数的例子。

```
1: def printstring(arg1, *tuple1):
2:     " 打印任何传入的参数 "
3:     print(" 输出：")
4:     print(arg1)
5:     print(tuple1)
6:# 调用 printstring() 函数
7:printstring( 20 )
```

输出结果：

```
输出：  20
( )
```

```
8:# 调用 printstring() 函数
9:printstring( 70, 60, 50 )
```

输出结果：

```
输出：  70
(60, 50)
```

加了星号"*"的参数会以元组 (tuple) 的形式导入，存放所有未命名的多个参数。声明函数时，参数中星号 * 可以单独出现，例如：

```
1:def fun(a,b,*,c):
2:     return a+b+c
```

如果单独出现星号 *，则星号 * 后的参数必须用关键字传入。

```
1: def fun(a, b, *, c):
2:     return a + b + c
3:
4: fun(3, 4, 5)    # 报错
TypeError: fun() takes 2 positional arguments but 3 were given
```

```
5:fun(1,2,c=3)  # 正常
输出结果: 6
```

另外还需要注意，如果默认参数与可变参数同时存在，可变参数需要放在默认参数之后。

函数及其参数的用法与理解可以总结如下。

函数语法：函数名（参数）。

语法理解：首先给函数命名，然后紧接着给英文小括号里放入指定的参数。

辅助理解：可以类比为"从仓库中拿出一个老式收音机（函数），紧接着需要安装电池（参数类型），如需要两节电池（参数个数），正极负极依次相接（参数顺序），如此就

能实现功能：收音机接收广播。"

6.1.4 类与对象

1. 类的概念

类是包含特定属性可以发挥特定功能的对象。听起来比较抽象，举个例子，神话故事中，为了创造一个新的物种，首先需要做一个模板，这个模板就是类，为了满足新物种的生存，需要考虑物种是陆生、水生还是两栖，有几条腿，这些就是类的属性。除此之外，还需要教会物种一些生存技能，如游泳、生火、爬树等，这些技能就是类的方法。按照这个模板创造的新生命实体是类的实例（又称对象），这样这个新的生命就可以实现生存的功能。

2. 类的定义

在 Python 中，通过使用 class 关键字来进行类的定义。定义类的语法格式如下。

```
class 类名：
        成员变量
        成员函数
```

在类的定义中，类名是必不可少的。如果没有类名，则会出现语法错误。类名后面的冒号必不可少，这是类定义的基本格式，不可或缺。

例如，定义一个 Person 类：

```
1: class Person:
2:     name = 'zhangsan'      # 定义了一个属性
3:     def printName(self):   # 定义了一个方法
4:         print(self.name)
```

其中，self 并不是 Python 中的关键字。在定义方法时，参数列表中的第一位的命名也可以修改为其他名字，如 it、those、this 等，这样的命名规则也不会出现报错的情况。那为什么会使用 self 作为它的名字呢？这是因为在代码中，约定俗成使用了 self。所以如果可以，希望读者也可以将其作为第一个参数的名字。

3. 类的实例化和使用

在 Python 中，用赋值的方式创建类的实例，一般格式为：

```
对象名 = 类名（参数列表）
```

创建对象后，可以使用"."运算符，通过实例对象来访问这个类的属性和方法（函数），一般格式为：

```
对象名 . 属性名
对象名 . 函数名()
```

例如，需要创建 Person 类的实例，则可以表示为：

```
a=Person()
```

此时，就可以用 a.name 来调用类的 name 属性。

例如，求三个数的平均数。

```
1: class Average:
2:     m = 100                                # 定义属性
3:     n = 200                                # 定义属性
4:     p = 300                                # 定义属性
5:     def print_average(self):           # 定义方法
6:         print((self.m + self.n + self.p) / 3)
7:
8:  b = Average()                           # 创建实例对象 b
9:  b.m = 666                               # 调用属性 m
10: b.print_average()                       # 调用方法 print_average()
```

4. 类的继承

面向对象的编程带来的主要好处之一是代码的重用，实现这种重用的方法之一是通过继承机制。继承用于指定一个类将从其父类获取其大部分或全部功能。用户对现有类进行修改，来创建一个新的类，称为子类或派生类，原有的类称为基类或父类。它是面向对象编程的一个特征。继承的语法格式如下。

```
class 子类名 ( 父类名 ):
    类体
```

例如，以下为一个类的继承示例。

```
1: class Person(object):
2:     def __init__(self, name, gender):
3:         self.name = name
4:         self.gender = gender
5:         print("Person 类 __init__()。 姓名: ", self.name)
6:
7: class Student(Person):
8:     def __init__(self, name, gender, age):
9:         super(Student, self).__init__(name, gender)
10:        self.age = age
11:        print("Student 类 __init__()。 姓名: ", self.name)
12:
13: #"__main__" 等于当前执行文件的名称
14: if __name__ == "__main__":
15:     person = Person(" 小明 ", " 男 ")
16:     student = Student(" 小红 ", " 女 ", 10)
```

运行结果：

```
Person 类 __ini()__。 姓名: 小明
Person 类 __ini()__。 姓名: 小红
Student 类 __ini__()。 姓名: 小红
```

6.2 代码补全和知识拓展

6.2.1 代码补全

（1）编写函数 col(x)，若 x 不是整数，给出提示后退出程序；如果 x 为奇数，返回 True；如果 x 为偶数，返回 False。请补全该程序代码。

```
 1: (_____)    col(x):
 2:    if int(x) != x:
 3:        print("x 不是整数，程序退出 ")
 4:    elif x // 2 != x / 2:
 5:        return True
 6:     (_____):
 7:    return (_____)
 8:
 9: print(col(5))
10: print(col(9))
11: print(col(7.9))
```

（2）定义一个类名为 Class_one，输出属性 i 和输出"金融科技应用"。请补全该程序代码。

```
 1: (_____)  Class_one:
 2:     # 一个简单的类实例
 3:     a = 12345
 4:      def (_____) (self):
 5:          return '金融科技应用'
 6: m= (_____) ()
 7: # 访问类的属性和方法
 8: print("Class_one 类的属性 a 为：", m.a)
 9: print("Class_one 类的方法 show 输出为：", m.show())
```

（3）使用 max() 函数，求两个数中值较大的数。

```
 1: def max(m, n):  # 定义 max() 函数
 2:     (_____)  # 如果条件成立，返回 m 的值
 3:         return m
 4:     else:                        # 否则返回 n 的值
 5:         return n
 6:
 7: x = int(input("输入一个数："))    # 显示提示语并接收 x 的值
 8: y = int(input("再输入一个数："))   # 显示提示语并接收 y 的值
 9: a = max(x, y)                     # 调用函数，将较大值赋给 a
10: print("较大的数为：", a)          # 输出较大的数
```

（4）函数和类的联合。

补全下述代码后，请简要解释其运行次序和结果。

```
 1: class A:
```

```
 2:    def fm(self):
 3:        print("from A")
 4:    def (_____):
 5:        self.fm()
 6:
 7: class B(A):
 8:    def fm(self):
 9:        print("from B")
10:
11: b = B()
12: b.test()
```

6.2.2 知识拓展：递归与异常处理

1. 递归

1）递归的定义

递归，在计算机科学中是指一种通过重复将问题分解为同类的子问题而解决问题的方法。简单来说，递归表现为函数调用函数本身。递归就像查词典，词典本身就是递归，为了解释一个词，需要使用更多的词。当查一个词，发现这个词的解释中某个词仍然不懂，于是开始查第二个词，可惜，第二个词里仍然有不懂的词，于是查第三个词，这样查下去，直到有一个词的解释是完全能看懂的，那么递归走到了尽头，然后开始后退，逐个明白之前查过的每一个词，最终，明白了最开始那个词的意思。

2）递归的三大定律

在想要使用递归解决问题的时候，需要考虑是否满足以下三个条件。

（1）递归的基本结束条件（即最小规模问题）。

（2）递归算法必须满足朝着规模减小的方向改变状态，即向基本结束条件演进。

（3）递归算法必须调用自身。

例如：

```
1: def a(n):
2:    if n <= 1:
3:        return 1
4:    print(n)
5:    return a(n-1)-1    #loc
6:
7: print(a(3))
```

输出：

```
3
2
-1
```

执行过程如图 6-2 所示。

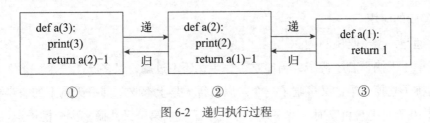

图 6-2　递归执行过程

（1）递进。

过程①：执行 a(3) 函数体的时候，首先打印 3，然后本层函数返回值为 a(2)-1，要想知道 a(3) 的结果，就必须求得返回值中 a(2) 的结果，所以函数体 a(3) 还没有执行完，就要去执行函数体 a(2) 了，这就注定了要有回的过程，当求得 a(2) 代入返回值中，才能求得 a(3)。

过程②：执行 a(2) 的时候，首先打印 2，然后返回 a(1)-1，同理，函数体 a(2) 还没有执行完，就要去执行函数体 a(1) 了，这就注定了要有回的过程，当求得 a(1) 代入返回值中，才能求得 a(2)。

过程③：执行 a(1) 的时候，进入 if 语句中，返回值为 1。但是注意看图 6-2 过程③，原函数中 return 1 后面没有内容，因为函数执行遇到第 3 行 return 1 就会结束，后面的语句不会执行，也即不会执行第 4 行打印出 1。得到 a(1) 之后，需要逐级返回，代入之前未执行完毕的函数中。

所以本例 a(3) 返回值为 a(2)-1，a(2) 返回值为 a(1)-1，a(1) 返回值为 1。a(3) 还没有执行完就返回了 a(2)-1，而 a(2) 还没有执行完就返回了 a(1)-1，a(1) 返回了 1，上面两层函数 a(3)、a(2) 还没有执行完，所以要返回外层函数，将外层函数执行完，整个函数调用才算结束。

（2）回归。

过程②是过程③的上一级，过程①是过程②的上一级，一级一级逐级回归。

过程③：return 有三层含义：返回值为 1；调用该函数体的位置，就是 loc 位置（过程 2 中的 return a(1)-1 这个语句）；返回到上一级，为了找出上一级，先看本级，谁返回的 1，就是该层函数体，也即 a（1）；那么调用谁会产生 a(1)，就是 a（2-1）。所以递归终止条件的 return 首先返回的是 a(1) 的上一级，也即 a(2-1) 的这级语句，而谁产生的 a(2-1)，也就是 a(2) 函数体，也就是过程②。

过程②：看一个函数的执行结果，就要看该函数的返回值是多少。过程②的函数体 a(2) 返回值就看 return 语句，也就是 a(1)-1=0。

过程①：过程①中函数体 a(3) 的返回值为 a(2)-1=0-1=-1，而在调用该函数的时候用了 print(a(3))，print() 打印的是函数的返回值，所以最后还需要输出 a(3) 的返回值为 -1。

3）递归的应用

（1）递归：猴子吃桃问题。

猴子第 1 天摘下若干桃子，当即吃了一半，还不过瘾，又多吃了一个。第 2 天早上又将剩下的桃子吃掉一半，又多吃了一个。以后每天早上都吃了前一天剩下的一半再多吃一个。到第 10 天早上想再吃时，就只剩一个桃子了。求第 1 天共摘多少个桃子。

```
1: def peach(day):
2:     if day == 10:
3:         return 1
4:     return (_____)
5:
6: print("总共有{}只桃子".format(peach(1)))
```

（2）递归：著名的斐波那契(Fibonacci)数列。

其第一项为 0，第二项为 1，从第三项开始，其每一项都是前两项的和。编程求出该数列前 n 项数据。为防止递归过度消耗系统资源，n 最大为 20。

```
1: def fib(n):
2:     if n == 1 or n == 2:
3:         return 1
4:     else:
5:         (_____)
6:
7: n = int(input())
8: if n <= 20:
9:     for i in range(1, n+1):
10:        print(fib(i), end=' ')
11: else:
12:     print('为防止递归过度消耗系统资源，n最大为20')
```

（3）递归：计算 n 的阶乘。

n 的阶乘可以表示为 $f(n)=1 \times 2 \times 3 \cdots \times (n-1) \times n$，从而可得 $f(n)=f(n-1) \times n$。

```
1:def fact(n):
2:    if n==1:
3:        return 1
4:    else:
5:        return (_____)
6:a= int(input('请输入一个正整数：'))
7:print(a,'的阶乘结果为：',fact(a))
```

2. 异常处理

1）异常的定义

Python 有两种错误很容易辨认：语法错误和异常。语法错误被称为解析错，语法分析器指出了出错的一行，并且在最先找到的错误的位置标记一个小小的箭头。这在前面的学习中遇到过，例如：

```
1:while True print('Hello Python')
2:  File "<stdin>", line 1, in ?
3:    while True print('Hello Python')
                  ^
4:SyntaxError: invalid syntax
```

此处函数 print() 被检查到有错误，是它前面缺少了一个冒号。

异常是指即便 Python 程序的语法是正确的，在运行它的时候，也有可能发生错误。运行期检测到的错误被称为异常。大多数的异常都不会被程序处理，都以错误信息的形式展现出来，例如：

```
1:print( '2'+ 5)  #int 不能与 str 相加，否则触发异常
2:TypeError: can only concatenate str (not "int") to str
```

常见的异常如表 6-2 所示。

表 6-2　常见的异常

异 常 类 型	中 文 直 译	描　　述
SyntaxError	语法错误	Python 代码非法，代码不能解释
IndentationError	缩进错误	格式错误，Python 代码没有对齐
TypeError	类型错误	类型与要求不符合
FileNotFoundError	文件未找到错误	通常是文件路径写错了
NameError	名称错误	使用一个还未被定义赋值的对象变量
KeyError	键错误	访问字典中不存在的键
IndexError	索引错误	下标索引超出序列边界
ModuleNotFoundError	模块未找到错误	无法引入模块
Warning	警告	警告的基类

2）异常的处理

（1）try-except 语句。

异常捕捉可以使用 try-except 语句。

例如：

```
1: while True:
2:    try:
3:        x = int(input("请输入一个数字："))
4:        break
5:    except ValueError:
6:        print("您输入的不是数字，请再次尝试输入！")
```

try 语句按照如下方式工作。

①首先，执行 try 子句（在关键字 try 和关键字 except 之间的语句）。

②如果没有异常发生，忽略 except 子句，try 子句执行后结束。

③如果在执行 try 子句的过程中发生了异常，那么 try 子句余下的部分将被忽略。如果异常的类型和 except 之后的名称相符，那么对应的 except 子句将被执行。

一个 try 语句可能包含多个 except 子句，分别处理不同的特定的异常，最多只有一个分支会被执行；一个 except 子句可以同时处理多个异常，这些异常将被放在一个括号里成为一个元组，例如：

```
except (RuntimeError, TypeError, NameError):
    pass
```

另外，try-except 语句还有一个可选的 else 子句，放在所有的 except 子句之后，else 子句将在 try 子句没有发生任何异常的时候执行。

（2）try-finally 语句。

try-finally 语句无论是否发生异常都将执行最后的代码。

例如：

```
1: def divide_numbers(a, b):
2:     try:
3:         result = a / b
4:         print("计算结果:", result)
5:     finally:
6:         print("执行finally块")
7:
8: #测试
9: divide_numbers(10, 2)
10: divide_numbers(10, 0)
```

在这个例子中，divide_numbers() 函数用来计算两个数的商。在 try 块中，执行了除法运算并打印结果。无论除法是否成功，finally 块中的代码总是会被执行。

当调用 divide_numbers() 函数时，首先会传入一个可以正常计算的例子（例如，10 除以 2），这时 try 块中的除法运算成功，结果会被打印出来，然后紧接着执行 finally 块，打印出 "执行 finally 块"。接着，传入一个除数为 0 的例子（例如，10 除以 0），这时会发生异常（ZeroDivisionError），但是不管是否有异常发生，finally 块中的代码总是会被执行。所以无论如何，都会看到 "执行 finally 块" 这一行被打印出来。使用 try-finally 语句可以确保某段代码在任何情况下都会被执行，无论是否发生异常。

（3）抛出异常。

Python 使用 raise 语句抛出一个指定的异常。

raise 语法格式如下。

```
raise [Exception [, args [, traceback]]]
```

例如：

```
 1: def check_age(age):
 2:     if age < 18:
 3:         raise ValueError(" 年龄必须大于或等于 18 岁！ ")
 4:     else:
 5:         print(" 年龄合法 ")
 6:
 7: # 测试
 8: try:
 9:     check_age(21)    # 年龄合法
10:     check_age(16)    # 这里会抛出异常
11: except ValueError as ex:
12:     print(" 捕获到异常 :", ex)
```

在这个例子中，check_age() 函数用于检查一个人的年龄是否大于或等于 18 岁。如果年龄小于 18，就使用 raise 语句抛出一个 ValueError 异常，并指定异常信息为 " 年龄必须大于或等于 18 岁！ "。

在测试部分，首先调用 check_age() 函数，传入一个年龄为 21 的例子，这时年龄是合法的，所以会打印出 " 年龄合法 "。然后，程序再次调用 check_age() 函数，这次传入的年龄是 16，这时会抛出 ValueError 异常。在异常处理的部分，使用 except 语句捕获到这个异常，并打印出异常信息："捕获到异常 : 年龄必须大于或等于 18 岁！"。通过使用 raise 语句，就可以在程序中根据特定的条件主动引发异常，以便进行适当的异常处理。

6.3 实训任务：景区访客量统计

（1）某景区全年访客量详情如表 6-3 所示。

表 6-3 某景区全年访客量

月　　份	1 月	2 月	3 月	4 月	5 月	6 月	7 月	8 月	9 月	10 月	11 月	12 月
访客量 / 万人次	300	398	789	321	234	342	345	234	456	345	123	234

使用函数计算 start ～ end 月的月平均访客量，求 1 ～ 9 月的平均访客量，6 ～ 12 月的平均访客量。

输出结果如下。

1 月到 9 月的平均访客量人次为：402.33

6 月到 12 月的平均访客量人次为：309.86

```
 1: def holiday(start, end):
 2:     # 景区每月的访客数据使用列表保存
 3:     data = [300, 398, 789, 321, 234, 342, 345, 234, 456, 345, 123, 234]
 4:     sum = 0
 5:     # 使用 for 循环累加计算总访客量
```

```
 6:    for month in range(start-1, end):
 7:        sum += data[month]
 8:     avg = (_____)
 9:     print("%d 月到 %d 月的平均访客量人数为: %.2f" % (start, end, avg))
10:
11: holiday(1, 9)
12: holiday(6, 12)
```

（2）输出两数范围之内素数的个数。

定义一个函数 is_prime(n)，判断输入的 n 是不是素数，是返回 True，否则返回 False。然后通过键盘输入两个整数 X 和 Y，调用 is_prime() 函数输出两数范围之内素数的个数（包括 X 和 Y）。

注意：在数学上有一个判断质数的"开根号法"公式，如果一个数 n（n＞2），对这个数求平方根就是 $\sqrt{n}$，如果这个数 n 能被 $(2\sim\sqrt{n})$ 中的任何一个数整除（只要有一个就行），说明 n 不是质数，如果不能整除则说明 n 是质数。其数学原理是：素数的定义是因子仅为 1 和自身的数，如果数 c 不是素数，则一定还有其他因子，假定是 a 和 b，即 c = a * b。其中必有一个大于 sqrt(c)，一个小于 sqrt(c)。所以 c 必有一个小于或等于其平方根的因数，那么验证素数时就只需要验证到其平方根就可以了，即一个合数一定含有小于它平方根的质因子。这样就可以减少循环次数。

```
import math
 def isprime(n):
     m = (_____)    #"开根号法"
     for i in range(2,m):
         if n%i==0:
             return False
             break
     else:
             return True
 def main():
     n,m =eval(input("请输入两个数，求这两个数之间素数的个数，逗号作为分隔符:"))
     count = 0
     for i in range (n,m+1):
         if isprime(i) == True:
             count=count+1
     print(count)

 main()
```

6.4 延伸高级任务

（1）某公司根据员工在本公司的工龄决定其可享受的年假的天数，如表 6-4 所示。

表 6-4　年假天数规定

工　　龄	年 假 天 数
小于 5 年	1 天
5 ～ 10 年	5 天
10 年以上	7 天

定义函数，传入员工工龄，返回其可享有的年假天数并打印。

```
1: def get_holiday(X):
(_____)
8:
9:  X = 7
10: days = get_holiday(X)
11: print("工作年龄为 %d 年的员工的年假天数为: %d 天" % (X, days))
```

输出结果如下：工作年龄为 9 年员工的年假天数为：5 天

（2）计算圆形的面积。

首先输入 n 个值放入列表，这些列表中的数值 r 都将被当作某个圆形的半径值。然后定义函数 get_rList() 获得列表 rList。最后，遍历 rList，对每个元素调用 getCircleArea()，并按格式输出。其中，getCircleArea(r) 可以为列表中的每个指定 r 计算圆面积。

```
import math

def getCircleArea(r):
    return (_____)

def get_rList(n):
    l = []
    for i in range(n):
        (_____)
        (_____)
    return l

n = int(input('您要输入几个数据？'))
rList = get_rList(n)
for e in rList:
    print('{:10.3f}'.format(getCircleArea(e)))
print(rList)
```

（3）继承 Person 类生成 Student 类，编写新的函数用来设置学生专业，然后生成该类对象并显示信息。

```
1: import types
2:
3: class Person(object):
```

```
 4:    def __init__(self, name='', age=20, sex='man'):
 5:        self.setName(name)
 6:        self.setAge(age)
 7:        self.setSex(sex)
 8:
 9:        def setName(self, name):
10:        if not isinstance(name, str):
11:            print('name must be string.')
12:            return
13:        self.__name = name
14:
15:    def setAge(self, age):
16:        if not isinstance(age, int):
17:            print('age must be integer.')
18:            return
19:        self.__age = age
20:
21:    def setSex(self, sex):
22:        if sex != 'man' and sex != 'woman':
23:            print('sex must be "man" or "woman"')
24:            return
25:        self.__sex = sex
26:
27:    def show(self):
28:        print(self.__name)
29:        print(self.__age)
30:        print(self.__sex)
31:
32: class Student(Person):
33:    def __init__(self, name='', age=30, sex='man', major='Computer'):
34:        super(Student, self).__init__(name, age, sex)
35:        self.setMajor(major)
36:
37:    def setMajor(self, major):
38:        if not isinstance(major, str):
39:            print('major must be a string.')
40:            return
41:        self.__major = major
42:
43:    def show(self):
44:        super(Student, self).show()
45:        print(self.__major)
46:
47: if __name__ == '__main__':
```

```
48:     zhangsan = Person('Zhang San', 19, 'man')
49:     zhangsan.show()
50:     lisi = Student('Li Si', 32, 'man', 'Math')
51:     lisi.show()
```

6.5 课后思考

1. 编写函数，判断一个整数是否为回文数，即正向和逆向都相同，如 1234321。

2. 编写函数，实现将十进制数转换为二进制数。

3. 通过函数的调用，进行多个星星的绘制。下面的代码可以绘制一个五角星。

```
import turtle as t
for i in range(5):
    t.fd(200)
    t.rt(144)
t.done()
```

Python 第二部分　数据分析

NumPy

7.1 知识准备

7.1.1 NumPy 库概述

NumPy（Numerical Python）是 Python 中用于科学计算和数据分析的基础库之一，广泛应用于金融数据分析领域。其提供了高性能的多维数组对象（ndarray），以及对这些数组进行快速操作的工具集，它的核心功能包括数组的创建、操作、计算、统计和线性代数运算等，为金融数据的处理和分析提供了强大的工具支持。

金融数据通常是大规模的、多维的数据集，对数据的高效处理和分析是金融领域的关键需求。NumPy 提供了高效的数组对象和操作函数，能够对金融数据进行快速的数值计算和统计分析；NumPy 的广播（Broadcasting）功能使得对不同维度的数据进行运算变得简单，方便了复杂金融模型的实现；NumPy 还提供了丰富的线性代数运算和随机数生成功能，支持金融数据建模和模拟分析；使用 NumPy 进行金融数据分析可以提高计算效率、简化代码实现，并为后续的数据可视化和建模工作打下坚实的基础。

本章将深入探讨 NumPy 在金融数据分析中的应用。首先，将介绍 NumPy 库的基础知识，包括数组的创建、属性和索引等。然后，将学习如何进行数组操作和计算，包括数学运算、统计运算和排序排名等。接下来，将通过具体的金融数据分析案例，演示 NumPy 在数据清洗、处理和计算方面的应用。随后，将介绍 NumPy 的高级功能，包括广播、线性代数运算、随机数生成和文件输入/输出等。最后，将总结 NumPy 在金融数据分析中的优势，并展望未来的发展趋势。

7.1.2 NumPy 中的数据类型

Python 中只定义了一种特定数据类（只有一种整数类型和一种浮点数类型），这种通用性对于一般的应用来说很方便，因为无须过多关注数据在计算机中的具体表示方式。然而，在科学计算中，通常需要更多的控制来精确地表示数据。NumPy 支持的数据类型非常丰富，以下是 NumPy 常用的数据类型（表 7-1）。

表 7-1 NumPy 常用的数据类型

数据类型	说　明
bool	布尔类型，表示 True 或 False
int8	8 位整数类型，范围为 –128 ～ 127
int16	16 位整数类型，范围为 –32 768 ～ 32 767
int32	32 位整数类型，范围为 –2 147 483 648 ～ 2 147 483 647
int64	64 位整数类型，范围为 –9 223 372 036 854 775 808 ～ 9 223 372 036 854 775 807
uint8	8 位无符号整数类型，范围为 0 ～ 255
uint16	16 位无符号整数类型，范围为 0 ～ 65 535
uint32	32 位无符号整数类型，范围为 0 ～ 4 294 967 295
uint64	64 位无符号整数类型，范围为 0 ～ 18 446 744 073 709 551 615
float16	16 位浮点数类型
float32	32 位浮点数类型
float64	64 位浮点数类型
complex64	由两个 32 位浮点数表示的复数类型
complex128	由两个 64 位浮点数表示的复数类型

7.1.3　数组

1. 数组的属性

在 NumPy 中，数组的维数被称为维度（dimensions），每个维度也被称为轴（axis），维度的数量即为数组的秩（rank）。例如，一维数组的秩为 1，二维数组的秩为 2，以此类推。

在 NumPy 中，每个线性的数组都是一个轴（axis），代表一个维度。举例来说，二维数组可以看作包含多个一维数组的集合，其中，第一个一维数组中的每个元素又是一个一维数组。因此，一维数组对应 NumPy 中的一个轴（axis），第一个轴表示底层数组，第二个轴表示底层数组中的数组。秩（rank）即为轴的数量，表示数组的维数。

在很多情况下，可以指定操作的轴（axis）。例如，axis=0 表示沿着第 0 轴进行操作，即对每一列进行操作；axis=1 表示沿着第 1 轴进行操作，即对每一行进行操作。

2. 数组的创建

array 和 ndarray 都是 Python 中的数组，但二者有以下不同之处。

（1）ndarray 是 NumPy 的数组对象，支持数值计算和广播运算，而 array 是 Python 标准库中的数组对象，仅支持基本的数组操作。

（2）ndarray 可以在内存中存储多维数组，可以通过索引和切片进行访问和操作数据，而 array 只能存储一维数组。

（3）ndarray 的数据类型支持更丰富的类型，如布尔值、复数、整数、浮点数、Unicode 等，而 array 只支持相同的数值类型。

（4）ndarray 支持各种轴和维度上的操作，如转置、拼接、切片、归约等，而 array 只能基本操作和访问引用。

总之，ndarray 比 array 更为强大和灵活，可用于处理更复杂的数据结构和数值计算任务。

ndarray 数组可使用底层 ndarray 构造器创建，也可以通过以下几种方式来创建。

1）创建空数组

```
#numpy.empty
#numpy.empty(shape, dtype = float, order = 'C')
#shape 为数组形状，dtype 为数据类型（可选参数），order 为 "C" 代表行优先，"F" 代表列优
#先，表示内存中存储元素的顺序
```

例 1：创建一个空数组。

```
import numpy as np
x = np.empty([3,2], dtype = int)
print (x)
```

输出：

```
[[          12          12]
 [           7           0]
 [-937246168         370]]
```

```
# 由于数组元素未初始化，因此为随机值
```

2）创建以 0 为填充的指定大小数组

```
#numpy.zeros(shape, dtype = float, order = 'C')
```

3）创建以 1 为填充的指定大小数组

```
#numpy.ones(shape, dtype = float, order = 'C')
```

4）NumPy 也可将 Python 的内置数据对象转换成 NumPy 数组

```
#numpy.asarray(a, dtype = None, order = None)
#a 为输入参数，可以是 Python 中的数据对象，例如，列表、元组等
```

例 2：将 Python 数据对象转换为 NumPy 数组。

```
import numpy as np
x = np.empty([3,2], dtype = int)
print (x)
```

输出：

```
[[          12          12]
 [           7           0]
```

```
    [-937246168           370]]
#由于数组元素未初始化，因此为随机值
```

5）从一定数值范围创建数组

```
#numpy.arange(start, stop, step, dtype)
```

例3：从一定数值范围创建数组。

```
import numpy as np


x = np.arange(6)
print (x)
```

输出：

```
[0  1  2  3  4  5]
#np.arrange 对于默认参数的使用方式与 range() 一致
```

3. 数组索引和切片

1）数组索引

ndarray 数组可以使用类似于列表的索引方式进行访问，如下。

```
import numpy as np


arr = np.array([1, 2, 3, 4, 5])
print(arr[0])       #输出第一个元素 1，索引从 0 开始
print(arr[2:4])     #输出第 3 和 4 个元素，使用切片操作
```

使用索引方式进行访问时，需要注意索引从 0 开始，因此第一个元素的索引为 0，第二个元素的索引为 1，以此类推。

2）数组切片

ndarray 数组还可以使用切片方式进行访问，方便地对数组进行操作，如下。

```
import numpy as np


arr = np.array([1, 2, 3, 4, 5])
print(arr[1:4])        #输出第 2～4 个元素
print(arr[:3])         #输出前 3 个元素
print(arr[3:])         #输出从第 4 个元素开始的所有元素
```

使用切片方式进行访问时，可以通过冒号（:）分隔符指定切片范围，第一个数表示起始位置，第二个数表示终止位置（不包含该位置的元素），如果省略中间的数，则表示从头或末尾开始，例如，arr[:3] 表示从头开始到第 4 个元素（不包含该元素）。

NumPy 中通过切片或索引的方式读取或者更新数组对象中的内容，其操作方式与 Python 中列表的操作一致，即 NumPy 数组可以通过 0～n 的下标序号进行索引，切片则是采用 slice() 函数，也可设置起点 start、终点 stop 及步长 step，切片范围包含起点、不包含终点。

例 4： NumPy 数组的切片。

```
import numpy as np

a = np.arange(6)
s = slice(2,5,2)     # 从下标序号 2 开始到序号 5 停止，步长为 2
print (a[s])
```

输出：

```
[2 4]
```

#slice 在切片越界时不会报错，在本例中如果改成 s=slice(2,7,2),a[s] 的结果依然一致

7.1.4 多维数组

ndarray（n-dimensional array）是 NumPy 库中的一个关键对象，它表示多维的同类型数据数组，它是一个高效灵活的数据容器，用于存储和操作大量数据。

ndarray 对象具有以下特点。

（1）多维性：ndarray 可以是一维、二维、三维或更高维的数组，可以表示向量、矩阵和更复杂的数据结构。

（2）元素类型一致：ndarray 中的元素类型必须是相同的，通常是数值类型（如整数、浮点数）或字符串。

（3）固定大小：ndarray 的大小在创建时确定，并且在数组的生命周期内保持不变，但可以修改元素的值。

（4）快速操作：NumPy 提供了丰富的数组操作函数和方法，使得对 ndarray 进行数学运算、统计分析、切片、重塑等操作变得高效。

ndarray 对象的属性如表 7-2 所示。

表 7-2 ndarray 对象的属性

属　　性	说　　明
ndarray.ndim	秩，即轴的数量或维度的数量
ndarray.shape	数组的维度，对于矩阵，n 行 m 列
ndarray.size	数组元素的总个数，相当于 .shape 中 n×m 的值
ndarray.dtype	ndarray 对象的元素类型
ndarray.itemsize	ndarray 对象中每个元素的大小，以字节为单位
ndarray.flags	ndarray 对象的内存信息
ndarray.real	ndarray 元素的实部
ndarray.imag	ndarray 元素的虚部
ndarray.data	包含实际数组元素的缓冲区，由于一般通过数组的索引获取元素，所以通常不需要使用这个属性

在 NumPy 中的数组均为 ndarray 对象，在前文中已经对一维数组的创建进行了介绍和练习，接下来的内容是关于多维数组的创建。

在多维数组中，需要使用逗号分隔的多维索引或多维切片操作，例如，arr[1, 2] 也可以表示为 arr[1][2]，同时可以使用 ':' 符号进行多维切片操作，例如，arr[:, 1:3] 表示从所有行中选择第 2 列和第 3 列的所有元素。

```
import numpy as np

arr = np.array([[1, 2, 3], [4, 5, 6], [7, 8, 9]])
print(arr[1][2])       # 输出第 2 行第 3 列的元素 6，使用多维索引操作
print(arr[1, 2])       # 输出第 2 行第 3 列的元素 6，使用多维索引操作
print(arr[:, 1:3])     # 输出第 2 和 3 列的所有行，使用多维切片操作
```

例 5：创建多维数组对象。

```
import numpy as np

array1 = np.arange(20).reshape(4,5)
print(array1)
输出：
[[ 0  1  2  3  4]
 [ 5  6  7  8  9]
 [10 11 12 13 14]
 [15 16 17 18 19]]
# 以上方法即生成了一个 4 行 5 列的二维数组

array2 = np.arange(27).reshape(3,3,3)
print(array2)
输出：
[[[ 0  1  2]
  [ 3  4  5]
  [ 6  7  8]]

 [[ 9 10 11]
  [12 13 14]
  [15 16 17]]

 [[18 19 20]
  [21 22 23]
  [24 25 26]]]
#np.arange(27) 创建了一个包含 0～26 的整数序列的一维数组，然后使用 .reshape(3, 3, 3)
# 将这个一维数组重新塑形为一个三维数组，其维度为 3×3×3
```

例 6：以下代码片段是一些常用的写法，请注意理解和学会使用。

```
import numpy as np
```

```
X = 0.3 * np.random.randn(20, 2)        # 生成 20×2 维度的矩阵，元素的值是个随机数
print(X)  #[[ 0.12027676  0.1173324 ]…[-0.19404192 -0.1082623 ]]
vector = np.arange(4)                    # 生成长度为 3 的向量
print(vector)                            #[0 1 2 3]

#{ 功能 } 生成一个向量，并将元素的值赋值为固定值，如 5
#{ 函数 }empty()
a = np.empty(7, dtype=int)               # 生成大小为 7 的向量
a[:] = 5                                 # 将向量的元素全部赋值为 5
print(a)                                 #[5 5 5 5 5 5 5]

#{ 功能 } 生成一个矩阵，并将矩阵的元素赋值为固定值，如 7
#{ 函数 }full()
b = np.full((3, 5), 7, dtype=int)
print(b)
# 输出
[[7 7 7 7 7]
 [7 7 7 7 7]
 [7 7 7 7 7]]
```

7.2 代码补全和知识拓展

7.2.1 代码补全

（1）请补充横线中的内容，使代码运行后输出的内容为该数组中的后两项。

```
import numpy as np

a = np.array([[1,2,3],[3,4,5],[4,5,6]])
print(a[_____:_____])
```

（2）请补全下述代码，使得代码运行后可生成范围为 1～10 的所有奇数组成的
NumPy 数组，并且其数据类型为 int16 型，包括左右边界。

```
import numpy as np

x = np.arange(_____,_____,_____, dtype =_____)
print (x)
```

（3）请在横线上补全代码，使代码运行之后能生成一个 NumPy 中的 4 行 6 列的二维
数组，其值为 1～24。

```
import numpy as np

x = np.asarray(range(1,25))
y = x.reshape(_____)
print(y)
```

输出：

```
[[ 1  2  3  4  5  6]
 [ 7  8  9 10 11 12]
 [13 14 15 16 17 18]
 [19 20 21 22 23 24]]
```

7.2.2　知识拓展

1.更多索引方式

NumPy 提供了比一般的 Python 序列更多的索引方式，除使用整数和切片进行索引外，NumPy 数组还可使用高级索引操作，如使用整数数组索引、布尔索引和花式索引进行索引来访问数组中的任意元素以进行复杂的操作来修改其中的元素。

例 7：整数数组索引。整数数组索引是一种通过使用一个数组来访问另一个数组的元素的方法。在这种索引方式中，使用的数组中的每个元素都代表了目标数组中某个维度上的索引值。

```
import numpy as np

x = np.array([[1, 2], [3, 4], [5, 6],[7, 8]])
y = x[[0, 1, 2, 3], [0, 1, 0, 1]]
print(y)
```

输出：

```
[1 4 5 8]
#本例中 y 内的元素均来源于数组 x，y 中元素的取值方式为分别取数组 x 中索引为 (0,0)，(1,1)，
#(2,0)，(3,1) 处的 4 个元素
```

例 8：布尔索引，是一种通过使用布尔运算（如比较运算符）来获取符合指定条件的元素的数组的方法。

```
import numpy as np

x = np.array([[1, 2], [3, 4], [5, 6],[7, 8]])
y = x[ x<=3 ]
print(y)
输出：
[1 2 3]
#本例中 y 内的元素为取出数组 x 中所有小于或等于 3 的元素
```

例 9：花式索引，是一种利用整数数组进行索引的方法。在花式索引中，索引数组的值被视为目标数组某个轴上的下标，用于获取对应位置的元素。

对于一维整型数组的花式索引，如果目标数组也是一维的，结果将是对应位置的元素；如果目标数组是二维的，结果将是对应下标的行。

需要注意的是，花式索引与切片操作不同，它总是创建一个新的数组来存储索引的结

果，而不是返回原始数组的视图。

一维数组的花式索引如下面的代码所示。

```
import numpy as np

x = np.asarray([1,2,3,4,5,6,7,8,9])
y = x[[ 2,4 ]]   # 花式索引
print(y)
```

输出：
```
[3 5]
```
对一维数组而言，花式索引就是取对应索引序号上的元素值

二维数组的花式索引如下面的代码所示。

```
import numpy as np

x = np.asarray([[1,2,3],[4,5,6],[7,8,9]])
y = x[[ 0,2 ]]
print(y)
```

输出：
```
[[1 2 3]
 [7 8 9]]
```
对二维数组而言，花式索引就是取对应行索引序号上的所有元素，例子中为取第 0 行及第 1 行的所
有元素值

2. 矩阵（Matrix）与多维数组（ndarray）

在 NumPy 中，矩阵（Matrix）和多维数组（ndarray）是两种不同的数据类型，尽管矩阵和多维数组之间可以相互转换，但由于其在概念上的差异和特定的运算行为，选择使用哪种类型取决于具体的需求和操作。对于一般的数值计算和数据分析任务，多维数组通常是更常用和推荐的数据类型。

1）维度

多维数组（ndarray）可以是任意维度的，可以是一维、二维、三维或更高维的数组。

矩阵（Matrix）是二维的，具有固定的行数和列数。

2）操作符

多维数组使用 * 运算符执行逐元素乘法，使用 @ 运算符进行矩阵乘法。

矩阵使用 * 运算符执行矩阵乘法，对应元素乘法需要使用 np.multiply() 函数。

3）运算

多维数组在运算时按元素进行操作，例如，逐元素加法、减法、乘法等。

矩阵具有一些特殊的线性代数运算规则，例如，矩阵乘法、求逆矩阵、计算行列式等。

4）创建

多维数组可以通过 np.array() 函数创建，也可以通过其他函数如 np.zeros()、np.ones() 创建。

矩阵可以使用 np.matrix() 函数或者 np.mat() 函数创建。

5）类型

多维数组的类型是 ndarray，具有更广泛的功能和应用范围。

矩阵的类型是 matrix，专注于线性代数运算。

3. 数组运算

NumPy 中数组运算就是把数组作为一个对象参与运算，运算结果也是数组。形状一样的数组运算时，就是把数组中对应的元素进行相应运算。数组上的运算符会应用到元素级别。数组的基本运算除了数组的加、减、乘、除等算术运算外，还包括条件运算、三角函数运算等。

创建数组的代码可以图示为图 7-1。

```
import numpy as np        # 导入 numpy
data = np.array([1,2,3])  # 创建数组
```

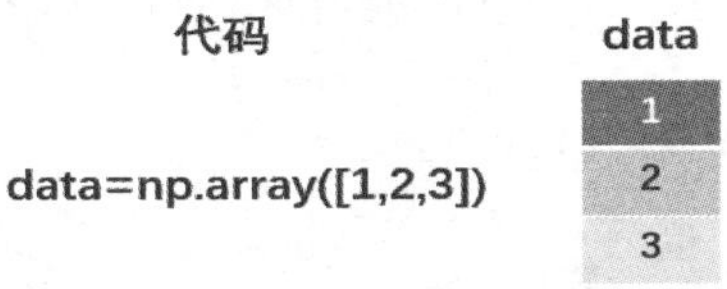

下面的代码示意了数组的加法。

```
ones = np.ones(3)         # 创建全是 1 的数组
newdata = data+ones
print(newdata)
```

代码	data
data=np.array([1,2,3])	1 / 2 / 3

图 7-1　创建数组

同样，在此基础上，也可以实现其他各种运算操作。

例 10：一些常用的数组运算。

```
# 求正弦值
b1 = np.array([1,10,100])
c1 = np.cos(b1)
print(c1)
#c1:  [ 0.54030231 -0.83907153  0.86231887]
# 四舍五入
print(np.round(c1))
# 输出:  [ 1. -1.  1.]

# 所有元素求和
nice = np.arange(10,20).reshape(2,5)
print(nice)
''' 输出
[[10 11 12 13 14]
 [15 16 17 18 19]]
'''
print(np.sum(nice))
```

```
# 求和结果 145

# 纵向和横向求和
np.sum(nice,axis=0)
np.sum(nice,axis=1)

# 求向量内积
face1 = np.array((1,2,3))
face2 = np.array((4,5,6))
np.dot(face1,face2)
# 输出: 32

# 计算元素出现次数
x = np.random.randint(0,10,7)
print(x)
#x:[7 8 2 0 5 4 5]
print(np.bincount(x))
''' 输出
表示0有1个,1有0个,2有1个…
[1 0 1 0 1 2 0 1 1]
'''
# 去重后按顺序排列
print(np.unique(x))
''' 输出
[0 2 4 5 7 8]
'''
```

4. 生成 npz 文件

可以将多个 NumPy 数据保存到 npz 文件中。

```
import numpy as np

my_array_1 = np.array([[1, 2, 3], [4, 5, 6]])
my_array_2 = np.linspace(start=0, stop=100, num=5)
print(my_array_1)
print(my_array_2)
# 保存到 npz 文件
np.savez('my_arrays_temp.npz', my_array_1, my_array_2)

# 读入 npz 文件
loaded_arrays = np.load('my_arrays_temp.npz', allow_pickle=True)
print(loaded_arrays.files)

print(loaded_arrays['arr_0'])
print(loaded_arrays['arr_1'])
```

```
# 保存时还可以自定义名称分别是 array_2d 和 linspace_array_1d
np.savez('my_arrays_temp_v2.npz',array_2d=my_array_1,linspace_array_1d=my_array_2)

loaded_arrays_2=np.load('my_arrays_temp_v2.npz', allow_pickle=True)
```

7.3　实训任务：生成偶数数组

（1）请生成一个 NumPy 数组，其中的元素为 1～20 的偶数。

```
# 获取 1～20 所有的偶数
import numpy as np

x = np.asarray(range(1,21))
y = x[ x%2==0 ]
print(y)
```

输出：

```
[ 2  4  6  8 10 12 14 16 18 20]
```

请修改以上代码，使代码运行后输出 1～20 的奇数。

（2）商品销售数据统计。

假设有一家零售商，需要记录一周每天各个商品的销售数量，这些数据存储在一个
NumPy 多维数组中，其中每行表示一天的销售数据，每列表示一个商品的销售数量。

现在需要计算每个商品的总销售量以及整体销售量的统计信息。

```
import numpy as np

# 假设销售数据存储在一个二维数组中，每行表示一天的销售数据，每列表示一个商品的销售数量
sales_data = np.array([
    [10, 5, 8, 12],
    [7, 3, 6, 9],
    [9, 4, 7, 10],
    [8, 6, 5, 11],
    [11, 2, 9, 13],
    [6, 4, 8, 10],
    [12, 3, 7, 9]
])

# 计算每个商品的总销售量
total_sales = np.sum(sales_data, axis=0)

# 计算整体销售量的统计信息
sales_statistics = {
    '总销售量': (_____),
    '平均销售量': (_____),
```

```
    '最大销售量': (_____),
    '最小销售量': (_____),
}

#打印结果
print("每个商品的总销售量:", total_sales)
print("销售统计信息:", sales_statistics)
```

输出:

每个商品的总销售量: [63 27 50 74]

销售统计信息: {'总销售量': 214, '平均销售量': 53.5, '最大销售量': 74, '最小销售量': 27}

（3）list 对象与多维矩阵（ndarray）的相互转换。

首先是把 list 对象转换成多维矩阵（ndarray），代码片段如下。

```
import numpy as np

#把一个 list 对象转换成矩阵
ll = [1, 2, 3]
lla = (_____)    #把一个 list 对象转换成一个多维矩阵 (ndarray)
print(lla)    #查看输出结果
#array([1, 2, 3])

#把一个嵌套 list 转换成多维矩阵
ll = [[1, 2], [2, 3]]
lla = (_____)
print(lla)    #查看输出结果
#array([[1, 2],
#       [2, 3]])
```

然后是关于 numpy.ndarray 多维矩阵转换成 list 对象，代码片段如下。

```
import numpy as np

llnd = np.asarray([1, 3, 4])
ll = (_____)    #把向量转换 list
print("type(ll):", type(ll))

arraynd = np.asarray([[0., 0., 0.], [0., .5, 0.], [1., 1., .5], [0, 2.0, 3.0]])
ll = (_____)    #把 ndarray 对象转换成 list 对象
print("type(ll):", type(ll))
```

（4）请编写程序生成五行五列的随机数（10～99）的矩阵。

```
import numpy as np
import random
```

```
from random import randint

#1.1 生成五行五列的随机数（10 ～ 99）的矩阵
h = (_____)
ls1 = np.array(h)  # 用 numpy 库把列表转换为数组，每个数字由空格隔开
print(ls1)
''' 输出
[[97 45 73 48 88]
 [38 90 92 57 29]
 [42 82 56 24 47]
 [12 11 67 42 90]
 [54 75 61 87 31]]
'''
```

7.4　延伸高级任务

（1）获取步行数据。

假设需要每天记录自己的步行数据，数据包括日期和步数。若将这些数据存储在一个 NumPy 数组中，其中每一行表示一个日期，第一列是日期，第二列是步数。现在想要获取最近 7 天的步行数据，以便进行分析和可视化。

```
import numpy as np

# 假设步行数据存储在一个二维数组中
# 每行表示一个日期
# 第一列是日期，第二列是步数
walking_data = np.array([
    ['2023-06-29', 5000],
    ['2023-06-30', 6000],
    ['2023-07-01', 7000],
    ['2023-07-02', 5500],
    ['2023-07-03', 8000],
    ['2023-07-04', 7500],
    ['2023-07-05', 9000],
    ['2023-07-06', 6500]
])
# 获取最近 7 天的步行数据
recent_data = (_____)

# 打印结果
print(recent_data)
```

（2）矩阵向量运算。

虽然 NumPy 中有专门用于处理矩阵运算的数据类型矩阵（Matrix），但是依然可以使

用多维数组来进行基础的矩阵向量运算。

例 11：线性方程求解，假设有线性方程组，求解 x。

$$\begin{bmatrix} 2 & 1 & -2 \\ 3 & 0 & 1 \\ 1 & 1 & -1 \end{bmatrix} x = \begin{bmatrix} -3 \\ 5 \\ -2 \end{bmatrix}$$

```
import numpy as np

A = np.array([[2,1,-2],[3,0,1],[1,1,-1]])    # 创建二维数组表示系数矩阵
b = np.transpose(np.array([[-3,5,-2]]))       # 将行向量转置得到结果 b

x = np.linalg.solve(A,b)        # 使用 NumPy 线性方程求解函数得到待求结果 x
print(x)
```

输出：
```
[[ 1.]
 [-1.]
 [ 2.]]
```

即方程组 $\begin{cases} 2a + b - 2c = -3 \\ 3a + c = 5 \\ a + b - c = -2 \end{cases}$ 的解为 $\begin{cases} a = 1 \\ b = -1 \\ c = 2 \end{cases}$ 。

可以按照以上思路，求解另外一个类似的方程组，如编写程序求解方程组：

$$\begin{cases} 7x + 3y + k = 8 \\ y - k = 6 \\ x + 6z - 3k = -3 \\ x + y - z - k = 1 \end{cases}$$

例 12：请练习下述代码并重现其输出内容。

```
# 生成等差数组
ls2 = np.linspace(0,20,5)
print(ls2)
# 输出 [ 0.  5. 10. 15. 20.]
print(type(ls2[1]))
# 输出: <class 'numpy.float64'>

# 生成单位矩阵
ls4 = np.identity(4) # 生成 4*4 的单位矩阵
'''
[[1. 0. 0. 0.]
 [0. 1. 0. 0.]
 [0. 0. 1. 0.]
```

```
  [0. 0. 0. 1.]]
'''
#arange 和 reshape
nice = np.arange(10,20).reshape(2,5)
print(nice)
''' 输出
[[10 11 12 13 14]
 [15 16 17 18 19]]
'''
# 数组的查找添加——index
a = np.array(((2,1,4),(4,1,2)))
index1 = (0)
index2 = (0,1)
print(a[index1],a[index2])
# 输出 [2 1 4] 1

a[index1]=[3,2,1]   #
print(a)
''' 输出
[[3 2 1]
 [4 1 2]]
 '''
```

（3）请在下面带括号横线上补全代码。

```
import numpy as np
Arr1=np.array([1,2,3,4])
Arr2=np.ones(4)
print('Arr1 加 Arr2=',Arr1+Arr2)
print('Arr1 减 Arr2=',( _____ ))
print('Arr1 乘 Arr2=',( _____ ))
print('Arr1 除 Arr2=',( _____ ))
```

（4）将数组中大于 25 的所有元素替换为 1，否则为 0。

```
import numpy as np

the_array = np.array([49, 7, 44, 27, 13, 35, 71])

an_array = np.asarray(_____)
print(an_array)
```

7.5 课后思考

1. 生成以下矩阵，并对第一列求和，结果为 26。继续求矩阵第一列和第二列的总和，结果为 48。

```
[[ 1  2  3]
 [ 4  5  6]
 [ 7  8  9]
 [10 11 12]]
```

部分代码提示：

```
import numpy as np

arr = np.array([1, 2, 3, 4, 5, 6, 7, 8, 9, 10, 11, 12])

newarr = (_____)
print(newarr)

column_sums = newarr[:, 1].sum()
print(column_sums)  # 26
column_sums = (_____)
print(column_sums)
```

2. 将数组中所有大于 30 的元素替换为 0。

```
import numpy as np

the_array = np.array([49, 7, 44, 27, 13, 35, 71])

an_array = np.where(_____)
print(an_array)
```

3. 利用 NumPy 完成下面 9 道小题。

```
#1. 生成对角 4 个 1 的二维数组
arr = np.(_____)
'''
# 输出 [[1., 0., 0., 0.],
       [0., 1., 0., 0.],
       [0., 0., 1., 0.],
       [0., 0., 0., 1.]]
'''

#2. 抽样，在 arr 的基础上随机抽取 5 个元素，arr 必须是一维数组才可以抽样
arr = np.arange(0, 20, 1)
print(arr)
a = np.random.(_____)
print(a)

#3. shuffle（英文：洗牌），将 arr 数组洗牌，shape 不变元素顺序打乱
arr = np.arange(0, 20, 1)
```

```
np. (_____)(arr)
print(arr)
```

#4. 布尔索引的时候可以多个条件拼接
将 arr 中的元素 [0 1 2 3 4 5 6 7 8 9 10 11 12 13 14 15 16 17 18 19]
挑选出大于 7 和小于 15 的，形成一个新的列表 b

```
arr = np.arange(0, 20, 1)
b = arr[(_____)]
print(b)
```

#5. 对数组 arr 的元素进行数据转换（常用于 Excel 中对表的数据进行转换，如文本和数字）
重点：arr_f =arr.astype(np.float64)

```
arr = np.arange(10)
print(arr.dtype)   # dtype('int32')
arr_f = arr.(_____)
print(arr_f.dtype)   # dtype('float64')
```

#6. 判断 arr 中每一个元素是否缺失值
输出 [False False True False True False False]

```
arr = np.array([1, 2, np.nan, 4, np.nan, 4, 2])
print((_____))
```

#7. 查找 arr 中缺失值
输出 [nan nan]

```
arr = np.array([1, 2, np.nan, 4, np.nan, 4, 2])
print((_____)])
```

#8. 把缺失值都赋成 0
数据分析中经常有缺失值替换掉的场景
输出 [1. 2. 0. 4. 0. 4. 2.]

```
arr = np.array([1, 2, np.nan, 4, np.nan, 4, 2])
arr[(_____)] = 0
print(arr)
```

#9. 剔除掉数组 arr 中的重复值，剔除后 arr 中的值都不重复
输出 [0. 1. 2. 4.]

```
arr = np.array([1, 2, np.nan, 4, np.nan, 4, 2])
arr = np.unique(arr)
print(arr)
```

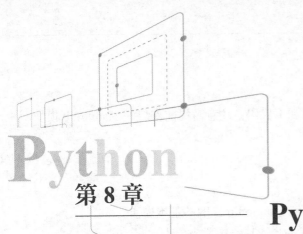

第8章 **Python 数据可视化**

8.1　知识准备

8.1.1　可视化的作用

在数据分析中一直有一个说法叫作"字不如表，表不如图"，可视化就是将表格数字以图形的方式进行展示。通过可视化一方面可以将数据分析的结果更加直观地展示出来，另一方面数据的可视化本身也可以帮助我们更加直观地了解数据，从而帮助我们可以更好地进行数据分析。

8.1.2　Python 可视化库

Python 中有很多的可视化库可以帮助我们进行图表的绘制，本节主要介绍 Matplotlib 和 Seaborn 两个基本可视化库的具体操作和应用。Matplotlib 名称可以被分解为：Math（数学）+plot（图表图形）+lib（库），因此将其合在一起称为数学图表库。

Matplotlib 是 Python 编程语言最常用的绘图工具包，同时作为 Python 数据分析三剑客之一，是最基础的 Python 可视化库。其他的可视化库大多要依赖于 Matplotlib 来完成。而且 Matplotlib 的功能十分强大，能够实现各种图形的绘制，可绘制的图形包括不限于折线图、柱状图、散点图、面积图、直方图、饼图以及其他各类较为复杂的图形。

而 Seaborn 则是基于 Matplotlib 的高级可视化效果图，主要作用就是帮助我们进行统计分析。为了实现快速绘图，Seaborn 已经内置了大量图形设置，无须手动进行大量细致的设置和调整，因此 Seaborn 在语法上比起 Matplotlib 更为简便，但是相对于 Matplotlib 来说往往不够灵活。Seaborn 可绘制的图形包括不限于折线图、柱状图、散点图、线性回归图、直方图、箱形图、提琴图、热力图以及其他更高级的图形。

8.1.3　Matplotlib 和 Seaborn 库的安装

Matplotlib 和 Seaborn 作为 Python 常用的可视化库，需要使用 pip 工具进行安装。

Matplotlib 的安装，在命令提示符下输入如下代码。

```
pip install matplotlib
```

Seaborn 的安装，在命令提示符下输入如下代码，注意需提前安装好 Matplotlib 模块。

```
pip install seaborn
```

8.1.4 Matplotlib

1. 快速绘制 Matplotlib 图形

通过以下代码运行 Matplotlib，快速了解 Matplotlib 作图的基本操作。

例 1：绘制吉林省 2002—2022 年 GDP 增长率折线图。

```
# 读取并观察数据
import matplotlib.pyplot as plt
import pandas as pd
df=pd.read_excel('./ 东三省 GDP.xlsx')
df.head(5)# 截取前五行观察数据，注意单位为百亿人民币和 %
```

首先可对表 8-1 进行观察，这是一个包含东北三省历年 GDP 和 GDP 增长率的表格。

表 8-1 东北三省历年 GDP 和 GDP 增长率

	年 份	辽宁省 GDP/ 百亿元	吉林省 GDP/ 百亿元	黑龙江省 GDP/ 百亿元	辽宁省 GDP 增长率 /%	吉林省 GDP 增长率 /%	黑龙江省 GDP 增长率 /%
0	2002	54.6	20.4	32.4	8.45	7.48	6.55
1	2003	59.1	21.4	36.1	8.21	4.79	11.32
2	2004	64.7	24.6	41.3	9.54	14.68	14.54
3	2005	72.6	27.8	47.6	12.23	13.09	15.04
4	2006	83.9	32.3	53.3	15.56	16.21	12.06

```
# 使用 matplotlib.pyplot.plot 函数快速绘制图形
x = df[' 年份 ']  # 设定 X 变量数据
y = df[' 吉林省 GDP 增长率 ']  # 设定 Y 变量数据
plt.plot(x ,y)  # 绘制折线图
plt.show()  # 显示图形
```

最终得到如图 8-1 所示图形。

2. Matplotlib 图形的详细设置

在例 1 中已经利用 matplotlib.pyplot.plot 函数绘制出了折线图，但是该折线图内容过于省略，图形标题、XY 轴的标签等都没有。读者看到这个图形时往往并不能从图形中直观地了解到图形要表达的内容。这时候就需要对 Matplotlib 图形进行更加细致的设定。

Matplotlib 图形的常用设置包括颜色设置、线条样式、标记样式、设置画布、坐标轴、添加文本标签、添加标题、添加图例等。

下面对例 1 的图形做进一步完善，来说明如何对 Matplotlib 图形进行常用设置。

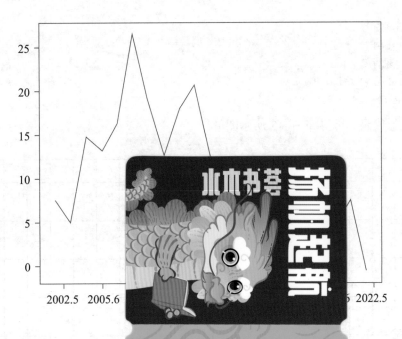

例 2：对吉林省 2002—2022

```
# 读取并观察数据
import matplotlib.pyplot
import pandas as pd
df=pd.read_excel('./ 东三
df.head(5) # 截取前五行观察
# 读取 X、Y 变量数据
x = df[' 年份 ']
y = df[' 吉林省 GDP 增长率 '
# 设置画布大小为 1200*600,
plt.figure(figsize=(12,6)
# 添加网格
plt.grid()
# 解决中文无法显示的问题
plt.rcParams['font.sans-
# 绘制折线图，并设置颜色、线
plt.plot(x ,y,color='r'                                    ')
# 添加数据标签
for a,b in zip(x,y):
    plt.text(a, b+0.5,                              tom',fontsize=8)
# 设置 X 轴数据
plt.xticks(x)
# 添加图表标题
plt.title(' 东三省 GDP 增长率 ')
# 添加图例
plt.legend(('GDP 增长率 ',))
```

```
# 添加 x 轴标签
plt.xlabel(' 年份 ')
# 添加 Y 轴标签
plt.ylabel(' 增长率 (%)')
plt.show()
```

执行以上代码，可得如图 8-2 所示图形。

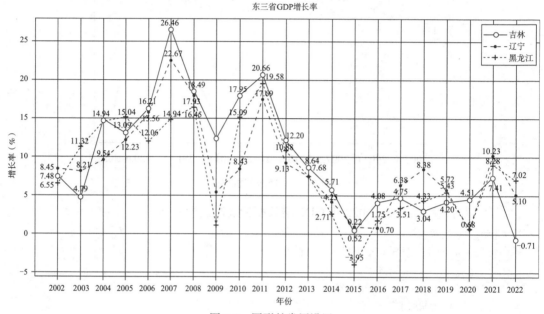

图 8-2　图形的常用设置

图 8-2 和图 8-1 进行比较后发现，图形的内容更加完善了，可以仅从图形中就了解到这是一个反映东三省 2002—2022 年 GDP 增长率的图。利用例 2 中的代码，对关键参数进行一定修改，基本都能满足我们对于 Matplotlib 图形设置的需求。现在对 Matplotlib 图形常用设置进行进一步说明。

1）设置画布

利用 Matplotlib.pyplot.figure 函数可以进行画布设置，例 2 中的关键代码如下。

```
# 设置画布大小为 1200*600，背景色为黄色
plt.figure(figsize=(12,6),facecolor='y')
```

其中主要参数说明如下。

● figsize=(12,6)：表示画布的宽度为 1200px，高度为 600px，对比图 8-2 和图 8-1，可以发现比起默认图形宽度，图 8-2 宽度明显更宽。

● facecolor='y'：表示画布的背景色为黄色，其他颜色可参照颜色设置。

● 另外关键的参数还包括 dpi，即调整画面分辨率，dpi 数值越高，图形的分辨率越高。

2）设置颜色、线条样式、标记样式

绘制折线图需要利用 matplotlib.pyplot.plot 函数，在该函数里能通过参数来设置颜色、

线条样式、标记样式。关键代码如下。

```
# 设置画布大小为 1200*600, 背景色为黄色
plt.plot(x ,y,color='r',linestyle='--',marker='o',mfc='w')
```

其中主要参数说明如下。

● x,y：分别设置 X、Y 变量数据。

● color='r'：设置线条颜色为红色，常用的颜色设置如表 8-2 所示。

表 8-2　颜色设置对照表

颜　　色	颜 色 值	颜　　色	颜 色 值
蓝色	b	洋红色	m
绿色	g	黄色	y
蓝绿色	c	白色	w
红色	r	黑色	k

除了常用的颜色值，还可以使用十六进制颜色值和 RGB 元组来设置颜色，如红色可用 'r' 来设置，也可以用十六进制颜色 #FF0000 来设置，也可以用 RGB 元组 (255,0,0) 来设置。通过十六进制颜色值和 RGB 元组 Matplotlib 可以实现丰富的颜色自定义。

● linestyle='--'：将线条颜色设置为双画线，线条样式如表 8-3 所示。

表 8-3　线型设置对照表

样　　式	样 式 值	样　　式	样 式 值
实线（默认）	-	点画线	-.
双画线	--	虚线	:

● marker='o'：标记样式设为实心圆，mfc='w' 将标记颜色设置为白色，两者同用则是将标记样式设为空心圆。常见标记样式如表 8-4 所示。

表 8-4　标记样式表

样　　式	样 式 值	样　　式	样 式 值	样　　式	样 式 值
点	.	倒三角叉	1	竖六边形	h
像素	,	上三角叉	2	横六边形	H
实心圆	o	右三角叉	3	加号	+
倒三角	v	左三角叉	4	细叉	x
上三角	^	正方形	s	粗叉	X
右三角	>	五角星	p	粗钻石	D
左三角	<	星型	*	细钻石	d
线	-	竖线				

3）添加数据标签

通过 matplotlib.pyplot.text 函数可以添加数据标签，即给每个数据点加上数值。但是注意 matplotlib.pyplot.text 函数是给一个点添加函数，故而需要搭配 for 循环来为每个数据点加上数据标签。关键代码如下。

```
# 添加数据标签
for a,b in zip(x,y):
    plt.text(a, b+0.5, '%.2f' % b, ha='center', va= 'bottom',fontsize=8)
```

可知 a,b 均来自变量 x 和变量 y，matplotlib.pyplot.text 参数含义如下。

● a, b+0.5：分别表示数据标签在 X 轴与 Y 轴的位置，可知数据标签与数据点 X 轴的位置相对应，比数据点 X 轴的位置高 0.5。

● '%.2f' % b：该参数为标签的文本内容，b 来自变量 y，表示标签的内容为 y 值即为吉林省 GDP 增长率，而 '%.2f'% 部分则是设置数据格式，该处含义为保留 2 位小数。

● ha='center', va= 'bottom'：分别表示垂直对齐方式为中心，水平对齐方式为底部。

● fontsize=8：表示标签的字号是 8 号。

4）设置轴数据

可通过 matplotlib.pyplot.xticks 和 matplotlib.pyplot.yticks 分别对 X 轴和 Y 轴的数据刻度进行设置。观察图 8-1 中的 X 轴，发现 X 轴刻度数据为自动设置，显示混乱。用 x 变量的年份数据进行替换，关键代码如下。

```
# 设置 X 轴数据
plt.xticks(x)
```

5）添加图表标题、图例、轴标签

可通过 matplotlib.pyplot.title、matplotlib.pyplot.legend、matplotlib.pyplot.xlabel 和 matplotlib.pyplot.ylabel 分别添加图表标题、图例、XY 轴标签。关键代码如下。

```
# 添加图表标题
plt.title(' 东三省 GDP 增长率 ')
# 添加图例
plt.legend(('GDP 增长率 ',))
# 添加 X 轴标签
plt.xlabel(' 年份 ')
# 添加 Y 轴标签
plt.ylabel(' 增长率（% ）')
```

6）解决中文和负号无法显示的问题

因中文支持问题，可能会出现中文无法显示的问题，可用如下代码解决。

```
plt.rcParams['font.sans-serif']=['SimHei']
```

当出现负号无法显示时，可用以下代码解决。

```
plt.rcParams['axes.unicode_minus']=False
```

3. Matplotlib 绘制多折线图

通过例 1 和例 2 的学习，折线图的绘制已经基本掌握。但是有时候需要在同一图形下绘制多个折线图。下面用例 3 进行多折线图的展示和说明。

例 3：东北三省 GDP 增长率的绘制。

```
# 导入表格
import matplotlib.pyplot as plt
import pandas as pd
df=pd.read_excel('./ 东三省 GDP.xlsx')
# 分别读取年份和三省的 GDP 增长率数据
x = df[' 年份 ']
y1 = df[' 吉林省 GDP 增长率 ']
y2 = df[' 辽宁省 GDP 增长率 ']
y3 = df[' 黑龙江省 GDP 增长率 ']
# 设置画布
plt.figure(figsize=(12,6),facecolor='y')
plt.rcParams['font.sans-serif']=['SimHei']
plt.grid()
# 分别绘制三省的 GDP 增长率的折线图
plt.plot(x ,y1,linestyle='-',marker='o',mfc='w')
plt.plot(x ,y2,linestyle='--',marker='.')
plt.plot(x ,y3,linestyle=':',marker='+')
# 分别为三省的 GDP 增长率的数据添加标签
for a,b in zip(x,y1):
    plt.text(a, b+0.5, '%.2f' % b, ha='center', va= 'bottom',fontsize=8)
for a,b in zip(x,y2):
    plt.text(a, b+0.5, '%.2f' % b, ha='center', va= 'bottom',fontsize=8)
for a,b in zip(x,y3):
    plt.text(a, b+0.5, '%.2f' % b, ha='center', va= 'bottom',fontsize=8)
# 设置 X 轴数据刻度
plt.xticks(x)
# 设置图表标题
plt.title(' 东三省 GDP 增长率 ')
# 按顺序分别添加图例
plt.legend((' 吉林 ',' 辽宁 ',' 黑龙江 '))
# 设置 X、Y 轴标签
plt.xlabel(' 年份 ')
plt.ylabel(' 增长率（%）')
plt.show()
```

执行代码，最终可得图形如图 8-3 所示。

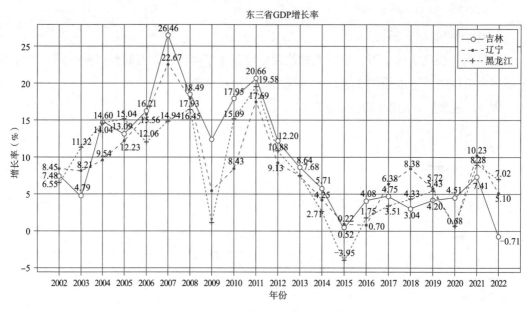

图 8-3　多折线图

4. Matplotlib 绘制柱状图

Matplotlib 绘制柱状图主要使用 bar() 函数，语法如下。

```
matplotlib.pyplot.bar(x, height, width=0.8, bottom=None, *, align='center',
                data=None, **kwargs)
```

主要参数说明如下。

- x：X 轴数据。
- height：Y 轴数据，也就是柱子高度。
- width：柱子宽度，默认为 0.8。
- bottom：柱状图的 y 坐标，默认为 0。
- align：对齐方式，有 center（居中）和 edge（边缘）两种，默认为 center。

例 4：绘制吉林省历年 GDP 柱状图。

```
# 导入表格并读取数据
import matplotlib.pyplot as plt
import pandas as pd
df=pd.read_excel('./东三省 GDP.xlsx')
x = df['年份']
y = df['吉林省 GDP']
# 设置画布
plt.figure(figsize=(12,6),facecolor='y')
plt.rcParams['font.sans-serif']=['SimHei']
# 设置柱子宽度
```

```
width = 0.5
# 绘制柱状图，颜色为蓝色
plt.bar(x ,y,width=width ,color='b')
# 添加数据标签
for a,b in zip(x,y):
    plt.text(a, b+0.5, '%.2f' % b, ha='center', va= 'bottom',fontsize=8)
plt.xticks(x)
plt.title(' 吉林省 GDP')
plt.legend(('GDP',))
plt.xlabel(' 年份 ')
plt.ylabel('GDP（百亿元）')
plt.show()
```

执行代码，得到图形如图 8-4 所示。

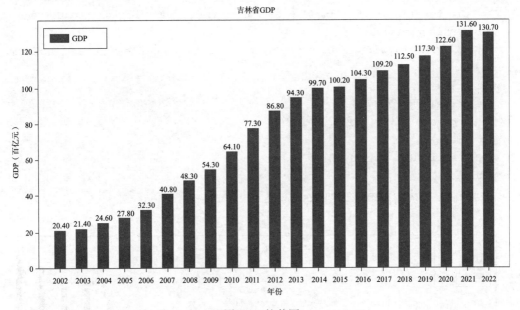

图 8-4　柱状图

通过例 4 的学习，掌握了柱状图的绘制方法。那多柱状图要如何绘制呢？下面用例 5
进行展示和说明。

例 5：东北三省历年 GDP 柱状图的绘制。

```
# 导入表格数据
import matplotlib.pyplot as plt
import pandas as pd
df=pd.read_excel('./ 东三省 GDP.xlsx')
# 分别读取年份以及各省 GDP 数据
x = df[' 年份 ']
y1 = df[' 吉林省 GDP']
y2 = df[' 辽宁省 GDP']
```

```
y3 = df['黑龙江省 GDP 总量']
# 设置画布
plt.figure(figsize=(12,6),facecolor='y')
plt.rcParams['font.sans-serif']=['SimHei']
# 宽度设置为 0.25
width = 0.25
# 分别绘制各省柱状图，注意对 x 轴数据的调整，否则三个柱形会叠加在一起
plt.bar(x-width ,y1,width=width ,color='b')
plt.bar(x ,y2,width=width ,color='r')
plt.bar(x+width ,y3,width=width ,color='g')
# 分别绘制各省柱状图的数据标签，注意对 x 轴数据的调整，否则三个标签的位置会叠加在一起
for a,b in zip(x,y1):
    plt.text(a-width, b+0.5, '%.2f' % b, ha='center', va= 'bottom',fontsize=8)
for a,b in zip(x,y2):
    plt.text(a, b+0.5, '%.2f' % b, ha='center', va= 'bottom',fontsize=8)
for a,b in zip(x,y3):
    plt.text(a+width, b+0.5, '%.2f' % b, ha='center', va= 'bottom',
fontsize=8)
    plt.xticks(x)
    plt.title(' 东三省 GDP')
    plt.legend((' 吉林 ',' 辽宁 ',' 黑龙江 '))
    plt.xlabel(' 年份 ')
    plt.ylabel('GDP（百亿元）')
    plt.show()
```

执行代码，最终得到图形如图 8-5 所示。

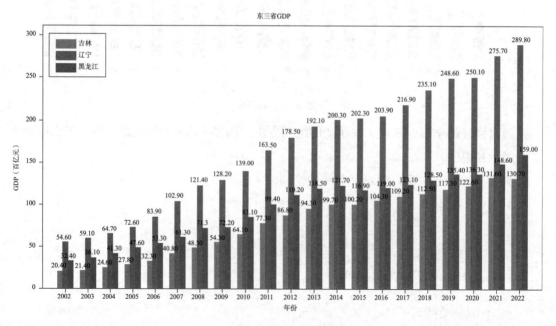

图 8-5　多柱状图

5. 绘制散点图

Matplotlib 绘制散点图主要使用 scatter() 函数，语法如下。

```
matplotlib.pyplot.scatter(x, y, s=None, c=None, marker=None, cmap=None,
                norm=None, vmin=None, vmax=None, alpha=None,
                linewidths=None, *, edgecolors=None,
                plotnonfinite=False, data=None, **kwargs)
```

主要参数的含义如下。

● x,y：数据。

● s：标记面积。

● c：标记颜色，默认为蓝色。

● marker：标记样式，默认值为 'o'。

例 6：绘制吉林省历年 GDP 增长率散点图。

之前学习了绘制吉林省历年 GDP 增长率折线图，现在以散点图的方式进行绘制，代码如下。

```
# 导入表格数据
import matplotlib.pyplot as plt
import pandas as pd
df=pd.read_excel('./ 东三省 GDP.xlsx')
df.head(5)# 截取前五行观察数据，注意单位为百亿人民币和 %
# 读取数据
x = df[' 年份 ']
y = df[' 吉林省 GDP 增长率 ']
# 设置画布
plt.figure(figsize=(12,6),facecolor='y')
plt.rcParams['font.sans-serif']=['SimHei']
# 绘制散点图，颜色设置为红色
plt.scatter(x,y,color='r')
# 设置数据标签
for a,b in zip(x,y):
    plt.text(a, b+0.5, '%.2f' % b, ha='center', va= 'bottom',fontsize=8)
# 设置轴刻度、标题、图例、轴标签等
plt.xticks(x)
plt.title(' 吉林省 GDP 增长率 ')
plt.legend(('GDP 增长率 ',))
plt.xlabel(' 年份 ')
plt.ylabel(' 增长率（%）')
plt.show()
```

执行代码，最终可得图形如图 8-6 所示。

图 8-6 散点图

6. 绘制面积图

Matplotlib 绘制面积图主要使用 stackplot() 函数，语法如下。

```
matplotlib.pyplot.stackplot(x, *args, labels=(), colors=None, baseline='zero',
                            data=None, **kwargs)
```

例 7：绘制东北三省 GDP 的面积图。

```
# 导入数据
import matplotlib.pyplot as plt
import pandas as pd
df=pd.read_excel('./东三省GDP.xlsx')
# 分别读取年份和三省 GDP 数据
x = df['年份']
y1 = df['吉林省GDP']
y2 = df['辽宁省GDP']
y3 = df['黑龙江省GDP']
# 设置画布
plt.figure(figsize=(12,6),facecolor='y')
plt.rcParams['font.sans-serif']=['SimHei']
# 绘制面积图，并设置颜色
plt.stackplot(x,y1,y2,y3, colors=['g','r','b'])
# 设置 x 轴刻度数据
plt.xticks(x)
# 添加标题
plt.title('东三省GDP')
# 分别添加图例
```

```
plt.legend((' 吉林 ',' 辽宁 ',' 黑龙江 '))
# 添加 X、Y 轴标签
plt.xlabel(' 年份 ')
plt.ylabel('GDP（百亿元）')
plt.show()
```

执行上述代码，最终得到面积图如图 8-7 所示。

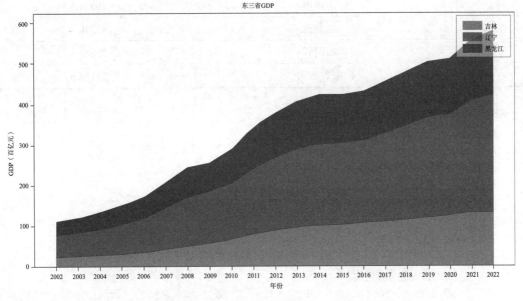

图 8-7　面积图

7. 绘制直方图

Matplotlib 绘制直方图主要使用 hist() 函数，语法如下。

```
matplotlib.pyplot.hist(x, bins=None, range=None, density=False, weights=None,
            cumulative=False, bottom=None, histtype='bar', align='mid',
            orientation='vertical', rwidth=None, log=False, color=None,
            label=None, stacked=False, *, data=None, **kwargs)
```

主要参数的含义如下。

● x：表示 x 轴的数据，可以为单个数组或多个数组的序列。

● bins：整数或序列。整数表示柱子的个数；序列表示柱子的取值范围。

● histtype：表示直方图的类型，bar 代表传统的直方图。

● align：表示柱子边界的对齐方式，取值为 left、mid、right，默认为 mid。

例 8：绘制各省份 GDP 分布直方图。

```
# 导入数据，并观察数据
import matplotlib.pyplot as plt
import pandas as pd
df=pd.read_excel('./ 分省年度数据 .xls')
```

```
df.head(5)# 截取前五行观察数据，注意单位为亿元
```

得到如表 8-5 所示数据。

表 8-5　地区及 GDP 对照表

	地　　区	GDP
0	北京市	41610.9
1	天津市	16311.3
2	河北省	42370.4
3	山西省	25642.6
4	内蒙古自治区	23158.6

观察数据后进一步进行绘图。

```
# 读取需统计的数据集
x = df['GDP']
plt.rcParams['font.sans-serif']=['SimHei']
# 添加 X、Y 轴标签
plt.xlabel('GDP')
plt.ylabel(' 省份数量 ')
# 添加标题
plt.title(' 省份 GDP 分布直方图（亿元）')
# 绘制直方图，设置分布区间
plt.hist(x,bins=[0,10000,20000,30000,40000,50000,60000,70000,80000,90000
          ,100000,110000,120000,130000],
      facecolor='b',edgecolor='k',alpha=0.7)
plt.show()
```

最终得到图形如图 8-8 所示。

8. 绘制饼图

Matplotlib 绘制饼图主要使用 pie() 函数，语法如下。

```
matplotlib.pyplot.pie(x, explode=None, labels=None, colors=None, autopct=None,
              pctdistance=0.6, shadow=False, labeldistance=1.1,
              startangle=0, radius=1, counterclock=True,
              wedgeprops=None, textprops=None, center=(0, 0),
              frame=False, rotatelabels=False, *, normalize=True,
              hatch=None, data=None)
```

主要参数的含义如下。

● x：绘制饼图需要的数据集。

● labels：区域标签。

● colors：设置饼图自定义颜色，不设置有自动填充颜色。

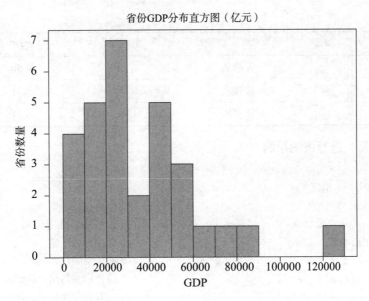

图 8-8　直方图

- labeldistance：标签与圆心的距离。
- autopct：设置百分比格式。
- startangle：设置初始角度。
- radius：设置饼图半径。
- textprops：设置文本标签的字体颜色等。
- center：饼图的原点。
- pctdistance：百分比与圆心的距离。
- shadow：是否添加阴影。
- explode：每个扇形距离圆心的距离。

例 9：绘制华东五省一市 GDP 占比图。

```
# 读取数据并观察数据集
import matplotlib.pyplot as plt
import pandas as pd
df=pd.read_excel('./ 华东地区 GDP.xlsx')
print (df) # 注意单位为万亿人民币
```

得到如表 8-6 所示数据。

表 8-6　地区及 GDP 对照表

	地　　区	GDP
0	上海市	4.47
1	江苏省	12.29
2	浙江省	7.77

续表

	地　　区	GDP
3	安徽省	4.50
4	福建省	5.31
5	江西省	3.21

观察数据后，进行饼图绘制。

```
plt.rcParams['font.sans-serif']=['SimHei']
labels = df['地区']
x = df['GDP']
plt.pie(x,                                   # 绘图数据集
      labels=labels,                         # 添加区域标签
      colors =['r','g','y','b','m','c'],     # 自定义颜色
      labeldistance=1,                       # 设置标签与圆心的距离
      autopct='%.2f%%',                      # 设置百分比格式，保留 2 位小数
      startangle=90,                         # 设置初始角度
      radius=0.5,                            # 设置饼图半径
      center=(0.2,0.2),                      # 设置原点
      textprops={'fontsize':9,'color':'k'},  # 设置文本标签字体颜色
      pctdistance=0.8)                       # 设置百分比标签距离
# 设置 X、Y 轴刻度一致
plt.axis('equal')
plt.title('华东五省一市 GDP 占比 ')
plt.show()
```

最终得到图形如图 8-9 所示。

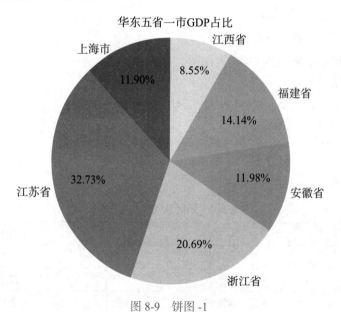

图 8-9　饼图 -1

观察到江苏省的 GDP 占比在华东地区是最大的，为了突出显示，可以通过设置 explode 参数将江苏的扇形区域进行分离，代码如下。

```python
plt.rcParams['font.sans-serif']=['SimHei']
labels = df['地区']
x = df['GDP']
plt.pie(x,                                        # 绘图数据集
        labels=labels,                            # 添加区域标签
        colors =['r','g','y','b','m','c'],        # 自定义颜色
        labeldistance=1,                          # 设置标签与圆心的距离
        autopct='%.2f%%',                         # 设置百分比格式，保留 2 位小数
        startangle=90,                            # 设置初始角度
        radius=0.5,                               # 设置饼图半径
        center=(0.2,0.2),                         # 设置原点
        textprops={'fontsize':9,'color':'k'},     # 设置文本标签字体颜色
        pctdistance=0.8,                          # 设置百分比标签距离
        explode =(0,0.1,0,0,0,0),                 # 设置各扇形区域距离原点距离
        shadow=True)                              # 添加阴影
# 设置 X、Y 轴刻度一致
plt.axis('equal')
plt.title('华东五省一市 GDP 占比')
plt.show()
```

最终得到图形如图 8-10 所示。

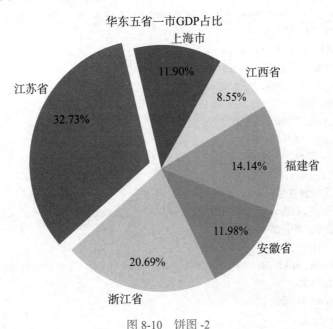

图 8-10　饼图 -2

9. 绘制双 Y 轴图表

在前面的学习中，介绍了绘制多折线图和多柱状图。但是无论是多折线图还是多柱状

图的绘制，本质上都是使用同一个 Y 轴进行绘图。然而某些情况下需要使用双 Y 轴进行绘图，例如，同时绘制数量和百分比的图形，这时就不能使用原来绘制多折线图和多柱状图的办法。

为了绘制双 Y 轴图表，首先需要使用 add_subplot() 函数在画布上添加两个子图，并通过 twinx() 函数来保证两个子图共享 X 轴。

下面使用具体的例子进行说明。

例 10：绘制吉林省历年 GDP 总量和增长率的图形。

这里需要同时绘制吉林省历年 GDP 总量和历年 GDP 增长率的数据。GDP 总量数据的单位是万亿元，GDP 增长率数据的单位是百分比。两个数据单位不同，所以应该设置双 Y 轴来绘制图形。代码如下。

```python
# 导入数据
import matplotlib.pyplot as plt
import pandas as pd
df=pd.read_excel('./东三省GDP.xlsx')
# 分布读取年份和吉林省 GDP、GDP 增长率的数据
x = df['年份']
y1 = df['吉林省GDP']
y2 = df['吉林省GDP增长率']
# 设置画布
fig = plt.figure(figsize=(12,6),facecolor='y')
plt.rcParams['font.sans-serif']=['SimHei']
# 在画布上添加一个子图 ax1
ax1 = fig.add_subplot(111)
# 在 ax1 子图上绘制吉林省 GDP 柱状图
ax1.bar(x ,y1,width=0.5 ,color='b')
# 设置 XY 轴的标签
ax1.set_ylabel('GDP(万亿元)')
ax1.set_xlabel('年份')
# 利用 twinx() 函数，生成一个子图 ax2，ax1 和 ax2 共享 X 轴
ax2 = ax1.twinx()
# 在 ax2 子图上绘制吉林省 GDP 增长率折线图
ax2.plot(x ,y2,color='r',linestyle='--',marker='o')
# 为折线图的数据点添加数据标签
for a,b in zip(x,y2):
    plt.text(a, b+0.5, '%.2f' % b, ha='center', va= 'bottom',fontsize=8)
# 为 ax2 的 Y 轴添加标签
ax2.set_ylabel('增长率(%)')
plt.xticks(x)
plt.title('吉林省 2002-2022 GDP')
plt.show()
```

执行代码，最终可得到图形如图 8-11 所示。

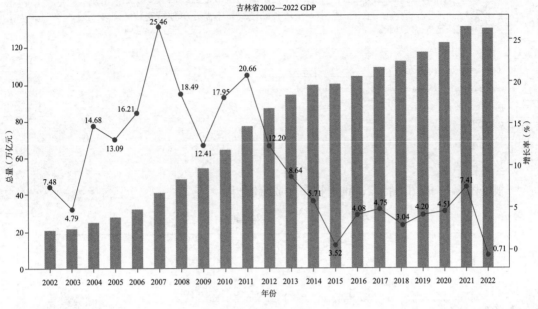

图 8-11　绘制双 Y 轴图形

8.2　代码补全和知识拓展

8.2.1　代码补全

1. 绘制 sin() 和 cos() 函数图像

补充代码绘制出如图 8-12 所示函数图形。

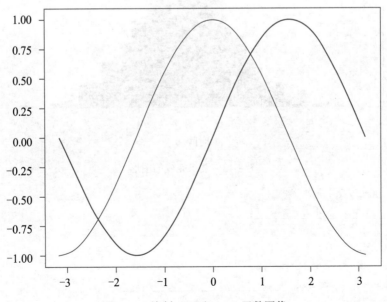

图 8-12　绘制 sin() 和 cos() 函数图像

```
# 数据可视化一般所使用到的工具就是 Matplotlib,
# 当 Matplotlib 安装完成之后, pylab 作为附属的接口也已经被安装了。
# 事实上, pylab 是 Matplotlib 中一个单独的模块, 不需要单独被安装。
from pylab import *

X = np.linspace(_____)
C, S = np.cos(X), np.sin(X)
plot(X, C)
plot(X, S)
show()
```

2. 完成图形

根据图 8-13 的图形特点，编写程序完成绘制。

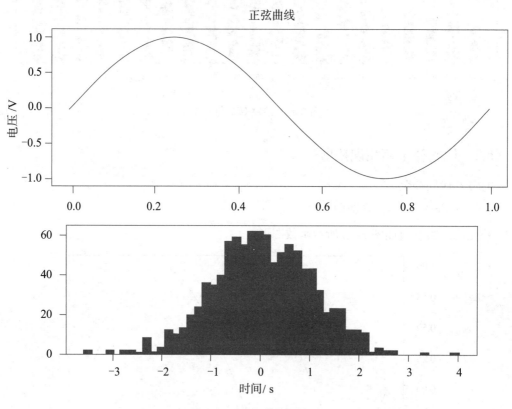

图 8-13　要求完成的图形

```
import numpy as np
(_____)

fig = plt.figure()
fig.subplots_adjust(top=0.8)
ax1 = fig.add_subplot(_____)
ax1.set_ylabel(_____)
```

```
ax1.set_title('A sine wave')

t = np.arange(0.0, 1.0, 0.01)
s = np.sin(2*np.pi*t)
line, = ax1.plot(t, s, color='blue', (_____))

# Fixing random state for reproducibility
np.random.seed(19680801)

ax2 = fig.add_axes([0.15, 0.1, 0.7, 0.3])
n, bins, patches = ax2.hist(np.random.randn(1000), 50,
                            facecolor='yellow', edgecolor='yellow')
(_____)


plt.show()
```

根据上述代码应该能绘制出如图 8-13 所示的效果。

8.2.2　知识拓展：Seaborn

1. Seaborn 简述

之前已经学习了使用 Matplotlib 可视化库来进行图形的绘制，事实上，绝大多数的 2D 图形都可以使用 Matplotlib 可视化库来进行绘制。但通过 Matplotlib 可视化库的学习，也体会到如果要制作出一个内容比较完整的统计图形，则需要通过 Python 语言在 Matplotlib 中进行大量细致的设置。有没有什么办法可以使用比较简单的代码快速绘制出内容比较完整的统计图形呢？这时就需要利用 Seaborn 来进行绘图了。

2. Seaborn 快速示例

通过以下代码运行 Seaborn，快速了解 Seaborn 作图的基本操作。

例 11：Seaborn 快速绘图。

```
import seaborn as sns
import matplotlib.pyplot as plt
a = [1,2,3,4,5]
b = [5,10,15,20,25]
sns.barplot(x=a, y=b) # 用 Seaborn 绘制柱状图
plt.show()
```

代码运行后，可得到如图 8-14 所示图形。

由此可以看出，Seaborn 绘制图形相比于 Matplotlib 更为简便，而且图形也更加美观，一般不需要过多的调整和设置。

3. Seaborn 常用图表函数

由例 11 可知，Seaborn 图表绘制主要是通过调用 Seaborn 内置的作图函数来完成的，常用的绘图函数如下。

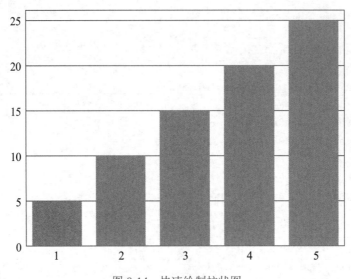

图 8-14   快速绘制柱状图

- lineplot()：折线图。
- relplot()：散点图。
- lmplot()：线性回归图。
- displot()：直方图。
- barplot()：柱状图。
- boxplot()：箱形图。
- violinplot()：提琴图。
- heatmap()：热力图。

通过以上函数，Seaborn 可以实现快速制图。

4. 绘制折线图

Seaborn 绘制折线图主要通过 lineplot() 函数实现，语法如下。

```
seaborn.lineplot(x=None, y=None, hue=None,
                 size=None, style=None, data=None,
                 palette=None, hue_order=None, hue_norm=None,
                 sizes=None, size_order=None, size_norm=None,
                 dashes=True, markers=None, style_order=None,
                 units=None, estimator='mean', ci=95, n_boot=1000,
                 sort=True, err_style='band', err_kws=None,
                 legend='brief', ax=None, **kwargs)
```

lineplot() 函数常用参数说明如下。

- x、y：X 轴、Y 轴数据。
- data：数据来源。
- hue：分类字段。

例 12：Seaborn 绘制折线图。

导入中国 GDP 数据，绘制 GDP 与年份的折线图。

```
# 第一步，导入数据并分析数据
import seaborn as sns
import matplotlib.pyplot as plt
import pandas as pd
df=pd.read_excel('./ 中国 GDP.xlsx')
df.head(5)    # 截取前五行观察数据
# 第二步，绘制折线图
plt.rcParams['font.sans-serif']=['SimHei']    # 解决中文乱码问题
sns.lineplot(x=' 年份 ',y='GDP',data=df)    # 绘制折线图
```

程序读入的表格数据如表 8-7 所示。

表 8-7　GDP 与消费支出

	年　　份	GDP	最终消费支出
0	2000-12-31	9979.896	6374.888
1	2001-12-31	11038.835	6866.113
2	2002-12-31	12132.668	7422.748
3	2003-12-31	13714.671	7973.501
4	2004-12-31	16135.561	8939.443

并最终绘制得到图 8-15 所示的折线图。

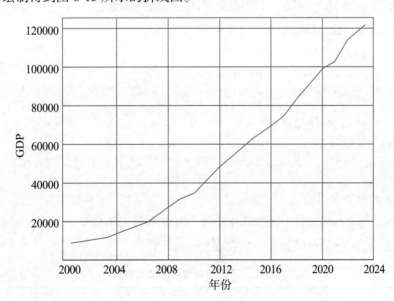

图 8-15　折线图

例 13：Seaborn 绘制多折线图。

方法一：通过数据拼接快速实现。

```
df1= [df ['GDP'], df ['最终消费支出']]
sns.lineplot(data=df1)
```

得到图 8-16 所示的多折线图。

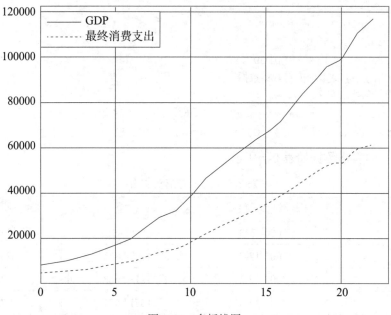

图 8-16　多折线图

注意，X 轴已经不是年份而是序列，Seaborn 实现图表比 Matplotlib 要快速简便，但是图形的定制性不如 Matplotlib，下面提供方法二来解决问题。

方法二：通过 melt() 修改数据框架来实现多折线图。

```
# 第一步通过 melt() 修改数据框架
df2 = df.melt(id_vars ='年份')
#melt() 可以将所有列变成行，id_vars='年份' 则是指定 '年份' 变量保留为行
df2.head(5)# 展示表格前五行
df2.tail(5) )# 展示表格后五行
# 修改 df2 的变量名
df2.rename(columns = {"variable" : "指标", "value" : "值：十亿"}, inplace = True)
# 绘制折线图
sns.lineplot(x='年份', y='值：十亿', hue='指标', data=df2)
```

首先观察表 8-8，可知除了保留的年份外，GDP 和最终消费支出两个变量合并为一列，并用变量 variable 区分，而值被统一放在变量 value 里。

表 8-8　GDP 与最终消费支出数据

	年　　份	variable	value		年　　份	variable	value
0	2000-12-31	GDP	9979.896	2	2002-12-31	GDP	12132.668
1	2001-12-31	GDP	11038.835	3	2003-12-31	GDP	13714.671

	年　份	variable	value		年　份	variable	value
4	2004-12-31	GDP	16135.561	43	2020-12-31	最终消费支出	56081.114
41	2018-12-31	最终消费支出	50613.494	44	2021-12-31	最终消费支出	62092.100
42	2019-12-31	最终消费支出	55263.174	45	2022-12-31	最终消费支出	64163.300

最终得到图 8-17 所示的多折线图。

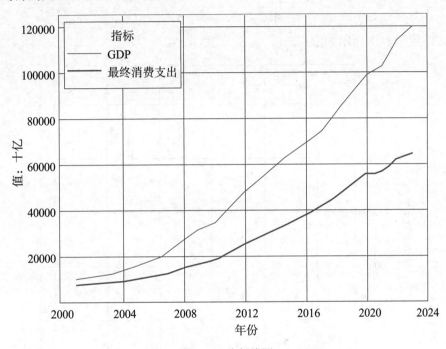

图 8-17　多折线图

5. 绘制散点图

Seaborn 绘制散点图主要通过 replot() 函数实现，语法如下。

```
seaborn. replot (x=None, y=None, data=None, hue=None,
                size=None, style=None, units=None, row=None, col=None,
                col_wrap=None,row_order=None,col_order=None,
                palette=None, hue_order=None, hue_norm=None,
                sizes=None, size_order=None,
                size_norm=None, markers=None,
                dashes=None, style_order=None, legend='auto',
                kind='scatter', height=5, aspect=1, facet_kws=None, **kwargs)
```

replot() 函数常用参数说明如下。

- x、y：X 轴、Y 轴数据。
- data：数据来源。
- hue：分类字段。

例 14： Seaborn 绘制 GDP 与最终消费支出关系的散点图。

```
# 第一步，读取并分析数据
import seaborn as sns
import matplotlib.pyplot as plt
import pandas as pd
df=pd.read_excel('./ 中国 GDP.xlsx')
df.head(5)
# 第二步，绘制散点图
sns.relplot(x='GDP',y=' 最终消费支出 ',data=df)
```

最终得到图 8-18 所示的散点图。

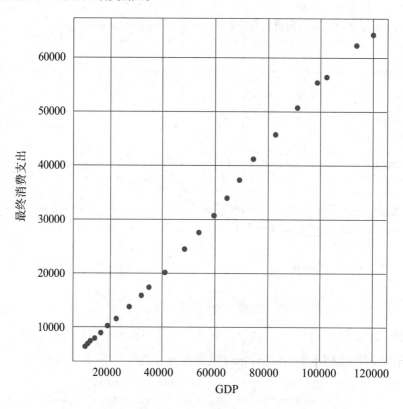

图 8-18　散点图

6. 绘制线性回归图表

Seaborn 绘制线性回归图主要通过 lmplot() 函数实现，语法如下。

```
seaborn.lmplot(data=None, *, x=None, y=None, hue=None, col=None,
            row=None, palette=None, col_wrap=None, height=5,
            aspect=1, markers='o', sharex=None,
            sharey=None, hue_order=None, col_order=None,
            row_order=None,legend=True, legend_out=None,
            x_estimator=None, x_bins=None, x_ci='ci',
            scatter=True, fit_reg=True, ci=95, n_boot=1000,
```

```
                units=None, seed=None, order=1, logistic=False,
                lowess=False, robust=False, logx=False,
                x_partial=None, y_partial=None, truncate=True,
                x_jitter=None, y_jitter=None, scatter_kws=None,
                line_kws=None, facet_kws=None)
```

lmplot() 函数常用参数说明如下。

- x、y：X 轴、Y 轴数据。
- data：数据来源。
- hue：分类字段。

例 15：Seaborn 绘制 GDP 与最终消费支出线性回归图表。

仍使用例 14 的数据，数据导入参见例 14。

```
# 绘制线性回归图表
sns.lmplot(x='GDP',y=' 最终消费支出 ',data=df)
```

得到图 8-19 所示线性回归图。

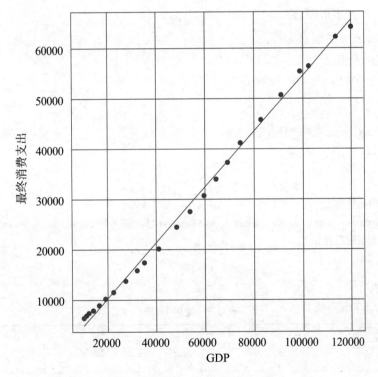

图 8-19　线性回归图

观察图形，可知图形的散点与拟合的回归线高度重合，这代表线性回归拟合得很好，也就是说，中国的 GDP 和最终消费支出有高度的线性关系。

7. 绘制直方图

直方图是根据具体数据的分布情况，是由一系列高度不等的矩形表示数据分布的图形。一般用 X 轴表示组距，Y 轴表示频数。

Seaborn 绘制直方图主要通过 displot() 函数实现，语法如下。

```
seaborn.displot(data=None, *, x=None, y=None, hue=None, row=None,
                col=None, weights=None, kind='hist', rug=False,
                rug_kws=None, log_scale=None, legend=True,
                palette=None, hue_order=None, hue_norm=None,
                color=None, col_wrap=None, row_order=None,
                col_order=None, height=5, aspect=1, facet_kws=None, **kwargs)
```

displot() 函数常用参数说明如下。

● x、y：X 轴、Y 轴数据。

● data：数据来源。

● hue：分类字段。

● rug：True/False 两种，表示是否显示观测的小细条，默认为 False。

● kde：True/False 两种，表示是否显示核密度图，默认为 False。

● bins：设置矩形图数量。

例 16：Seaborn 绘制直方图。

```
# 读取并分析数据
import seaborn as sns
import matplotlib.pyplot as plt
import pandas as pd
df=pd.read_excel('./ 分省年度数据 .xls')
df.head(5)
# 提取 GDP 数据
data = df[['GDP']] # 提取 GDP 数据
# 用 GDP 数据绘制直方图
plt.rcParams['font.sans-serif']=['SimHei']# 解决中文乱码问题
# 用 GDP 数据绘制直方图
sns.displot(data)
```

得到如表 8-9 所示的数据。

表 8-9 地区 GDP

	地　区	GDP
0	北京市	41610.9
1	天津市	16311.3
2	河北省	42370.4
3	山西省	25642.6
4	内蒙古自治区	23158.6

并最终得到图 8-20 所示直方图。

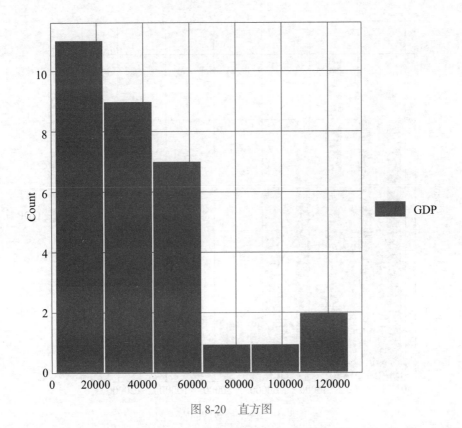

图 8-20　直方图

观察可知，各省 GDP 在 0 ～ 20000 亿的最多，但是很多时候希望能进一步缩短组距进行观察。那么可以通过对函数中的参数进行调整来实现。

例 17：Seaborn 直方图参数调整。

如果对函数的参数进一步调整，要求显示观测的小细条、显示核密度图、矩形图数量修改为 20 个。

```
sns.displot(data, bins=20, rug=True, kde=True)
```

得到 8-21 所示的直方图。

可见 Seaborn 可以快速实现绘图，内置参数比较复杂，但一般都有默认设置，如有个性化调整，可通过修改参数来实现。

8. 绘制柱状图

Seaborn 绘制柱状图主要通过 barplot() 函数实现，语法如下。

```
seaborn.barplot(data=None, *, x=None, y=None, hue=None,
                order=None, hue_order=None, estimator='mean',
                errorbar=('ci', 95), n_boot=1000, units=None,
                seed=None, orient=None, color=None,
                palette=None, saturation=0.75, width=0.8,
                errcolor='.26', errwidth=None, capsize=None,
                dodge=True, ci='deprecated', ax=None, **kwargs)
```

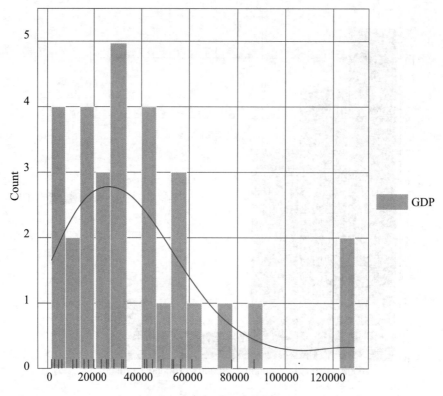

图 8-21　调整参数后的直方图

barplot() 函数常用参数说明如下。

● x、y：X 轴、Y 轴数据。

● data：数据来源。

● hue：分类字段。

● estimator：统计类型，默认为 mean，即平均数。

例 18：Seaborn 绘制男女在晚餐和午餐的消费柱状图。

```
# 读取并分析数据
import seaborn as sns
import matplotlib.pyplot as plt
import pandas as pd
import numpy as np
df=pd.read_excel('./ 餐厅消费数据 .xlsx')
df.head(5)
plt.rcParams['font.sans-serif']=['SimHei']
# 绘制男女在晚餐和午餐的消费柱状图
sns.barplot(x=' 性别 ',y=' 消费金额 ',hue=' 用餐时间 ', data=df)
plt.show()
```

得到数据如表 8-10 所示，进行观察。

表 8-10　消费金额数据表

	消费金额	性　别	用餐时间
0	16.99	女性	晚餐
1	10.34	男性	晚餐
2	21.01	男性	晚餐
3	23.68	男性	晚餐
4	24.59	女性	晚餐

并得到图 8-22 所示柱状图。

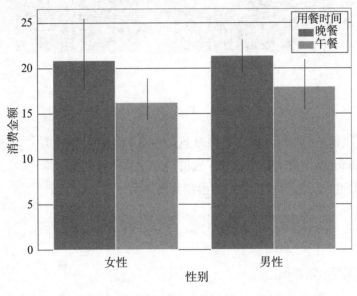

图 8-22　柱状图

注意该柱状图统计的数据为消费的平均值，即男女在晚餐和午餐的平均单笔消费的比较。男性的单笔平均消费略大于女性，晚餐的单笔的平均消费略大于午餐。如需统计总消费，需要设置 estimator 参数为 sum。

```
sns.barplot(x='性别', y='消费金额',estimator=sum, hue='用餐时间', data=df)
plt.show()
```

得到图 8-23 所示柱状图。

该图则为男女在晚餐和午餐的总消费的比较。观察可知，男性的总消费远大于女性，而晚餐的总消费远大于午餐。

9. 绘制箱形图与提琴图

通过柱状图可以对数据的整体情况有一定的了解，但是却不能对数据中某些较为异常的特例进行观察，如数据过大或过小。这时候就需要使用箱形图与提琴图来帮助进行异常值的观察。

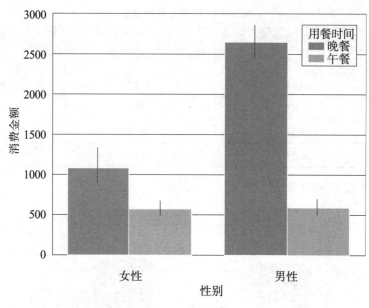

图 8-23　柱状图参数设置

Seaborn 绘制箱形图与提琴图主要通过 boxplot() 和 violinplot() 两个函数来实现。

例 19：Seaborn 绘制男女在晚餐和午餐的消费箱形图与提琴图。

数据读取参照 18，直接进行箱形图绘制判断异常值。

```
# 绘制箱形图
sns.boxplot(x=' 性别 ',y=' 总消费 ',hue=' 用餐时间 ',data=df)
plt.show()
```

得到图 8-24 所示箱形图。

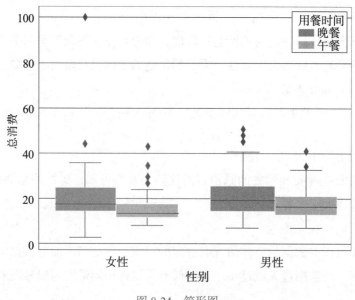

图 8-24　箱形图

由图可知，某一个点远离正常位置非常多，即存在异常值。代表某一笔消费远大于正常值，可以单独对该数据进行分析判断。若存在错误或异常，需对该笔数据进行相应处理。

还可以绘制提琴图来进行判断。

```python
# 绘制提琴图
sns.violinplot(x=' 性别 ' , y=' 总消费 ', hue=' 用餐时间 ', data=df)
plt.show()
```

得到如图 8-25 所示图形。

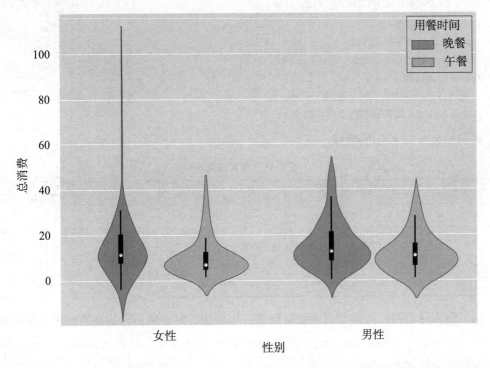

图 8-25　提琴图

由提琴图也可知，女性晚餐的最大消费远大于正常值，需进行分析判断。而且提琴图的数据分布相比箱形图展示得更加完整。

10. 绘制热力图

热力图是一种通过对色块着色来显示数据的统计图表，在绘图时，需要指定颜色与数值的映射规则，如颜色越深的表示数值越大、程度越深；颜色越亮的数值越大、程度越深。

Seaborn 绘制热力图主要通过 heatmap() 函数来实现，语法如下。

```python
seaborn.heatmap(data, *, vmin=None, vmax=None, cmap=None,
                center=None, robust=False, annot=False, fmt='.2g',
                annot_kws=None, linewidths=0, linecolor='white',
                cbar=True, cbar_kws=None, cbar_ax=None,
                square=False, xticklabels='auto', yticklabels='auto',
                mask=None, ax=None, **kwargs)
```

heatmap() 函数常用参数说明如下。

- data：数据来源。
- annot：True/False 两个数值，代表是否显示数字。
- cmap：修改热力图颜色映射，常见的有 GnBu、RdBu_r、hot、Accent 等。
- fmt：格式设置，决定 annot 注释的数字格式，如小数点后几位等。
- linewidths：热力图矩阵之间的间隔大小。

例 20：Seaborn 绘制航班热力图。

```
# 读取并分析数据
import seaborn as sns
import matplotlib.pyplot as plt
import pandas as pd
df=pd.read_excel('./ 航班 .xlsx')
df.head(5)# 截取前五行观察数据
```

得到如表 8-11 所示的数据。

表 8-11　乘客数量表

	年　　份	月　　份	乘 客 数 量
0	1949	1	112
1	1949	2	118
2	1949	3	132
3	1949	4	129

为了制作热力图，还需要对数据进行进一步处理，对航班信息表格数据做数据透视。

```
data=pd.pivot_table(df,index=[' 月份 '],columns=[' 年份 '],values=[' 乘客数量 ']) data.head()
```

得到数据透视表格如表 8-12 所示。

表 8-12　航班信息

| 月　份 | 乘 客 数 量 | | | | | | | | | | | |
	1949 年	1950 年	1951 年	1952 年	1953 年	1954 年	1955 年	1956 年	1957 年	1958 年	1959 年	1960 年
1	112	115	145	171	196	204	242	284	315	340	360	417
2	118	126	150	180	196	188	233	277	301	318	342	391
3	132	141	178	193	236	235	267	317	356	362	406	419
4	129	135	163	181	235	227	269	313	348	348	396	461
5	121	125	172	183	229	234	270	318	355	363	420	472

最后制作热力图。

```
sns.heatmap(data=data)
```

得到如图 8-26 所示图形。

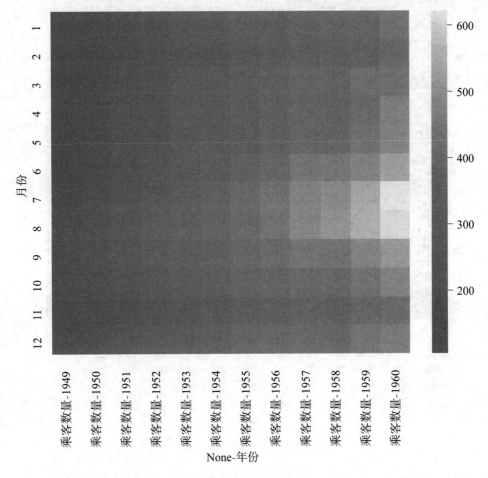

图 8-26 热力图

热力图的右侧代表了颜色对应数值的映射，数值由小到大对应着色彩由暗到亮。从图像中可以看出，随着年份的增加，颜色由暗变亮，代表飞机的乘客数量在逐步增多。同时从月份来说，七月和八月对比其他月份更亮，也就是七月和八月乘客数量多于其他时间。

如果需要对热力图需要调整，还可以进行参数的设置。

例如：

```
sns.heatmap(data=data,annot=True,fmt="d",linewidths=0.5,cmap='hot')
```

得到如图 8-27 所示图形。

11. Seaborn 图形设置

可以对 Seaborn 的图形进行一定的调整，主要包括背景风格设置和边框调整。

背景风格设置主要使用 set_style() 设置背景风格，默认为 darkgrid，主要有如下几种风格。

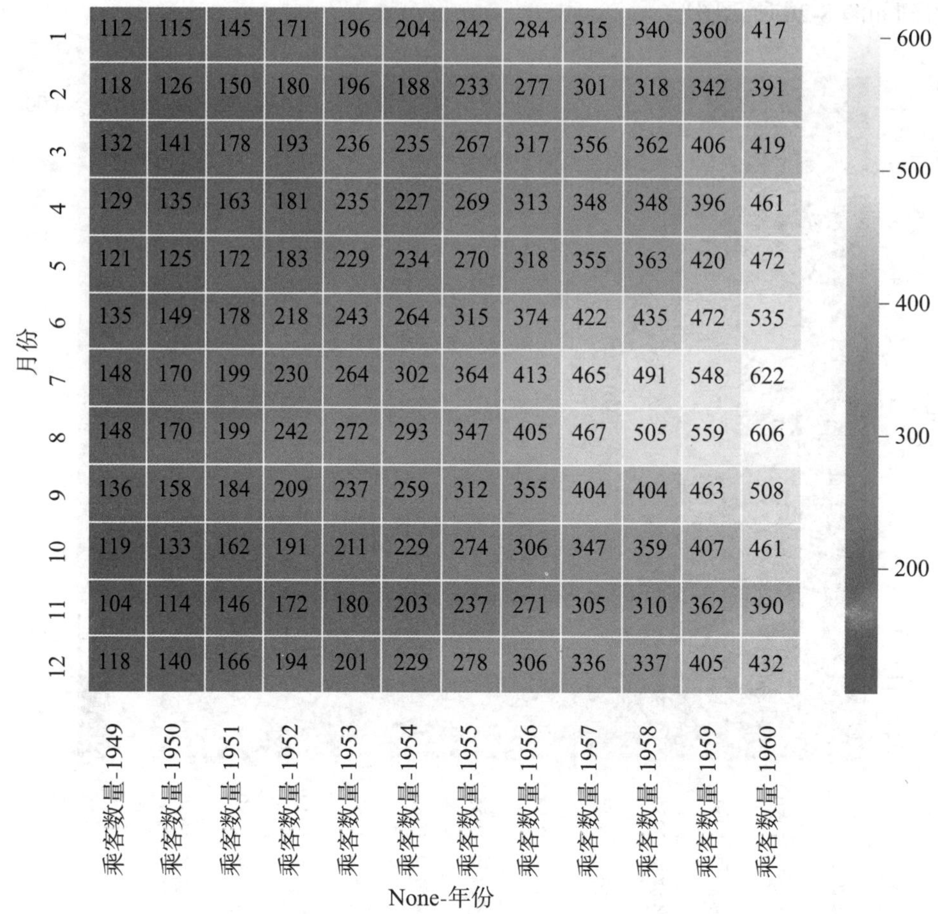

图 8-27　热力图参数设置

- dark：灰色。
- white：白色。
- ticks：四周带刻度线。
- darkgrid：灰色网格。
- whitegrid：白色网格。

例 21：Seaborn 调整背景风格。

```
# 默认背景风格展示
import seaborn as sns
import matplotlib.pyplot as plt
sns.set_style('darkgrid')
a = [1,2,3,4,5]
b = [5,10,15,20,25]
sns.barplot(x=a,y=b)
plt.show()
```

```
# 调整后的背景风格
sns.set_style('ticks')
sns.barplot(x=a,y=b)
plt.show()
```

得到如图 8-28 所示图形。

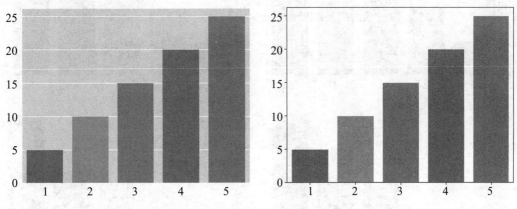

图 8-28　默认背景风格与 ticks 风格对比

边框调整则主要是通过 despine() 函数进行。

例 22：Seaborn 调整边框风格。

```
# 默认边框格式
import seaborn as sns
import matplotlib.pyplot as plt
sns.set_style('darkgrid')
a = [1,2,3,4,5]
b = [5,10,15,20,25]
sns.barplot(x=a,y=b)
plt.show()
# 移除顶部和右边边框
sns.barplot(x=a,y=b)
sns.despine()
plt.show()
# 指定边框
sns.barplot(x=a,y=b)
sns.despine(right=True, left=True, top=True, bottom=False)# 底部设置边框，其余
                                                          # 余部位没有边框
plt.show()
# 坐标轴位置调整
sns.barplot(x=a,y=b)
sns.despine(offset=10,trim=True)# 坐标轴向外调整 10 距离
plt.show()
```

几种类型的边框图，依次展示如图 8-29 所示。

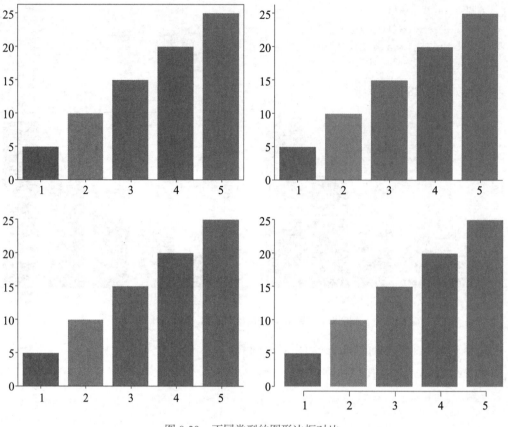

图 8-29　不同类型的图形边框对比

8.3　实训任务：视频网站数据可视化

现有英国与美国 YouTube 数据，其每列对应的是单击（views）、喜欢（likes）、不喜欢（dislikes）、评论（comment_total），如图 8-30 和图 8-31 所示。数据文件名称分别为 GB_video_data_numbers.csv（英国）与 US_video_data_numbers.csv（美国）。

（1）使用 Matplotlib 绘制英国与美国 YouTube 数据各自评论数量的图形，查看其评论数主要分布在哪个区间。

```python
import numpy as np
import matplotlib.pyplot as plt

#1.读取数据
gb_data = np.loadtxt("GB_video_data_numbers.csv ", delimiter=",")
print(gb_data)

#2.获取评论数
gb_data_com = gb_data[:, 3]
print(gb_data_com)
```

168

	A	B	C	D	E	F	G	H	I	J	K
1	video_id	title	channel_title	category_id	tags	views	likes	dislikes	comment_total	thumbnail	date
2	jt2OHQh0l	Live Apple E	Apple Event	28	apple ever	7426393	78240	13548	705	https://i.yti	13.09
3	AqokkXoa	Holly and Pl	This Morning	24	this mornir	494203	2651	1309	0	https://i.yti	13.09
4	YPVcg45W	My DNA Te:	emmablacke	24	emmablac	142819	13119	151	1141	https://i.yti	13.09
5	T_PuZBdT2	getting into	ProZD	1	skit|korean	1580028	65729	1529	3598	https://i.yti	13.09

图 8-30 YouTube 数据（文件 GBvideos.csv 的内容）

图 8-31 YouTube 数据（文件 GB_video_data_numbers.csv 的内容）

```
#3.可视化
# 考察主要分布区间 ->> 直方图
# 直方图 ->> 极差，组距，组数

# 极差
gb_ptp = max(gb_data_com)-min(gb_data_com)
print(gb_ptp)  #582505.0

# 组距 ->> 根据极差考虑需要多少组来确定大概组距
d = 25000

# 组数 ->> 极差 / 组距
bins_nums_gb = int(gb_ptp / d)
print(bins_nums_gb)

# 直方图
plt.hist(gb_data_com, bins=bins_nums_gb)

# 图形展示
plt.show()
```

编写程序可以得到图8-32。图中显示出所有评论数据对应的直方图，但是图形对于数据的表达太笼统、不清晰。另外，根据绘制出来的图形可以明显看出＞100 000的数据几乎为0，甚至＞50 000的数据也是几乎为0，这些几乎为0的部分占据了图形中大量的宝贵空间，因此下一步就需要把这些没有参考价值的数据清洗掉，对有价值的数据进行有重点的分析，从而对数据达到最为合适的图形化表达方式。

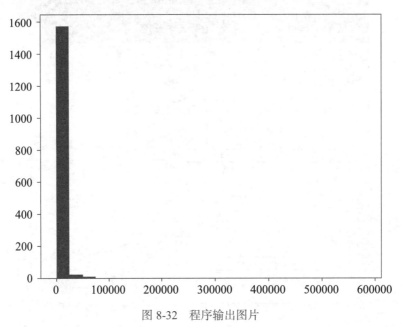

图 8-32　程序输出图片

（2）由于之前的图形无法清晰判断数据分布的主要区间，数据内容展示得不够清晰。因此需要再次对数据进行清洗，对有参考价值的数据继续进行分析，代码如下。

```
#
# 评论在100000后的数目很少，无参考价值，进行简单数据清洗 ->> 删除
# 清洗过后的数据
gb_data_com_useful = []
for i in gb_data_com:
    if i < 100000:
        gb_data_com_useful.append(i)
# 重新计算极差、组距、组数
# 极差
gb_ptp = max(gb_data_com_useful)-min(gb_data_com_useful)
#gb_ptp ->> 83992.0
# 组距
d = 3000
# 组数
bins_gb = int(gb_ptp / d)
print(bins_gb)
# 可视化
```

```
plt.hist(gb_data_com_useful, bins=bins_gb)
# 设置显示中文字体
plt.rcParams["font.sans-serif"] = ["SimHei"]
# 图形展示
plt.show()
```

（3）然而上述代码获得的显示效果仍然不够理想，请继续编写程序进行可视化展示与分析。最终会得到数据可视化之后一张较为满意的直方图，如图 8-33 所示。

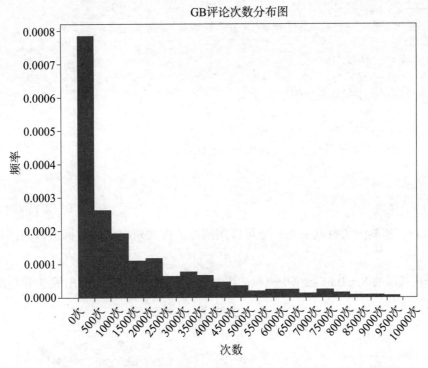

图 8-33 最终满意的程序输出

请编写能够输出如图 8-33 所示图形的程序代码。

```
# 经过两次清洗，图还是不清晰，再次进行清洗，10000 之后数据无参考价值
# 清洗过后的数据
gb_data_com_useful = []
for i in gb_data_com:
    (_____)
        (_____)
# 重新计算极差、组距、组数
# 极差
gb_ptp = max(gb_data_com_useful)-min(gb_data_com_useful)
#gb_ptp ->> 9933.0
# 组距
d = 500
# 组数
```

```
bins_gb = int(gb_ptp / d)
print(bins_gb)
# 可视化
plt.hist(gb_data_com_useful, bins=bins_gb, density=True)

# 对 X 轴进行更精细划分
x_ticks = [i for i in range(0, 10500, 500)]
# 可添加合适标签
x_label = [f"{i} 次 " for i in range(0, 10500, 500)]
plt.xticks(x_ticks, x_label, rotation=45)
# 添加组件
plt.xlabel(" 次数 ")
plt.ylabel(" 频率 ")
plt.title("GB 评论次数分布图 ")

# 设置显示中文字体
plt.rcParams["font.sans-serif"] = ["SimHei"]
# 展示图形
plt.show()
```

（4）后续任务。

① 另外，和英国的数据一样，还可以用同样的方式对美国的数据进行图形化展示与分析。

② 分析英国的 YouTube 数据中视频的评论数与喜欢数的关系，画出散点图（图 8-34）。

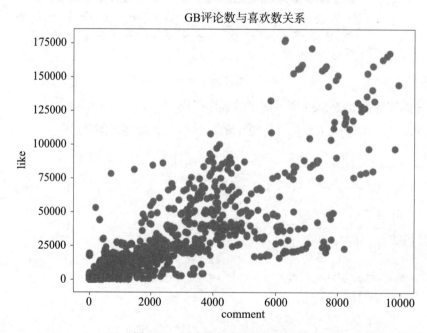

图 8-34　评论数与喜欢数的关系

③ 现在数据分析人员希望将两个国家的数据拼接至一起进行分析，请首先完成数据拼接，并保存为 all_data.csv。注意：在 all_data.csv 中，仍需要清楚地知道哪些数据是英国的，哪些数据是美国的。

```python
import numpy as np
import matplotlib.pyplot as plt


#1. 获取两个国家数据
gb_data = np.loadtxt("GB_video_data_numbers.csv ", delimiter=",")
#print(gb_data)
us_data = np.loadtxt("US_video_data_numbers.csv ", delimiter=",")
#print(us_data)


#2. 分别给两个国家数据添加标识
# 用 0 表示英国，有一个全为 0 的数组，确保行数与原有数组一致 --> 拼接
zeros_data = np.zeros((gb_data.shape[0], 1)).astype("int")
print(zeros_data.shape)  # (1600, 1)
g_data = np.hstack((gb_data, zeros_data))


# 用 1 表示美国，有一个全为 1 的数组，确保行数与原有数组一致 --> 拼接
ones_data = np.ones((us_data.shape[0], 1)).astype(np.int64)
u_data = (_____)
print(u_data)
# 数据拼接
all_data = (_____)
print(all_data.shape)
# 保存数据
np.savetxt("all_data.csv", all_data, delimiter=",", fmt="%d")
```

拼接完成之后就可以再次画出直方图分析。

8.4　延伸高级任务

8.4.1　读入 npz 文件进行绘制

读取当前目录下 sample_data 子目录里的 goog.npz 行情数据压缩文件，提取股票数据绘制走势图。cbook 是 Matplotlib 自带的 cookbook 模块，它可以用来提取一些 Matplotlib 自带的示例文件。

```python
import datetime
import os


import numpy as np
import matplotlib.pyplot as plt
```

173

```
import matplotlib.dates as mdates
import matplotlib.cbook as cbook

years = mdates.YearLocator()   # every year
months = mdates.MonthLocator()   # every month
yearsFmt = mdates.DateFormatter('%Y')

with cbook.get_sample_data(os.getcwd()+'/sample_data/goog.npz',
asfileobj=True, np_load=True) as datafile:
    r = datafile['price_data'].view(np.recarray)
print()

fig, ax = plt.subplots()
ax.plot(r.date, r.adj_close)

#format the ticks
ax.xaxis.set_major_locator(years)
ax.xaxis.set_major_formatter(yearsFmt)
ax.xaxis.set_minor_locator(months)

datemin = datetime.date(np.datetime64(r.date.min()).astype(object).year,
1, 1)
datemax = datetime.date(np.datetime64(r.date.max()).astype(object).year +
1, 1, 1)
ax.set_xlim(datemin, datemax)

#format the coords message box
def price(x):
    return '$%1.2f' % x

ax.format_xdata = mdates.DateFormatter('%Y-%m-%d')
ax.format_ydata = price
ax.grid(True)

#rotates and right aligns the x labels, and moves the bottom of the
#axes up to make room for them
fig.autofmt_xdate()

plt.show()
```

上述代码中，注意两处：① cbook.get_sample_data 读入当前目录下文件的 Python 语句的写法；② np.datetime64(r.date.min()).astype(object).year 这样的写法可以获得坐标轴的最小值。最终绘制的图形如图 8-35 所示。

图 8-35　股票走势图

8.4.2　读入 csv 文件进行绘制

下述代码完成读取 AAPL.csv 文件，并绘制 AAPL 股票走势图。

```python
import os
from datetime import datetime
import numpy as np
import matplotlib.pyplot as plt
import matplotlib.cbook as cbook

with cbook.get_sample_data(os.getcwd() + '/sample_data/AAPL.csv',
                    asfileobj=True, np_load=True) as datafile:
    f = datafile
    title = f.readline().strip().split(",")
    print(title)

    data = np.loadtxt(f, dtype={'names': 
        ('Date', 'Open', 'High', 'Low', 'Close', 'Adj Close', 'Volume'),
        'formats': ('S10', '<f8', '<f8', '<f8', '<f8', '<f8', 'i')},
        delimiter=",")

    #i = integer, < f8 = 0.256, f8 = 0.25600001298 浮点类型，
    #S10 = "MM-DD-YYYY" 字符串类型，长度为 10

    # 转为列表格式
    lists2 = []
    for row in range(len(data)):
```

```
        txt = data[row]
        tmp = []

        for col in range(len(txt)):
            s1 = str(txt[col]).strip('b').strip("'")
            if col == 0:
                d1 = datetime.strptime(s1, "%Y-%m-%d")
                tmp.append(d1)
            else:
                tmp.append(float(s1))
        lists2.append(tmp)

    # 列表转为 numpy 格式
    a = np.array(lists2)

    # 绘制图形
    plt.plot(a[:, 0], a[:, 5])
    plt.show()
```

以上代码所绘制的 AAPL 股票走势图如图 8-36 所示。

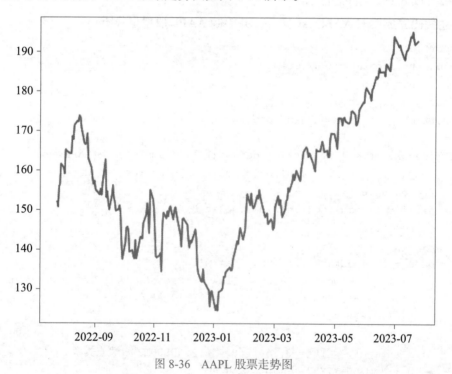

图 8-36 AAPL 股票走势图

请参考以上代码，完成读入 msft.csv 文件，并绘制股票走势图（图 8-37）。需要完成的部分有：①绘制三张子图；②Y 轴进行标记；③设置不同颜色；④设置网格显示和副刻度。

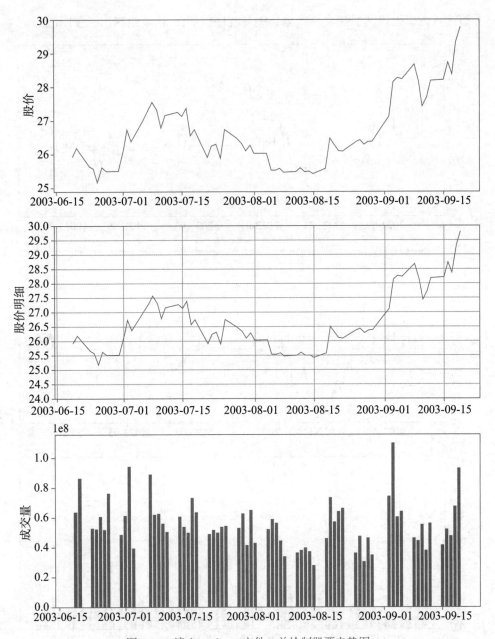

图 8-37　读入 msft.csv 文件，并绘制股票走势图

8.5　课后思考

1. 分别用 Matplotlib 和 Seaborn 绘制我国国民生产总值一、二、三产业十年增加值的折线图（使用"国民生产总值构成 .xls"文件）。

2. 承接上题，绘制国民生产总值一、二、三产业十年增加值的面积图。在同一图形绘制十年国民生产总值柱状图和十年国民生产总值增长率的折线图。

3. 请读入阿里巴巴的股票交易数据，编写程序按照图 8-38 绘制出三张图形。

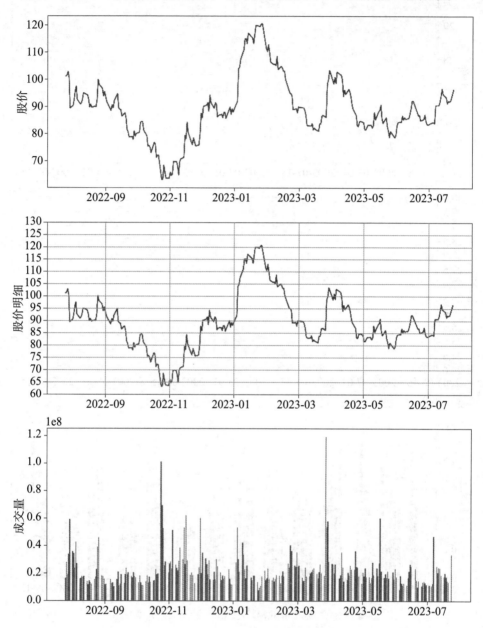

图 8-38　阿里巴巴股票交易数据图

第9章 核心数据处理库 pandas

9.1 知识准备

9.1.1 pandas 库简介

pandas[①] 一词是大家熟悉的英文单词，该 Python 库最初由 Wes McKinney 在 2008 年创建，属于 Python 语言的一个扩展程序库，是一个开放源码、BSD 许可的库，提供高性能、易于使用的数据结构和数据分析工具。目前被广泛应用在学术、金融、统计学等各个数据分析领域。

1. pandas 的功能与主要优势

（1）数据处理能力强。pandas 可以处理各种数据，包括时间序列、表格数据、混合数据、矩阵数据、异构数据表等，并且可以进行数据清洗、转换、筛选、合并等操作，也能够较为方便地实现数据归一化操作和缺失值处理。

（2）表格数据处理便捷。pandas 提供了一个简单、高效、带有默认标签（也可以自定义标签）的 DataFrame 对象，可以方便地进行表格数据的处理，包括数据的分组、聚合、透视等，同时还支持类似于 SQL 的操作。

（3）数据可视化。pandas 可以与 Matplotlib 等数据可视化库结合使用，方便地进行数据可视化操作。

（4）灵活性高。pandas 能够快速地从不同格式的文件中加载数据，进行多种数据格式的输入和输出，包括 CSV、Excel、SQL、JSON 等，同时还支持自定义数据格式。

2. 安装 pandas

Python 官方标准发行版并没有内置 pandas 库，在使用 pandas 前，需要通过第三方渠道进行安装。除了标准发行版，还有一些由第三方机构发布的 Python 免费发行版，它们在官方版本的基础上开发而来，并预先安装了一些 Python 模块，以满足某些特定领域的

---

① pandas 的名称来自面板数据 (panel data) 和数据分析 (data analysis)。

需求。例如，Anaconda 预先安装了多个适用于科学计算的软件包，包括 pandas 在内，可以方便地进行数据处理和分析。下面介绍两种较为普遍的安装 pandas 的方法。

1）通过 pip 工具安装

pip 是 Python 的包管理工具，可以使用 pip 在命令行中快速安装 pandas，也是目前来说最快速安装的方法。在命令提示符界面执行以下命令即可以安装 pandas。

```
pip install pandas
```

那么命令提示符或者说叫作终端，这个界面又该如何打开呢？在 Windows 操作系统中，用户在"开始"菜单中搜索"命令提示符"或输入 CMD，然后单击打开即可。在终端中，用户可以输入各种命令来完成不同的操作，例如，打开文件、查看目录、安装软件等。终端是一种非常强大的工具，熟练掌握终端的使用可以提高工作效率，但对于初学者来说，也需要谨慎操作，以免误删重要文件或者执行危险的命令。

【小知识】　　　　　　　　　　清华镜像源安装 pandas 库

在实际操作过程中，仅使用上述 pip 代码可能会出现一些问题，如果在自己计算机上安装不上或安装缓慢，可在命令后添加如下配置进行加速。

```
pip install pandas -i https://pypi.tuna.tsinghua.edu.cn/simple/
```

2）PyCharm 开发环境的 pandas 库安装

在 PyCharm 环境下进行编译，除了上述可以在终端上用 pip 安装外，还可以直接通过该开发环境安装。打开 PyCharm，单击右上角的 Files → Settings，弹出 Settings 窗口，选择 Project:（book）pythonbook → Project Interpreter，单击右侧的"+"（加号），如图 9-1 所示。

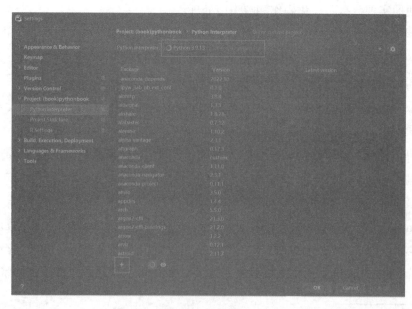

图 9-1　PyCharm 环境下 Settings 窗口

　　进入搜索第三方库的界面（Available Packages 窗口），在搜索栏中输入想要安装的库或者模块（这里是 pandas），选择 pandas → Install Package，如图 9-2 所示。直至安装完成，该库显示字体颜色会变成蓝色，并且在上一个界面罗列出已安装的库。

图 9-2　PyCharm 环境下 Available Packages 窗口

3. 导入 pandas 模块

　　在使用 pandas 模块最开始，由于 pandas 不是 Python 的内置模块，因此需要在代码的开头将 pandas 模块导入。为了让其方便调用，通常会将其简写成 pd。

```
import pandas as pd
```

4. 数据的导入和导出

　　数据处理，就是将收集到的数据进行加工、整理，再进行分析。数据处理是数据分析前必不可少的工作，并且在整个数据分析工作量中占据了大部分比例。

　　本节将学习数据处理中的两个重要步骤：数据的导入和数据的导出。

1）读取数据

（1）读取 CSV 文件。

```
df = pd.read_csv('data.csv')
```

（2）读取 Excel 文件。

```
df = pd.read_excel('data.xlsx')
```

（3）读取 SQL 文件。

```
import sqlite3
conn = sqlite3.connect('example.db')
df = pd.read_sql_query("SELECT * from data", conn)
```

181

2）导出数据

（1）导出 CSV 文件。

```
df.to_csv('data.csv', index=False)
```

在使用 to_csv() 方法时，可以通过参数来控制 CSV 文件的导出方式。其中，index 参数用于控制是否将行索引导出，默认为 True。如果将 index 设置为 False，则不会将行索引导出到 CSV 文件中。

（2）导出 Excel 文件。

```
df.to_excel('data.xlsx', index=False)
```

（3）导出 SQL 文件。

```
import sqlite3
conn = sqlite3.connect('example.db')
df.to_sql('data', conn, if_exists='replace', index=False)
```

以上是常见的数据导入和导出方法，可以根据不同的需求进行选择和使用。

9.1.2 Series 对象

1. Series 定义

Series 中文叫作序列，是 pandas 模块的一种数据类型。它可以存储任意类型的数据，并与每个数据点关联一个标签，称为索引（index），因此可以将其看作一个一维的、带索引的数组对象。换句话说，Series 就像一个查找工具，例如，可以通过学生的成绩找到对应的学生名字。在图 9-3 中就创建了一个 Series 对象，其中的索引就是学生姓名。

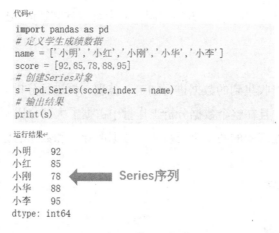

图 9-3　Series 序列

2. Series 构造函数

通过定义 Series 对象，可以获得一个一维数据集，其中每个数据点都与相应的索引关联。这使得数据的存储、访问和操作变得非常方便。

图 9-4 是一个打印出来的 Series，它由 3 部分构成。左侧是索引 (index)，右侧是值

(values)，下面是值的数据类型。一个索引对应一个值，索引和值之间有空格隔开。

Series 和字典有一定的相似之处（图9-5）。一个字典中，通过键（key）可以访问所对应的值。Series 也是如此，一个 Series 的索引（index）在左边，值在右边，可以通过左边的索引 index 访问到右边对应的值。

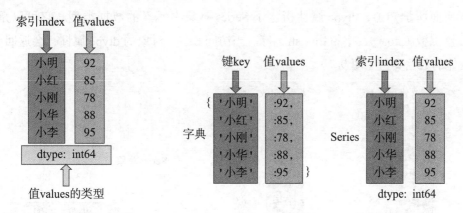

图 9-4　Series 的索引和值　　　　　图 9-5　字典和 Series 的相似之处

和字典不同的是，Series 中的数据是有顺序的。除了直接通过 index 访问外，还能通过 0，1，2 这样的位置进行访问。

Series 的 index 是可以定义的。如果没有定义 index，index 就会默认从 0 开始生成。可以来进行图 9-6 中的对比（左侧为字典，右侧为 Series）。右侧的 Series 中虽然定义了索引，但也可以采用 0，1，2 等来得到值。也就是说，在未定义索引的情况下，读取值时的索引就需要用默认索引 0，1，2，但当 Series 中已经设置了索引了，那么上述两种方法均可使用，一般根据数据的具体情况而定。

Series 的值可以是多种数据类型：字符串、整型、浮点型、布尔型。Series 提供了很多内置的数据类型，如 int、float、bool 等，可以方便地处理各种类型的数据。一个 Series 在打印输出时，值的数据类型会在底部，用 dtype 标示出来。需要注意的是，一个 Series 里的所有值，其数据类型都是一样的。

为进一步掌握 Series 和字典的异同，可以再通过如何构造函数来区分。

Series 可以通过以下方式定义：

```
import pandas as pd
s = pd.Series(data, index=index)
```

data 参数用于定义 Series 对象的数据部分，而 index 参数用于定义 Series 对象的索引部分。index 是可选的参数，用于指定自定义索引。如果未提供索引，将默认使用整数索引。

● data：返回 Series 中的数据值，以 NumPy 数组的形式表示。

● index：返回 Series 的索引对象。

注意：作为 index 的列表和作为值的列表，元素个数需要一致，否则会报错。

Series 还支持类似于字典的访问方式，可以通过索引获取特定的值，也可以使用切片获取一部分数据。此外，Series 对象还可以进行数学运算、逻辑运算和数据筛选等操作。

3. Series 的三种属性

1）dtype 属性

从前面所学知道，dtype 属性指定了 Series 对象中元素的数据类型。它可以是整数（int）、浮点数（float）、字符串（str）等。当访问 Series 对象的 dtype 属性，会返回 Series 对象具体的数据类型（图 9-7）。

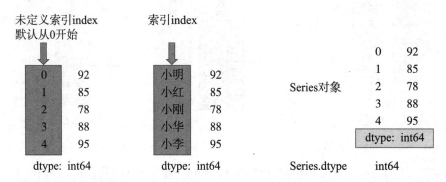

图 9-6　字典和 Series 的相异之处　　　图 9-7　Series 对象的 dtype 属性

每当访问 Series 对象的 dtype 属性，就可以返回 Series 对象的数据类型。示例中，通过访问 Series 对象的 dtype 属性，返回了变量 s 的数据类型，并将其输出。根据输出可以看到，变量 s 的数据类型为整型。

例 1：学生成绩数据 dtype 属性输出。

```python
import pandas as pd
# 定义学生成绩数据
name = ['小明','小红','小刚','小华','小李']
score = [92,85,78,88,95]
# 创建 Series 对象
s = pd.Series(score,index = name)
# 输出结果
print(s.dtype)
输出结果：
int64
```

2）values 属性

访问 Series 对象的 values 属性，会返回一个包含 Series 对象的实际数据的数组。这个数组是 NumPy 的 ndarray 类型，它包含 Series 中的所有元素值（图 9-8）。

示例中，通过访问 Series 对象的 values 属性，返回了变量 s 的值 values，并将其输出。根据输出可以看到，以

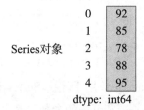

图 9-8　Series 对象的 values 属性

数组的形式返回了变量 s 的值 values。

例 2：学生成绩数据 values 属性输出。

```
import pandas as pd
# 定义学生成绩数据
name = ['小明','小红','小刚','小华','小李']
score = [92,85,78,88,95]
# 创建 Series 对象
s = pd.Series(score,index = name)
# 输出结果
print(s.values)
```
输出结果：
```
[92 85 78 88 95]
```

注意：Series 是一维的数据结构，所以返回一维数组。

3）index

通过访问 Series 对象的 index 属性，能够返回 Series 对象的索引。索引是一种标签或标识符，用于对 Series 对象中的元素进行标识和访问。索引可以是整数、字符串或其他类型的值。默认情况下，索引是从 0 开始的整数序列，但也可以自定义索引。可以通过调用 Series 对象的 index 属性来获取（图 9-9）。

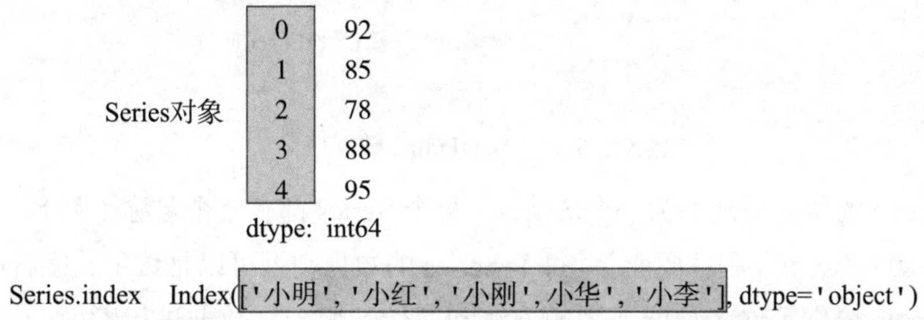

```
           0    92
           1    85
Series对象  2    78
           3    88
           4    95
        dtype: int64

Series.index   Index(['小明','小红','小刚','小华','小李'], dtype='object')
```

图 9-9　Series 对象的 index 属性

下面的示例中，通过访问 Series 对象的 index 属性，返回了变量 s 的索引 index，将其输出。

例 3：学生成绩数据 index 属性输出。

```
import pandas as pd
# 定义学生成绩数据
name = ['小明','小红','小刚','小华','小李']
score = [92,85,78,88,95]
# 创建 Series 对象
s = pd.Series(score,index = name)
# 输出结果
print(s.index)
```
输出结果：

```
Index(['小明', '小红', '小刚', '小华', '小李'], dtype='object')
```

9.1.3 DataFrame 对象

1. DataFrame 定义

DataFrame 的中文名称可以翻译为数据框，是 pandas 模块最常用的数据类型，是一个二维的矩阵数据表，用于处理和分析结构化数据。可以这样进行理解，即 DataFrame 就像是一个表格，可以非常便捷地存放数据。通过行和列，可以定位一个值。

在图 9-10 的示例中，首先创建了一个字典 data，其中包含四个键值对，每个键代表一列数据，值是对应列的数据。然后，使用 pd.DataFrame() 函数将字典转换为 DataFrame 对象，并将其赋值给变量 df。最后，打印出了 DataFrame 的内容。

代码

```python
import pandas as pd

# 创建一个字典来表示数据
data = {'姓名': ['小明', '小红', '小刚', '小美'],
        '年龄': [25, 30, 28, 35],
        '城市': ['北京', '上海', '广州', '深圳'],
        '职业': ['工程师', '教师', '医生', '律师']}

# 创建 DataFrame
df = pd.DataFrame(data)

# 打印 DataFrame
print(df)
```

运行结果

```
    姓名  年龄  城市   职业
0   小明   25  北京   工程师
1   小红   30  上海   教师         ◀━━ 数据框DataFrame
2   小刚   28  广州   医生
3   小美   35  深圳   律师
```

图 9-10　DataFrame 数据框

DataFrame 的每一列被称为一个 Series，每个 Series 都有一个名称（列名），在图中为"姓名""年龄""城市"和"职业"。每个 Series 的数据类型可以是数字、字符串等。

DataFrame 提供了许多功能强大的方法和属性，用于对数据进行索引、切片、过滤、排序、合并等操作，使得数据分析和处理变得更加方便和高效。

图 9-11 是一个 DataFrame，它由 3 部分组成：既有行索引（index），可以用来定位到具体的某一行；也有列索引（columns），用来定位到具体的某一列。通过 index 和 columns，可以定位到一个值（values），能快速进行数据的筛选和定位。

图 9-11　DataFrame 各项组成部分

在 pandas 中，DataFrame 和 Series 之间存在一种关系，可以将 DataFrame 看作是由多个 Series 组成的数据结构。那么具体说来，DataFrame 和 Series 之间有什么关系呢?

DataFrame 是一个二维的表格结构，每一列都是一个 Series，每个 Series 都具有相同的长度，但可以具有不同的数据类型。可以将 DataFrame 看作一个由多个 Series 组成的字典，其中每个键代表一列的名称，对应的值是该列的 Series 数据。

下面用图示表示了 DataFrame 和 Series 之间的关系示意，如图 9-12 所示。

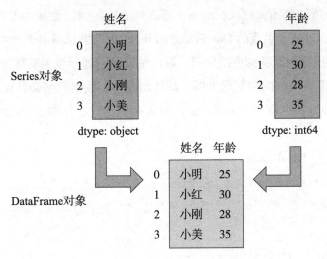

图 9-12　DataFrame 和 Series 之间关系

在示意图中，DataFrame 是一个由两列 (姓名，年龄) 组成的二维表格，每一列都是一个 Series，包含多个值。每个值代表了数据表格中的一个单元格，而单独的 Series 则是一个一维的数据序列。

通过 DataFrame，可以对整个数据表格进行操作，如选择特定列、过滤行、进行统计计算等。而对于单个 Series，可以进行类似于数组的操作，如索引、切片、数学运算等。

因此，DataFrame 和 Series 之间存在着一种从属关系，DataFrame 由多个 Series 组成，而每个 Series 可以单独看作 DataFrame 的一列数据。这种关系使得 pandas 提供了丰富的数据操作和分析功能，既可以针对整个数据表格进行操作，也可以对单个列进行操作。

注意：DataFrame 的同一列中，值的数据类型相同。但是，列和列之间的数据类型可以不同。同样地，和 Series 类似，DataFrame 的行索引 index 是可以选择性定义的。如果没有定义 index，index 就会默认从 0 开始生成。

2. DataFrame 的构造函数

DataFrame 构造函数的基本语法如下。

```
pandas.DataFrame(data=None, index=None, columns=None, dtype=None)
```

● data：表示需要传入的数据，可以是各种形式的数据，如 ndarray、字典、Series、列表、元组或其他 DataFrame。它是 DataFrame 的主要输入。若不传入数据，会生成一个空的 DataFrame。

注意：在构造 DataFrame 时，如果传入的是字典，则必须满足：字典的 keys 是对象；字典的 values 是对应的列表，并且每个列表中的元素个数相同。

在构造过程中，字典中的 keys，就成为 DataFrame 中的列索引 columns。字典中的 values，就成为 DataFrame 中的值 values。

● index：用于定义 DataFrame 的行索引 (index)。只需要将一个列表赋值给参数 index。若将定义的列表赋值给参数 index，那么列表中的值，会成为 DataFrame 的 index。若不传入参数 index，那么生成的 DataFrame 的 index 就会默认从 0 开始生成。

● columns：用作列标签的值的序列。默认情况下，列标签为整数序列。

● dtype：指定数据框的列数据类型。默认情况下，数据类型会自动推断。

下面通过三种方法来创建 DataFrame，即从字典创建、从 NumPy 数组创建、从二维数组创建。

（1）从字典创建 DataFrame。

```
import pandas as pd
data = {'Name': ['John', 'Emma', 'Mike'],
        'Age': [25, 28, 32],
        'City': ['New York', 'San Francisco', 'Chicago']}
df = pd.DataFrame(data)
print(df)
```

运行结果：

```
   Name  Age        City
0  John   25    New York
1  Emma   28  San Francisco
2  Mike   32     Chicago
```

（2）从 NumPy 数组创建 DataFrame。

```
import pandas as pd
import numpy as np
arr = np.array([[1, 2, 3], [4, 5, 6], [7, 8, 9]])
df = pd.DataFrame(arr, columns=['A', 'B', 'C'])
print(df)
```

运行结果：

```
   A  B  C
0  1  2  3
1  4  5  6
2  7  8  9
```

（3）从二维数组创建 DataFrame，通过设置 index 和 columns 参数。

```
import pandas as pd
```

```
data = [['John', 25, 'New York'], ['Emma', 28, 'San Francisco'], ['Mike',
32, 'Chicago']]
df = pd.DataFrame(data, columns=['Name', 'Age', 'City'], index=[1, 2, 3])
print(df)
```
运行结果：
```
   Name    Age    City
1  John    25     New York
2  Emma    28     San Francisco
3  Mike    32     Chicago
```

3. DataFrame 的常用属性

DataFrame 是 pandas 库中最常用的数据结构之一，它提供了一种灵活的方式来组织和分析数据。下面是一些常用的 DataFrame 属性和重要函数的解释以及相关的示例。

例4：DataFrame 的常用属性。

```
import pandas as pd
data = {'Name': ['John', 'Emma', 'Peter'],
        'Age': [25, 30, 28],
        'City': ['New York', 'Paris', 'London']}
df = pd.DataFrame(data)
print(df.shape)
# 输出: (3, 3)
print(df.columns)
# 输出: Index(['Name', 'Age', 'City'], dtype='object')
print(df.index)
# 输出: RangeIndex(start=0, stop=3, step=1)
print(df.dtypes)
# 输出:
#Name     object
#Age       int64
#City     object
#dtype: object
print(df.values)
# 输出:
#[['John' 25 'New York']
#['Emma' 30 'Paris']
#['Peter' 28 'London']]
```

4. DataFrame 常用函数

- head(n)：返回 DataFrame 的前 n 行数据，默认为前 5 行。

- tail(n)：返回 DataFrame 的后 n 行数据，默认为后 5 行。

- info()：打印 DataFrame 的摘要信息，包括列名称、非空值数量和每列的数据类型等。

- describe()：对数值型列进行描述性统计分析，包括计数、均值、标准差、最小值、

189

25% 分位数、中位数、75% 分位数和最大值等。这部分内容也会在后续的数据清洗中进行讲解。

例 5：DataFrame 的常用函数。

```
import pandas as pd
data = {'Name': ['John', 'Emma', 'Peter'],
        'Age': [25, 30, 28],
        'City': ['New York', 'Paris', 'London']}
df = pd.DataFrame(data)
print(df.head(2))
# 输出:
#     Name    Age   City
#0    John    25    New York
#1    Emma    30    Paris
print(df.tail(1))
# 输出:
#     Name    Age   City
#2    Peter   28    London
df.info()
# 输出:
#<class 'pandas.core.frame.DataFrame'>
#RangeIndex: 3 entries, 0 to 2
#Data columns (total 3 columns):
##  Column  Non-Null Count  Dtype
#---------------------------------------------
#0    Name    3 non-null       object
#1    Age     3 non-null       int64
#2    City    3 non-null       object
#dtypes: int64(1), object(2)
#memory usage: 200.0+ bytes
print(df.describe())
# 输出:
#           Age
#count   3.000000
#mean    27.666667
#std      2.081666
#min     25.000000
#25%     26.500000
#50%
```

5. DatraFrame 的轴

轴（axis）是用来为超过一维的数组定义属性的。二维数组有两个轴，三维数组有三个轴，以此类推。在 DataFrame 中，轴（axis）指的是数据结构中的维度。DataFrame 有两个轴，即行轴和列轴。行轴沿着水平方向延伸，列轴沿着垂直方向延伸。

具体来说，行轴被称为 axis0 或 index。它表示 DataFrame 中的每一行数据，可以通过索引标签或整数位置来访问。第 0 轴垂直向下，即 axis=0 是垂直方向进行操作。

列轴被称为 axis1 或 columns。它表示 DataFrame 中的每一列数据，可以通过列名来访问。第 1 轴水平向右，即 axis=1 是水平方向进行操作，如图 9-13 所示。

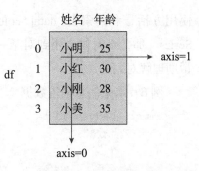

图 9-13　DataFrame 的轴

这些轴在数据分析和处理中非常重要，因为依靠它们就可以在 DataFrame 上执行各种操作，例如，选择特定的行或列、进行聚合计算、数据重塑等。

9.1.4　索引和数据筛选

1. 重要意义

在 pandas 中进行索引和数据筛选是为了有效地访问和操作数据，以满足特定的分析需求。当然，通过索引和数据筛选后，同时也可以达到以下效果。

（1）快速访问数据。索引是一种结构，用于标识和定位数据集中的行和列。通过为数据集创建索引，可以加快数据的访问速度。在 pandas 中，可以使用各种索引方法，如整数位置索引、标签索引、布尔索引等。索引使得可以根据特定条件或标识符快速选择和提取感兴趣的数据。

（2）数据筛选和子集选择。pandas 提供了多种方法来筛选和选择数据集中的特定行和列。通过布尔索引、条件表达式或特定的筛选函数，可以根据特定的条件选择满足条件的行或列。这使得可以从大型数据集中提取出与特定分析或任务相关的子集，减少不必要的数据处理和分析。

（3）数据清洗和预处理。索引和数据筛选对于数据清洗和预处理非常有用。可以使用索引来定位和识别包含缺失值、异常值或不一致数据的行或列，并进行相应的处理。通过数据筛选，可以根据特定的条件或规则删除或填充缺失值，剔除异常值，以及处理重复数据等。

（4）数据分析和建模。索引和数据筛选是进行数据分析和建模的重要步骤。可以根据特定的业务需求，使用索引和数据筛选来选择和提取需要的数据子集，以及为建模任务创建适当的特征集。这有助于减少计算复杂性，提高模型的性能和准确性。

（5）数据可视化。索引和数据筛选也对数据可视化非常重要。通过筛选和选择数据子集，可以聚焦于关键的数据部分，更好地理解和呈现数据的趋势、分布和模式。这有助于生成更具信息量和洞察力的可视化图表。这部分内容也会在第 10 章中介绍。

2. 访问指定列数据

1）访问一列数据：data['column_name']

首先，访问一列数据可以按列索引（columns）访问。只需在 DataFrame 变量后面使用方括号和列索引：data['column_name']。访问一列数据时，获取到的是该列对应的Series。那什么时候会用到对某一列进行访问的情况呢？下面对水果信息的处理案例可以帮助理解对列的访问。

例6：水果信息销售数据。

```python
import pandas as pd
# 创建商品数据
data = {
    '商品名称': ['苹果', '香蕉', '橙子', '草莓', '葡萄'],
    '数量': [10, 5, 8, 12, 6],
    '总价': [2500, 750, 2400, 4800, 1200],
    '产地': ['上海', '南京', '台州', '上海', '杭州'],
}
# 创建 DataFrame
df = pd.DataFrame(data)
print(df)
```

根据上述代码生成的 DataFrame 数据中的总价是以分为单位，那如何将总价这一列转换为以元为单位的数据呢？

如图 9-14 所示，首先可以将"总价"这一列数据选中，提取该列的代码如下。

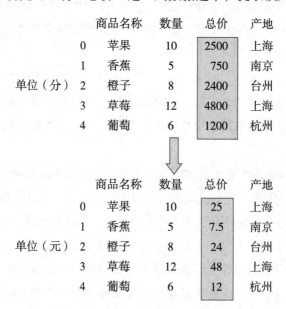

图 9-14 水果信息销售数据单位转换

```python
import pandas as pd
# 创建商品数据
data = {
    '商品名称': ['苹果', '香蕉', '橙子', '草莓', '葡萄'],
    '数量': [10, 5, 8, 12, 6],
```

```
    '总价': [2500, 750, 2400, 4800, 1200],
    '产地': ['上海', '南京','台州', '上海', '杭州'],
}
# 创建 DataFrame
df = pd.DataFrame(data)
print(df['总价'])
输出结果:
0    2500
1     750
2    2400
3    4800
4    1200
Name: 总价, dtype: int64
```

接下来，就可以将这列数据依次除以 100 来得到以元为单位的数据。将数据除以 100 后，得到的是一个新的 Series，并不会修改原来数据中的值。如果要改变原来 Series 中的值，需要再次访问这些列，并将计算后的数据依次再赋值给它们以替换原先的值。

例 7：水果信息销售数据单位转换。

```
import pandas as pd
# 创建商品数据
data = {
    '商品名称': ['苹果', '香蕉', '橙子', '草莓', '葡萄'],
    '数量': [10, 5, 8, 12, 6],
    '总价': [2500, 750, 2400, 4800, 1200],
    '产地': ['上海', '南京','台州', '上海', '杭州'],
}
# 创建 DataFrame
df = pd.DataFrame(data)
df['总价'] = df['总价']/100
print(df)
输出结果:
    商品名称    数量    总价    产地
0    苹果     10    25.0    上海
1    香蕉      5     7.5    南京
2    橙子      8    24.0    台州 k
3    草莓     12    48.0    上海
     葡萄      6    12.0    杭州
```

2）访问多列数据：data[["columns_1","columns_2",...]]

如果需要访问的数据很多，那么一列一列地操作其实是比较烦琐的。计算机本来就应当是提供便捷操作的系统，因此 pandas 模块提供了一种更方便的方式，可以一次性访问多列数据，即 data[["columns_1","columns_2",...]]，其中，data 是 DataFrame 对象，column_1、column_2 等是需要访问的多个列名。

例 8：水果信息销售数据多列提取。

回到上面的例子，若在预处理时需要对数量和单价同时进行操作，那么代码如下。

```
import pandas as pd
# 创建商品数据
data = {
    '商品名称': ['苹果', '香蕉', '橙子', '草莓', '葡萄'],
    '数量': [10, 5, 8, 12, 6],
    '总价': [2500, 750, 2400, 4800, 1200],
    '产地': ['上海', '南京','台州', '上海', '杭州'],
}
# 创建 DataFrame
df = pd.DataFrame(data)
print(df[['总价', '数量']])
```
输出结果：

```
     总价    数量
0   2500   10
1    750    5
2   2400    8
3   4800   12
4   1200    6
```

3. 按照 index 访问指定行数据

使用 loc 属性读取行数据时，一般是基于行索引 index 的值。因此需要对数据指定行索引，之后该 loc 属性通过指定的 index 值来访问行数据。若数据未指定行索引，则该 loc 属性通过默认的 index 值来访问行数据。

1）访问一行数据：.loc[index 的值]

例 9：单行工资提取。

```
import pandas as pd
# 创建一个示例 DataFrame
data = pd.DataFrame({
    'Name': ['John', 'Jane', 'Mike', 'Sara'],
    'Age': [25, 30, 35, 40],
    'City': ['New York', 'London', 'Paris', 'Tokyo'],
    'Salary': [50000, 60000, 70000, 80000]
}, index=[1,2,3,4])

# 使用 loc 按照标签索引访问行数据
row_1= data.loc[1]
print(row_1)
```
输出结果：

```
Name            John
Age              25
```

```
City        New York
Salary         50000
Name: 1, dtype: object
```

在上面的示例中，创建了一个带有标签索引（1,2,3,4）的 DataFrame。然后，传入行的标签索引 1 通过使用 loc 属性，从而访问了行 1 的数据。通过 loc 访问的结果是包含该行数据的 Series，其中，索引是 DataFrame 的列名，值是对应行的数据。可以根据需要选择适合的标签索引来访问特定的行数据。

2）访问连续的某几行数据：.loc[起点 index 的值 : 结束 index 的值]

例 10：多行工资提取。

如果想获取连续的几行数据时，可以使用 .loc 属性和切片进行访问。

```
import pandas as pd
# 创建一个示例 DataFrame
data = pd.DataFrame({
    'Name': ['John', 'Jane', 'Mike', 'Sara'],
    'Age': [25, 30, 35, 40],
    'City': ['New York', 'London', 'Paris', 'Tokyo'],
    'Salary': [50000, 60000, 70000, 80000]
}, index=[1,2,3,4])
# 使用 loc 按照标签索引访问连续行数据
rows= data.loc[1:3]
print(rows)
输出结果:
    Name    Age   City      Salary
1   John    25    New York  50000
2   Jane    30    London    60000
3   Mike    35    Paris     70000
```

在上面的示例中，创建了一个带有标签索引（1,2,3,4）的 DataFrame。然后，使用 .loc 属性按照起始标签索引 1 和结束标签索引 3 来访问连续的 1 ～ 3 行数据。选择的行数据将以一个新的 DataFrame 对象的形式返回。使用 .loc[起点 index 的值 : 结束 index 的值] 可以方便地选择 DataFrame 中的连续行数据。

注意：使用 .loc 属性的切片，将会包含结束 index 的值。例如，data.loc[1:3] 表示访问 data 中 index 从 1 到 3 的行数据，包含 3 这一行数据。这与过去切片的操作是不同的。

3）访问不连续的某几行数据：.loc[[第一个 index 的值 , 第二个 index 的值 ,...]]

例 11：不连续行工资提取。

```
import pandas as pd
# 创建一个示例 DataFrame
data = pd.DataFrame({
    'Name': ['John', 'Jane', 'Mike', 'Sara'],
```

```
      'Age': [25, 30, 35, 40],
      'City': ['New York', 'London', 'Paris', 'Tokyo'],
      'Salary': [50000, 60000, 70000, 80000]
}, index=[1,2,3,4])
# 使用 .loc 访问不连续的某几行数据
selected_rows = data.loc[[1,3]]
print(selected_rows)
```
输出结果：
```
    Name   Age       City   Salary
1   John   25   New York    50000
3   Mike   35      Paris    70000
```

注意：传递的列表中的顺序决定了输出的顺序，但不影响结果的准确性。这里可以根据需要选择不连续的行标签索引，使用 .loc 属性来访问 DataFrame 中的特定行数据。

4. 按照行位置访问指定行数据

1）访问一行数据：.iloc[index 的位置]

如果要通过行数据所在的具体位置来访问某一行数据，需要将这一行的整数索引传入 .iloc 属性的方括号里。

例 12：个人信息行数据提取。

例如，访问下列数据中的第二行（对应的整数索引是 1）的具体代码如下。

```
import pandas as pd
# 创建一个示例 DataFrame
data = {'Name': ['John', 'Jane', 'Mike'],
        'Age': [25, 30, 35],
        'City': ['New York', 'London', 'Paris']}
df = pd.DataFrame(data)

# 访问第二行数据
row = df.iloc[1]
print(row)
```
输出结果：
```
Name        Jane
Age           30
City      London
Name: 1, dtype: object
```

注意：.iloc 返回的是 Series 对象，其中，索引为 DataFrame 的列标签，而值为对应行的数据。

2）访问连续的某几行数据：.iloc[起点 index 位置 : 结束 index 位置]

例 13：个人信息连续行数据提取。

```
import pandas as pd
```

```
# 创建示例 DataFrame
data = {'Name': ['Alice', 'Bob', 'Charlie', 'David', 'Eve'],
        'Age': [25, 30, 35, 40, 45],
        'City': ['New York', 'London', 'Paris', 'Tokyo', 'Sydney']}
df = pd.DataFrame(data)

# 使用 .loc 访问第 2 ～ 4 行（包括起点和结束位置）
rows = df.loc[1:3]
print(rows)
输出结果：
    Name     Age   City
1   Bob      30    London
2   Charlie  35    Paris
3   David    40    Tokyo
```

.loc 返回的是一个新的 DataFrame，其中包含指定范围内的连续行数据。请注意起点和结束位置都是包括在内的。

3）访问不连续的某几行数据：.iloc[[第一个 index 的位置 , 第二个 index 的位置 ,...]]

例 14：个人信息不连续行数据提取。

```
import pandas as pd
# 创建示例 DataFrame
data = {'Name': ['Alice', 'Bob', 'Charlie', 'David', 'Eve'],
        'Age': [25, 30, 35, 40, 45],
        'City': ['New York', 'London', 'Paris', 'Tokyo', 'Sydney']}
df = pd.DataFrame(data)

# 使用 .iloc 访问第 1 行、第 3 行和第 5 行
rows = df.iloc[[0, 2, 4]]
print(rows)
输出结果：
    Name     Age   City
0   Alice    25    New York
2   Charlie  35    Paris
4   Eve      45    Sydney
```

.iloc 返回的是一个新的 DataFrame，其中包含指定索引位置的行数据。可以在 [] 内使用一个列表（List），列表中包含要访问的行的索引位置。这样可以同时指定多个不连续的行。

5. 布尔索引和判断条件

面对大型数据时，用于获取数据的行索引和列索引往往不确定，通常需要寻找满足或不满足特定计算或条件的值。这时候，就需要用到布尔索引来筛选出符合要求的数据。

1）布尔索引：一个判断条件

在 DataFrame 中，可以使用布尔索引来根据一个判断条件来进行筛选操作。布尔索引

是通过一个条件表达式生成的布尔值 Series 或布尔数组，其中，True 表示满足条件，False 表示不满足条件。将布尔索引应用于 DataFrame 时，只会保留满足条件的行。

例 15：筛选年龄大于或等于 35 的人员信息。

以下示例主要展示如何使用布尔索引来筛选 DataFrame 中的数据。

```python
import pandas as pd
# 创建示例 DataFrame
data = {'Name': ['Alice', 'Bob', 'Charlie', 'David', 'Eve'],
        'Age': [25, 30, 35, 40, 45],
        'City': ['New York', 'London', 'Paris', 'Tokyo', 'Sydney']}
df = pd.DataFrame(data)
# 判断条件：筛选年龄大于或等于 35 的行
condition = df['Age'] >= 35
# 应用布尔索引，保留满足条件的行
filtered_df = df[condition]
print(filtered_df)
```

输出结果：

```
     Name  Age     City
2  Charlie   35    Paris
3    David   40    Tokyo
4      Eve   45   Sydney
```

在上述示例中，使用 df['Age'] >= 35 创建了一个布尔索引条件，判断了年龄是否大于或等于 35。然后将该条件应用于 DataFrame，通过 df[condition] 保留满足条件的行，生成了一个新的筛选后的 DataFrame。

2）布尔索引：多个判断条件

例 16：筛选年龄及城市多条件人员信息。

```python
import pandas as pd
# 创建示例 DataFrame
data = {'Name': ['Alice', 'Bob', 'Charlie', 'David', 'Eve'],
        'Age': [25, 30, 35, 40, 45],
        'City': ['New York', 'London', 'Paris', 'Tokyo', 'Sydney']}
df = pd.DataFrame(data)
# 多个判断条件：筛选年龄大于 30 并且城市为 'Paris' 的行
condition = (df['Age'] > 30) & (df['City'] == 'Paris')
# 应用布尔索引，保留满足条件的行
filtered_df = df[condition]
print(filtered_df)
```

输出结果：

```
     Name  Age   City
2  Charlie   35  Paris
```

在上述示例中，使用两个判断条件来筛选 DataFrame。通过 (df['Age'] >

30) & (df['City'] == 'Paris') 创建了一个布尔索引条件，其中，第一个条件判断年龄是否大于 30，第二个条件判断城市是否为 'Paris'。然后将该条件应用于 DataFrame，通过 df[condition] 保留满足条件的行，生成了一个新的筛选后的 DataFrame。

9.1.5 数据清洗

1. 缺失值检测与处理

数据的缺失通常发生在数据的采集、运输和存储过程中，因此进行数据缺失值的检测是必要的且有着重要的意义，这可以从以下几点中看出。

（1）数据完整性：缺失值表示数据的不完整性。检测缺失值可以帮助我们了解数据的完整性程度，确保数据集中的每个观测都有相应的值。如果有太多的缺失值，可能会影响到后续的分析结果和模型建立。

（2）数据质量评估：检测缺失值可以用于评估数据的质量。缺失值的存在可能意味着数据收集的问题、数据传输的错误或其他数据质量问题。通过检测缺失值，可以发现数据中的异常情况，并采取适当的措施进行处理。

（3）数据清洗：缺失值检测是数据清洗的一部分。清洗数据是数据分析的重要步骤，它可以帮助我们准备干净、一致的数据集。通过检测缺失值，可以决定如何处理这些缺失值，例如，删除缺失值所在的行或列，或者使用填充方法进行缺失值的补全。

（4）统计分析和建模：缺失值的存在可能会对统计分析和建模产生影响。某些统计分析方法和机器学习算法对缺失值的处理有特定的要求。因此，通过检测缺失值，可以根据具体情况选择合适的处理方式，以确保分析和建模的准确性和可靠性。

1）缺失值的检测

在 pandas 中，缺失数据通常用 NaN（Not a Number）来表示。NaN 是一个特殊的浮点数，用于表示缺失或不可用的数据。pandas 会自动将缺失数据标记为 NaN。首先来看下如何检测缺失值。

isnull()：返回一个布尔型的 DataFrame，其中缺失值位置为 True，非缺失值位置为 False。

例 17：缺失值的检测。

假设有一个名为 df 的 DataFrame 对象，包含一些缺失值。

```
import pandas as pd
# 创建包含缺失值的 DataFrame
data = {'A': [1, 2, None, 4, 5],
        'B': ['a', None, 'c', 'd', 'e'],
        'C': [None, 'f', 'g', 'h', 'i']}
df = pd.DataFrame(data)
# 检测缺失值
print(df.isnull())
输出结果：
```

```
        A       B       C
0    False   False   True
1    False   True    False
2    True    False   False
3    False   False   False
4    SFalse  False   False
```

2）缺失值的处理

上面提到了缺失值对整体数据的影响，因此在找到缺失值后就需要对缺失值进行处理，主要有以下 3 种方式。

（1）删除所在行：如果缺失值的数量非常少，可以选择将缺失值所在的这一行删除。例如，在处理大数据时，有些数据量非常大，在数十万的行数据中，仅有 400 多个缺失值时，删除对于分析不构成决定性影响。

（2）补全缺失值：如果缺失值的数量较多，并且缺失值所在的这一列（这一个属性）并不是分析的重点时，可以对缺失值进行补全。因为数量较大，直接删除会缺失很多数据，让数据变得不完整，也就会丧失其中的一些规律。如果不是分析重点，那通过一些补全的方法，让这些数据有效，但是补全的这一种属性，就无法进行分析了。

（3）重选数据集：如果缺失值的数量较多，并且这一列中这个属性是分析的重点时，那么就需要直接放弃这个数据集，重新采集数据。因为缺失值较多，会丢失数据的原貌。删除后剩下的数据就丧失了统计的意义，也无法补全，因此需要重新采集数据。

在 pandas 中，补全数据一般会用到 fillna() 函数。fillna() 函数用于填充缺失值。它可以用指定的值或方法来填充缺失值。

可以使用 fillna(value) 方法将缺失值填充为指定的值，其中，value 是要填充的值，可以是一个具体的数值，也可以是一个字典形式的列名和值的映射关系，用于在不同列中填充不同的值。

例 18：填充缺失值。

```python
import pandas as pd
# 创建包含缺失值的 DataFrame
data = {'A': [1, 2, None, 4, 5],
        'B': ['a', None, 'c', 'd', 'e'],
        'C': [None, 'f', 'g', 'h', 'i']}
df = pd.DataFrame(data)
# 使用指定值填充缺失值
filled_df = df.fillna(value={'A': 0, 'B': 'missing', 'C': 'unknown'})
print(filled_df)
```
输出结果：
```
     A        B        C
0  1.0        a  unknown
1  2.0  missing        f
```

```
2  0.0      c      g
3  4.0      d      h
4  5.0      e      i
```

上述代码中，使用 fillna() 方法将 DataFrame 中的缺失值分别填充为 0、'missing' 和
'unknown'。

例 19：填充前一行 / 列的值。

可以使用 fillna(method='ffill') 方法将缺失值填充为前一行（或前一列）的值，即使
用前向填充的方法。

```
import pandas as pd
# 创建包含缺失值的 DataFrame
data = {'A': [1, None, 3, None, 5],
        'B': ['a', 'b', None, None, 'e']}
df = pd.DataFrame(data)
# 使用前一行的值填充缺失值
filled_df = df.fillna(method='ffill')
print(filled_df)
```

输出结果：

```
     A  B
0  1.0  a
1  1.0  b
2  3.0  b
3  3.0  b
4  5.0  e
```

上述代码中，使用 fillna(method='ffill') 方法将 DataFrame 中的缺失值填充为前一行
的值。

例 20：填充后一行 / 列的值。

可以使用 fillna(method='bfill') 方法将缺失值填充为后一行（或后一列）的值，即使
用后向填充的方法。

```
import pandas as pd
# 创建包含缺失值的 DataFrame
data = {'A': [1, None, 3, None, 5],
        'B': ['a', 'b', None, None, 'e']}
df = pd.DataFrame(data)
# 使用后一行的值填充缺失值
filled_df = df.fillna(method='bfill')
print(filled_df)
```

输出结果：

```
     A  B
0  1.0  a
1  3.0  b
```

```
2   3.0   e
3   5.0   e
4   5.0   e
```

上述代码中，使用 fillna(method='bfill') 方法将 DataFrame 中的缺失值填充为后一行的值。

在删除有缺失值的那一行数据时，会用到 drop() 函数。drop() 函数用于删除 DataFrame 或 Series 中的行或列。它可以根据标签或位置来删除数据。

下面是 drop() 函数的常见用法和参数说明。

对于 DataFrame：

```
df.drop(labels=None, axis=0, index=None, columns=None, inplace=False)
```

对于 Series：

```
s.drop(labels=None, axis=0, index=None, inplace=False)
```

参数说明：

● labels：要删除的行或列的标签或标签列表。

● axis：指定要删除的轴，0 表示行，1 表示列。

● index：要删除的行的索引或索引列表。

● columns：要删除的列的标签或标签列表。

● inplace：指定是否在原地修改 DataFrame 或 Series，默认为 False，表示返回一个新的对象，如果设置为 True，则原地修改对象并返回 None。

下面是一些示例来说明 drop() 函数的使用。

例 21：删除 DataFrame 中的行。

```
import pandas as pd
df = pd.DataFrame({'A': [1, 2, 3], 'B': [4, 5, 6]})
df.drop(1, axis=0, inplace=True)
print(df)
输出结果：
A   B
0   1   4
2   3   6
```

例 22：删除 DataFrame 中的列。

```
import pandas as pd
df = pd.DataFrame({'A': [1, 2, 3], 'B': [4, 5, 6]})
df.drop('B', axis=1, inplace=True)
print(df)
输出结果：
    A
0   1
```

```
1  2
2  3
```

例 23：删除 Series 中的元素。

```python
import pandas as pd
s = pd.Series([1, 2, 3, 4, 5])
s.drop([1, 3], inplace=True)
print(s)
```

输出结果：

```
0    1
2    3
4    5
dtype: int64
```

除了 drop() 方法之外，在 pandas 中，dropna() 函数也用于从 DataFrame 或 Series 中删除包含缺失值（NaN）的行或列。它可以根据不同的条件来处理缺失值。下面是 dropna() 函数的常见用法和参数说明。

对于 DataFrame：

```python
df.dropna(axis=0, how='any', thresh=None, subset=None, inplace=False)
```

对于 Series：

```python
df.dropna(axis=0, how='any', thresh=None, subset=None, inplace=False)
```

参数说明：

● axis：指定要删除的轴，0 表示行，1 表示列。

● how：指定如何处理缺失值的条件，可选值为 'any' 和 'all'。'any' 表示如果存在任何缺失值，则删除对应的行或列；'all' 表示只有当整行或整列都是缺失值时才删除。

● thresh：指定保留行或列的非缺失值数量的阈值。例如，thresh=2 表示至少需要有两个非缺失值才保留该行或列。

● subset：指定要考虑的列的标签或标签列表。只在 axis=0 时有效，表示仅在指定的列中检查缺失值。

● inplace：指定是否在原地修改 DataFrame 或 Series，默认为 False，表示返回一个新的对象，如果设置为 True，则原地修改对象并返回 None。

下面是一些示例来说明 dropna() 函数的使用。

例 24：删除 DataFrame 中包含任何缺失值的行。

```python
import pandas as pd
import numpy as np
df = pd.DataFrame({'A': [1, np.nan, 3], 'B': [np.nan, 5, 6]})
df.dropna(axis=0, how='any', inplace=True)
print(df)
```

输出结果：

```
    A    B
2  3.0  6.0
```

例 25：删除 DataFrame 中整行都是缺失值的行。

```
import pandas as pd
import numpy as np
df = pd.DataFrame({'A': [np.nan, np.nan, np.nan], 'B': [4, np.nan, 6]})
df.dropna(axis=0, how='all', inplace=True)
print(df)
```
输出结果：
```
A    B
0  NaN  4.0
2  NaN  6.0
```

例 26：删除 Series 中的缺失值。

```
import pandas as pd
import numpy as np
s = pd.Series([1, np.nan, 3, np.nan, 5])
s.dropna(axis=0, how='any', inplace=True)
print(s)
```
输出结果：
```
0    1.0
2    3.0
4    5.0
dtype: float64
```

2. 重复值检测与处理

重复值，指的是异常的重复情况。例如，在很多数据中都会有 id 这一列，一个数据中 id 是一个唯一的号，因此不应该出现重复值。而很多数据中也会出现 user_id 这一列，由于一个用户有可能会多次购买某样物品，因此出现重复是合理的情况。

那么，为什么要进行重复值的检测呢？主要从以下几方面来看。

（1）数据准确性：重复值可能会导致数据准确性问题。在数据收集和数据录入过程中，重复值可能是由于错误、重复输入或系统故障等原因而引入的。处理重复值可以确保数据的准确性和一致性。

（2）分析结果偏差：重复值存在时，可能会对数据分析和建模产生偏差。重复值会导致样本不均衡或过度加权，从而影响分析结果的准确性和可靠性。通过处理重复值，可以避免这种偏差，并获得更可靠的分析结果。

（3）存储空间占用：重复值会占用额外的存储空间。对于大规模数据集，处理重复值可以减少存储需求，节省资源和成本。

（4）数据操作效率：存在重复值时，数据操作（如聚合、索引、连接等）可能变得更加复杂和低效。通过去除重复值，可以提高数据操作的效率和性能。

由于上述原因，在这里需要进行处理和识别的，就是异常的重复值。在 pandas 中，使用 duplicated() 函数可以检测 DataFrame 或 Series 中的重复值，使用 drop_duplicates() 函数可以删除重复值。这些函数提供了方便的方法来进行重复值检测与处理。

首先来看一下 duplicated() 函数的常见用法和参数说明。

对于 DataFrame 和 Series：

```
df.duplicated(subset=None, keep='first')
```

参数说明：

● subset：指定要考虑的列的标签或标签列表。默认值为 None，表示考虑所有列。如果指定了列标签或标签列表，则只在这些列中检查重复值。

● keep：指定重复值的处理方式，可选值为 'first'、'last' 和 False。'first' 表示保留第一个出现的重复值，'last' 表示保留最后一个出现的重复值，False 表示将所有重复值标记为 True。默认值为 'first'。

例 27：duplicated() 函数的使用。

```
import pandas as pd
df = pd.DataFrame({'A': [1, 2, 2, 3, 4, 4], 'B': ['a', 'b', 'b', 'c', 'd', 'd']})
duplicated = df.duplicated()
print(duplicated)
输出结果：
0    False
1    False
2     True
3    False
4    False
5     True
dtype: bool
```

在上述示例中，创建了一个包含重复值的 DataFrame。之后使用 duplicated() 函数检测重复值，并将结果存储在 duplicated 变量中。输出结果是一个布尔型的 Series，指示每个元素是否为重复值。那么一旦出现重复值后，就考虑删除重复值。

在 pandas 中，drop_duplicates() 函数用于删除 DataFrame 或 Series 中的重复行。它会返回一个新的对象，其中不包含重复的行。

下面是 drop_duplicates() 函数的常见用法和参数说明。

对于 DataFrame 和 Series：

```
df.drop_duplicates(subset=None, keep='first', inplace=False)
```

参数说明：

● subset：指定要考虑的列的标签或标签列表。默认值为 None，表示考虑所有列。

如果指定了列标签或标签列表，则只在这些列中检查重复值。

● keep：指定重复值的处理方式，可选值为 'first'、'last' 和 False。'first' 表示保留第一个出现的重复值，'last' 表示保留最后一个出现的重复值，False 表示删除所有重复值。默认值为 'first'。

● inplace：指定是否在原地修改 DataFrame 或 Series，默认为 False，表示返回一个新的对象，如果设置为 True，则原地修改对象并返回 None。

例 28：drop_duplicates() 函数的使用。

```
import pandas as pd
df = pd.DataFrame({'A': [1, 2, 2, 3, 4, 4], 'B': ['a', 'b', 'b', 'c', 'd', 'd']})
df_dropped = df.drop_duplicates()
print(df_dropped)
输出结果：
   A  B
0  1  a
1  2  b
3  3  c
4  4  d
```

在上述示例中，创建了一个包含重复行的 DataFrame。之后使用 drop_duplicates() 函数删除重复行，并将结果存储在 df_dropped 变量中。输出结果是一个新的 DataFrame，其中不包含重复的行。

3. 异常值检测与处理

异常值处理是指对数据集中的异常值进行识别和处理的过程。异常值是与其他数据点明显不同或偏离正常数据分布的值。处理异常值的目标是确保数据的准确性和一致性，以避免对分析结果的负面影响

当使用 pandas 处理异常值时，可以结合条件语句和过滤操作来删除或替换异常值。下面将通过一个案例来说明如何使用 pandas 来处理异常值。

可以使用条件语句和过滤操作来处理异常值，例如，通过删除或替换处理异常值。假设有一个包含学生成绩的 DataFrame，其中包含一些异常值。现在的目标是找出成绩异常低于 60 分的学生，并删除或替换这些异常值。

例 29：学生成绩异常值的处理。

```
import pandas as pd
# 创建包含学生成绩的 DataFrame
df = pd.DataFrame({
    '姓名': ['Alice', 'Bob', 'Charlie', 'David', 'Eva'],
    '成绩': [80, 65, 95, 30, 75]
})
# 查看原始数据
```

```
print(" 原始数据 :")
print(df)
# 删除成绩低于 60 分的学生
df_filtered = df[df[' 成绩 '] >= 60]
# 查看删除异常值后的数据
print("\n 删除异常值后的数据 :")
print(df_filtered)
# 替换成绩低于 60 分的学生为 60 分
df_replaced = df.copy()
df_replaced.loc[df[' 成绩 '] < 60, ' 成绩 '] = 60
# 查看替换异常值后的数据
print("\n 替换异常值后的数据 :")
print(df_replaced)
```

输出结果：

原始数据：

```
        姓名     成绩
0      Alice     80
1       Bob      65
2    Charlie     95
3     David      30
4      Eva       75
```

删除异常值后的数据：

```
        姓名     成绩
0      Alice     80
1       Bob      65
2    Charlie     95
4      Eva       75
```

替换异常值后的数据：

```
        姓名     成绩
0      Alice     80
1       Bob      65
2    Charlie     95
3     David      60
4      Eva       75
```

在上述案例中，首先创建了一个包含学生成绩的 DataFrame，并输出了原始数据。然后，使用条件语句和过滤操作来删除或替换异常值。

删除异常值：使用条件表达式 df[' 成绩 ']>=60 选择成绩大于或等于 60 分的学生，从而删除了成绩低于 60 分的学生。

替换异常值：使用条件表达式 df[' 成绩 ']<60 选择成绩低于 60 分的学生，并使用 loc() 函数将这些学生的成绩替换为 60 分。

最后，输出删除或替换异常值后的数据，可以看到异常值已经被处理。

其实在面对分析的数据时，还可以调用 replace() 函数替换异常值，例如，例 30 中将异常值 'Unknown' 替换为缺失值（NaN）。这里可以使用 replace() 方法来替换 DataFrame 中的异常值。replace() 方法允许根据指定的条件或值进行替换操作。下面是一些使用 replace() 方法处理异常值的示例。

例 30：替换特定的异常值。

```
# 将值为 -999 的异常值替换为缺失值（NaN）
df = df.replace(-999, np.nan)
# 将值为 'Unknown' 的异常值替换为缺失值（NaN）
df = df.replace('Unknown', np.nan)
# 将值为 'Invalid' 的异常值替换为缺失值（NaN）
df = df.replace('Invalid', np.nan)
```

例 31：替换多个异常值。

```
# 将多个异常值替换为缺失值（NaN）
df = df.replace([-999, -888], np.nan)
# 将多个异常值替换为特定的值
df = df.replace([-999, -888], 0)
```

例 32：根据条件替换异常值。

```
# 根据条件将异常值替换为缺失值（NaN）
df = df.replace(df['column_name'] > threshold, np.nan)
# 根据条件将异常值替换为特定的值
df = df.replace(df['column_name'] > threshold, 'High')
```

在实际操作中，应该根据具体的数据和异常值条件选择适当的方法使用 replace() 函数来处理异常值。

4. 文本数据清洗

在 pandas 中清洗文本数据可以使用字符串处理方法和正则表达式来实现。下面是一些常见的文本数据清洗操作的具体介绍。

（1）去除空格：可以使用 str.strip() 方法去除文本中的前后空格，或使用 str.replace() 方法替换所有空格。

例 33：文本空格处理。

```
import pandas as pd
# 创建包含文本的数据集
data = pd.Series(['  Hello ', ' World ', '  Python  '])
# 去除前后空格
data_stripped = data.str.strip()
# 替换所有空格
data_no_spaces = data.str.replace(' ', '')
print("原始数据集:")
```

208

```
print(data)
print("\n 去除前后空格 :")
print(data_stripped)
print("\n 替换所有空格 :")
print(data_no_spaces)
```

输出结果：

原始数据集 :

```
0          Hello
1          World
2         Python
dtype: object
```

去除前后空格 :

```
0     Hello
1     World
2    Python
dtype: object
```

替换所有空格 :

```
0     Hello
1     World
2    Python
dtype: object
```

（2）转换为小写或大写：可以使用 str.lower() 方法将文本转换为小写，或使用 str.upper() 方法将文本转换为大写。

例 34：文本大小写转换。

```
import pandas as pd
# 创建包含文本的数据集
data = pd.Series(['Hello', 'WORLD', 'Python'])
# 转换为小写
data_lower = data.str.lower()
# 转换为大写
data_upper = data.str.upper()
print(" 原始数据集 :")
print(data)
print("\n 转换为小写 :")
print(data_lower)
print("\n 转换为大写 :")
print(data_upper)
```

输出结果：

原始数据集 :

```
0     Hello
1     WORLD
2    Python
dtype: object
```

输出结果：

转换为小写：

```
0      hello
1      world
2      python
dtype: object
```

转换为大写：

```
0      HELLO
1      WORLD
2      PYTHON
dtype: object
```

（3）提取关键词：可以使用正则表达式或字符串方法来提取文本中的关键词。例如，使用 str.extract() 方法结合正则表达式可以提取符合特定模式的文本。例如，提取包含数字的单词，如例 35 所示。

例 35：文本关键词提取。

```
import pandas as pd
# 创建包含文本的数据集
data = pd.Series(['I have 2 apples', 'You have 3 oranges', 'We have 5
bananas'])
# 提取包含数字的单词
keywords = data.str.extract(r'(\w*\d\w*)', expand=False)
print(" 原始数据集 :")
print(data)
print("\n 提取的关键词 :")
print(keywords)
```

输出结果：

原始数据集：

```
0        I have 2 apples
1     You have 3 oranges
2      We have 5 bananas
dtype: object
```

提取的关键词：

```
0      2
1      3
2      5
dtype: object
```

5. 时间类型数据转换

在数据中，很多时候都包含时间数据，将时间字符串转换为日期时间类型后，可以进行各种时间计算和排序操作。这包括计算时间差、比较不同时间点的先后顺序，并在需要时按照时间顺序对数据进行排序。

在 pandas 中，可以使用 pd.to_datetime() 方法将时间字符串转换为日期时间类型，以及使用 strftime() 方法将日期时间类型转换为时间字符串。

例 36：将时间字符串转换为日期时间类型。

```
import pandas as pd
# 单个时间字符串转换为日期时间类型
time_str = '2023-06-25 09:30:00'
time_dt = pd.to_datetime(time_str)
print(time_dt)
# 多个时间字符串转换为日期时间类型
time_strs = ['2023-06-25 09:30:00', '2023-06-26 10:45:00', '2023-06-27
14:20:00']
time_dts = pd.to_datetime(time_strs)
print(time_dts)
```

例 37：将日期时间类型转换为时间字符串。

```
import pandas as pd
# 将单个日期时间类型转换为时间字符串
time_dt = pd.Timestamp('2023-06-25 09:30:00')
time_str = time_dt.strftime('%Y-%m-%d %H:%M:%S')
print(time_str)
# 将多个日期时间类型转换为时间字符串
time_dts = pd.to_datetime(['2023-06-25 09:30:00', '2023-06-26 10:45:00',
'2023-06-27 14:20:00'])
time_strs = time_dts.strftime('%Y-%m-%d %H:%M:%S')
print(time_strs)
```

在上述示例中，strftime() 方法用于将日期时间类型格式化为指定的时间字符串。可以根据需求选择不同的日期时间格式字符串，如 %Y 表示四位数的年份，%m 表示两位数的月份，%d 表示两位数的日期，%H 表示 24 小时制的小时，%M 表示分钟，%S 表示秒等。

6. 分位数

分位数在数据分析和统计中扮演着重要的角色，它们帮助描述数据分布、识别离群值、进行数据比较和分组，并为决策提供依据。使用分位数可以提供对数据集更深入的理解和描述，有助于从数据中提取有价值的信息和见解。

分位数提供了对数据分布的描述。通过计算不同分位数，可以了解数据集中特定位置的值，例如，中位数、上四分位数、下四分位数等。这些分位数可以帮助了解数据的集中趋势、离散程度和分布形态。

分位数还可以用于识别和处理离群值（outliers）。离群值是与数据集中的其他值明显不同的极端值。通过计算分位数并设置适当的阈值，可以确定数据集中的异常值，并进一步采取相应的处理措施。在 pandas 中，可以使用 quantile() 方法来计算数据集的分位数。

quantile() 方法接受一个介于 0～1 的数值作为参数，表示所需计算的分位数的位置。

例 38：quantile() 方法的使用。

```python
import pandas as pd
# 创建数据集
data = pd.Series([10, 20, 30, 40, 50])
# 计算中位数（50% 分位数）
median = data.quantile(0.5)
# 计算上四分位数（75% 分位数）
q3 = data.quantile(0.75)
# 计算下四分位数（25% 分位数）
q1 = data.quantile(0.25)
# 输出结果
print(" 中位数 :", median)
print(" 上四分位数 :", q3)
print(" 下四分位数 :", q1)
输出结果：
中位数 : 30.0
上四分位数 : 40.0
下四分位数 : 20.0
```

在这个例子中，创建了一个包含 10、20、30、40 和 50 的数据集 data。之后使用 quantile() 方法分别计算了中位数（50% 分位数）、上四分位数（75% 分位数）和下四分位数（25% 分位数）。通过传递介于 0～1 的数值作为参数，可以指定所需计算的分位数的位置。下面再来看一个生活中的案例。

例 39：购物金额异常的识别和处理。

假设有一家电商平台的运营经理，负责监控和管理用户的购物金额数据。他注意到某个用户的购物金额异常得高，怀疑可能存在离群值。于是想使用分位数来识别和处理这个异常值。

首先，依靠收集的该用户在过去一个月的购物金额数据，将其存储在一个 pandas 的 Series 对象中。

```python
import pandas as pd
# 收集的购物金额数据
amounts = pd.Series([50, 60, 70, 80, 90, 10000])
# 计算上四分位数（75% 分位数）
q3 = amounts.quantile(0.75)
# 计算下四分位数（25% 分位数）
q1 = amounts.quantile(0.25)
# 计算四分位距（IQR）
iqr = q3-q1
# 计算离群值的上限和下限
upper_limit = q3 + 1.5 * iqr
```

```
lower_limit = q1-1.5 * iqr
# 判断是否存在离群值
has_outliers = (amounts > upper_limit) | (amounts < lower_limit)
# 输出是否存在离群值
print(" 是否存在离群值 :")
print(has_outliers)
```

输出结果：

是否存在离群值 :

```
0    False
1    False
2    False
3    False
4    False
5     True
dtype: bool
```

在这个案例中，使用 quantile() 方法计算了上四分位数（75% 分位数）和下四分位数（25% 分位数），并计算了四分位距（IQR）。然后，通过乘以一个倍数（这里是 1.5）来确定离群值的上限和下限。接着，使用逻辑运算符＞和＜来判断哪些数据点超过了上限或低于下限，从而判断是否存在离群值。

通过输出结果可以看出，第五个数据点 10000 被判断为离群值，因为它超过了上限值。通过计算分位数和四分位距，并设置适当的倍数，能够识别出数据集中的离群值。

在实际应用中，可以进一步处理这些离群值，例如，将其替换为上限或下限的值，或者进行进一步的调查和验证，从而能够保证数据分析和决策的准确性和可靠性。

9.2　代码补全和知识拓展

9.2.1　代码补全

1. 会员信息处理

下面是从数据库里拿到的会员订单数据（图 9-15）。此数据描述了该视频网站 2019.08—2020.07 一年内会员充值订单。信息路径为 "/ 视频会员订单数据源 .csv"。

order_id	user_id	price	platform	payment_provider	create_time	pay_time
1	105654733	24800	ios	applepay	2020/4/2 16:50	2020/4/2 16:46
2	47292399	24800	android	wxpay	2020/4/5 16:17	2020/4/5 16:18
3	97811248	6800	android	wxpay	2019/12/5 16:42	2019/12/5 16:42
4	106005331	6800	ios	wxpay	2019/11/22 10:06	2019/11/22 10:06
5	106005331	6800	ios	wxpay	2020/5/24 6:34	2020/5/24 6:34
6	98198341	24800	android	alipay	2020/5/24 14:42	2020/5/24 14:42
7	106142770	24800	android	wxpay	2019/11/16 12:36	2019/11/16 12:36
8	52799611	24800	ios	applepay	2019/11/23 12:35	2020/4/1 12:04
9	105255528	2500	android	wxpay	2019/9/7 12:53	2019/9/7 12:53
10	105255528	2500	android	wxpay	2019/12/3 15:10	2019/12/3 15:10
11	61001113	2500	android	wxpay	2019/9/1 16:03	2019/9/1 16:03
12	61001113	2500	android	wxpay	2019/11/25 20:40	2019/11/25 20:40
13	100984020	2500	android	wxpay	2019/9/30 21:18	2019/9/30 21:18

图 9-15　会员订单数据

该平台会员有月度（¥25）、季度（¥68）、年度（¥248）三种。用户一次只能购买一种会员。因此，一笔订单，价格只有 ¥25、¥68、¥248 三种。在拿到数据的第一时间，需要对数据的质量进行检查和处理，请补全下述代码以完成任务。

```
# 导入 pandas 模块，简称为 pd
import pandas as pd
# 读取路径为 "/ 视频会员订单数据源 .csv" 的文件，赋值给变量 df
df =(_____)
# 商品价格 price，单位分转换成元
df['price'] = df['price'] /100
# 使用 to_datetime() 函数，将订单创建时间 create_time 和支付时间 pay_time 转换成时间
# 格式
df['create_time'] = (_____)
df['pay_time'] = (_____)
# 使用布尔索引和 isnull() 函数，将 payment_provider 这一列的缺失值筛选出，赋值给变量
#dfPayNull
#dfPayNull 就是，包含所有 payment_provider 这一列缺失值的行
dfPayNull = (_____)
#TODO  使用 drop() 函数，将 dfPayNull，也就是包含所有 payment_provider 这一列缺失值
# 的行删除
df.drop (_____)
# 使用 df.info()，快速浏览数据集
df.info()
```

2. 城市温度记录

假设有一位气象学家正在分析某个城市每天的温度记录。请使用 pandas 创建一个 Series 对象，记录一周（7 天）每天的最高气温，并打印该 Series 对象。其中，周一到周日的每天的天气最高温度分别为 25, 28, 30, 29, 27, 26, 24，索引则为周一，周二，…，周日。请补全代码打印该 Series 对象。

```
import pandas as pd
# 创建一个 Series 对象，values 存放七日的温度，index 为星期
temperatures = pd.Series(_____)
# 打印 Series 对象的值
print(_____)
```

3. 部门员工名单的呈现

```
# 导入 pandas 模块，并简称为 "pd"
import pandas as pd
# 依次定义 num 和 name 两个列表
name = ['Tom','Jensen','Mike','Bob','Audi','Dandy','Mark','Tony']
num = [1,3,2,3,2,2,3,1]
# 使用 pd.Series() 函数构造指定 Series
# 将 name 作为 values，num 作为 index
```

```
# 把结果赋值给变量 num_name_series
(_____)
# 输出构建好的 Series
(_____)
# 输出该 Series 的 values
(_____)
```

4. 班级成绩表创建

使用 DataFrame 构造函数，将定义的字典 data 和列表 rank 作为参数传入，生成一个 DataFrame，并赋值给变量 performance。

```
# 导入 pandas 模块，简称 pd
import pandas as pd
# 定义一个字典 data
data = {'name': ['May','Tony','Kevin'], 'score':[689,659,635]}
# 定义一个列表 rank，内含参数 1,2,3,
rank = (_____)
# 使用 pd.DataFrame() 函数，传入参数：字典 data 作为 value 和 columns，列表 rank 作为
#index
# 构造出的 DataFrame 赋值给 performance
performance =(_____)
# 输出 performance 这个 DataFrame
print(performance)
```

5. 学生成绩切片操作

假设有一位班主任想要分析学生的成绩情况。请使用 pandas 创建一个 Series 对象，记录一班学生的数学成绩，并根据索引进行切片操作，提取前五名学生的成绩。

```
import pandas as pd
# 创建一个 Series 对象
math_scores = pd.Series([85, 90, 76, 92, 88, 95, 84, 79, 91, 87],
index=['Tom', 'Jerry', 'Alice', 'Bob', 'Linda', 'John', 'Emily', 'David',
'Amy', 'Sophia'])
# 提取前五名学生的成绩
(_____)
#打印切片结果
(_____)
```

6. 城市人口分析

工作人员正在分析几个城市的人口数据。请使用 pandas 创建一个 Series 对象，记录城市的人口，并使用标签索引选取部分城市的人口。

```
import pandas as pd
# 创建一个 Series 对象
population = pd.Series([1000000, 500000, 700000, 300000], index=['Beijing',
'Shanghai', 'Guangzhou', 'Chengdu'])
```

```
# 使用标签索引选取部分城市的人口
shanghai_population = (_____)
guangzhou_population = (_____)
# 打印选取的城市人口
(_____)
(_____)
```

7. 地区 GDP 的重新赋值

```
import pandas as pd
# 定义一个字典和一个列表
data= {'rank':[1, 2, 3, 4],'GDP':[80855, 77388, 68024, 47251]}
city= ['GD','JS','SD','ZJ']
# 使用 DataFrame 构造函数，传入参数：字典 data 作为 values 和 columns，列表 city 作为
#index
# 构造出的 DataFrame 赋值给 df
df= (_____)
# 用 print 输出此时的 df
print(df)
# 定义一个新的列表 city_CN，包含广东、江苏、山东、浙江
city_CN=(_____)
# 将新列表 city_CN 赋值给 df 的 index
(_____)
# 用 print() 输出此时的 df
print(df)
```

8. 信用卡数据筛选

小董是一名某银行信用卡推销员，她整理了一份去年用户开卡信息表，想要获取信用卡额度（credit_limit）这列数据的一些信息。信息表的路径为 "/ 信用卡用户信息 .csv"。

请利用本节所学知识帮助她：

（1）通过 iloc 索引输出该数据的前 3 行，然后输出第 2 行第 3 列的元素。

（2）通过列索引帮助她找出 credit_limit 列的数据，并通过单位换算使数据以 "万" 为单位然后输出。

```
# 导入 pandas 模块，并以 pd 为该模块的简写
import pandas as pd
# 使用 pd.read_csv() 函数
# 读取路径为 "/ 信用卡用户信息 .csv" 的 CSV 文件
# 并将结果赋值给变量 data
data = pd.read_csv("/ 信用卡用户信息 .csv")
#TODO 使用 .iloc 索引输出数据中的前 3 行

#TODO 使用 .iloc 索引输出数据中的第 2 行第 3 列的元素

#TODO 将 "credit_limit" 中的数据除以 10000，使其单位变为万
```

```
#TODO 使用 print() 输出 data 变量中 credit_limit 列的数据
```

9. 初探 "泰坦尼克号"

泰坦尼克号沉没是历史上最著名的沉船事故之一。图 9-16 截取了部分来自网络上的
数据，记录了船上的乘客存活情况。其中，PassengerId 是乘
客的 id，Survived 是存活情况（1 代表存活，0 代表未存活），
Pclass 是乘客所在的船舱号，分为 1、2、3 号船舱。数据的
路径为 /train.csv。

请根据这份资料，利用布尔索引，分别查看 1、2、3 号
各船乘客存活情况，并格式化输出。

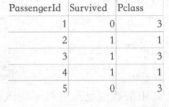

PassengerId	Survived	Pclass
1	0	3
2	1	1
3	1	3
4	1	1
5	0	3

图 9-16　泰坦尼克号部分数据

```
# 导入 pandas 模块，并以 pd 为该模块的简写
import pandas as pd
# 使用 read_csv() 函数，获取文件 /train.csv，并赋值给 df
df = pd.read_csv("/train.csv")
# 使用 for 循环遍历 1、2、3


# 使用布尔索引筛选出舱号为 i 的数据


#print() 输出：第 {i} 号船舱的乘客信息是 \n{new_df}
```

9.2.2　知识拓展

1. 均值的计算方法

在 pandas 中，mean() 是一个用于计算数据集均值的方法。它用于计算 DataFrame 中
的列的平均值。下面来看一下 mean() 方法的使用。

例子中创建了一个包含数值的 Series 和 DataFrame 对象。然后使用 mean() 方法分别
计算了它们的均值。对于 Series，返回一个标量值表示该 Series 的均值。对于 DataFrame，
返回一个包含每列均值的 Series 对象，其中索引是 DataFrame 的列名。

mean() 方法还可以接受其他参数，例如，axis 参数用于指定计算均值的轴（0 表示按
列计算，1 表示按行计算），skipna 参数用于指定是否跳过缺失值，默认为 True。

```
import pandas as pd
# 创建包含数值的 data Frame 对象
data = pd.DataFrame({'A': [10, 20, 30, 40, 50], 'B': [5, 10, 15, 20, 25]})
# 计算 DataFrame 列的均值
mean_values = (_____)
print("DataFrame 数据：")
print(data)
print("\n 列的均值：")
print(mean_values)
```

2. 小数位数的舍入操作

round() 是一个用于对数据进行四舍五入的方法。它可以用于 Series 或 DataFrame 对象，用于对其中的数值进行精确到指定小数位数的舍入操作。下面是 round() 方法的使用方法和示例。

在这个例子中，创建了一个包含数值的 DataFrame 对象。然后使用 round() 方法对它们的数值进行四舍五入操作，并指定保留的小数位数。对于 Series，返回一个新的 Series 对象，其中的数值已经进行了舍入操作。对于 DataFrame，返回一个新的 DataFrame 对象，其中的数值已经进行了舍入操作。

round() 方法还可以接受其他参数，例如，decimals 参数用于指定要保留的小数位数，默认为 0。另外，它也可以用于对特定的列进行舍入操作，通过在 DataFrame 中选择特定的列进行调用。

```python
import pandas as pd
# 创建包含数值的 DataFrame 对象
data = pd.DataFrame({'A': [1.234, 2.567, 3.891, 4.123, 5.678],
                     'B': [0.456, 1.789, 2.345, 3.789, 4.234]})
# 对 DataFrame 进行四舍五入，保留一位小数
rounded_data = (_____)
print(" 原始数据 :")
print(data)
print("\n 四舍五入后的数据 :")
print(rounded_data)
```

3. 用列表构造 DataFrame

除了字典外，还可以用列表的方式构造一个 DataFrame。列表的数据依次成为 DataFrame 的 value。此时，参数 data 是嵌套列表，没有自定义 columns。生成的 DataFrame 的 columns 会默认从 0 开始生成。也就是说，参数 data 传入的是列表时，需要在 pd.DataFrame() 函数内使用参数 columns，用于自定义列索引 columns。

下面定义了一个学生成绩排名表。将定义的嵌套列表 data 和列表 rank 作为参数传入，并且结合参数 columns，生成一个 DataFrame，并赋值给变量 result，并将其输出。

```python
# 导入 pandas 模块, 简称 pd
import pandas as pd
# 定义一个嵌套列表 data, 内含参数 May,689; Tony,659; Kevin,635
data = (_____)
# 定义一个列表 rank
rank = [1,2,3]
# 使用 pd.DataFrame() 函数, 嵌套列表 data 和列表 rank 作为参数传入, 并且使用参数 columns
# 自定义列索引 columns:
# 构造出的 DataFrame 赋值给 result
result =(_____)
```

```
# 输出 result 这个 DataFrame
print(result)
```

9.3 实训任务

9.3.1 销售数据处理

小陈作为一家门店的店长，现在需要对销售数据进行清洗和处理，原始数据如表 9-1
所示。

表 9-1 门店销售数据

订单 ID	产品名称	销售日期	销售数量	销售金额
1001	商品 A	2021-01-01	5	100.00
1002	商品 B	2021-01-02	10	200.00
1003	商品 C	2021-01-03	8	150.00
1004	商品 A	2021-01-04	3	60.00
1005	商品 B	2021-01-05	6	120.00
1006	商品 C	2021-01-06	4	80.00
1007	商品 A	2021-01-07	7	140.00
1008	商品 B	2021-01-08	9	180.00
1009	商品 C	2021-01-09	2	40.00
1010	商品 A	2021-01-10	6	120.00
1011	商品 B	2021-01-11	3	60.00
1012	商品 C	2021-01-12	8	160.00

请完成以下任务。

（1）创建一个 DataFrame，并将原始数据导入。

（2）检查数据中是否存在缺失值，并处理这些缺失值。

（3）将销售日期列的数据类型转换为日期类型，并将其设置为 DataFrame 的索引。

（4）去除重复的记录。

（5）计算每个订单的销售总金额，并添加为新的一列。

（6）根据产品名称分组，并计算每种产品的销售数量总和和销售金额总和。

（7）根据销售日期按月份进行分组，并计算每月的销售数量总和和销售金额总和。

（8）将清洗和处理后的数据保存为一个新的 CSV 文件。

9.3.2 判断是否全大于 5

创建一个 Series[1, 2, 3, 4, 5, 6, 7, 8, 9, 10]，判断 Series 中的元素是否全部大
于 5 ？

```
import pandas as pd
s1 = pd.Series([1, 2, 3, 4, 5, 6, 7, 8, 9, 10])
```

```
print(s1)    # 显示两列, 第一列为索引, 第二列为值
print(s1[4])   # 打印索引 4 对应的值: 5
allabove5 = True
for index in range(0, len(s1)):
    if s1[index] <= 5:
        allabove5 = False
if allabove5:
    print('The Series is all above 5.')
else:
    print('The Series is not all above 5.')
```

9.3.3 销售数据和客户数据

```
import pandas as pd
# 创建销售数据的 DataFrame
sales_data = {
    '订单ID': [1, 2, 3, 4, 5],
    '客户ID': [101, 102, 103, 101, 104],
    '销售额': [1000, 1500, 1200, 800, 2000]
}
sales_df = pd.DataFrame(sales_data)
# 创建客户数据的 DataFrame
customer_data = {
    '客户ID': [101, 102, 103, 104],
    '客户姓名': ['张三', '李四', '王五', '赵六'],
    '所在地区': ['北京', '上海', '北京', '广州']
}
customer_df = pd.DataFrame(customer_data)
# 合并销售数据和客户数据
merged_df = pd.merge(sales_df, customer_df, on='客户ID')
```

根据 DataFrame 创建的销售数据和客户数据，编写代码完成以下实训任务。

（1）计算每个客户的总销售额和平均销售额。

（2）找出销售额最高的客户和销售额最低的客户。

（3）根据客户的所在地区（城市）统计每个地区的销售额总和和平均销售额。

（4）找出销售额最高的地区和销售额最低的地区。

9.3.4 学生各科成绩处理

假设有一个包含学生考试成绩的数据集，其中有以下列：'学生姓名'、'科目'、'成绩'、'班级'。数据集如下。

	学生姓名	科目	成绩	班级
0	小明	数学	85	A
1	小明	英语	90	A
2	小明	物理	92	A
3	小红	数学	88	A

| 4 | 小红 | 英语 | 82 | A |
| 5 | 小红 | 物理 | 90 | A |

请完成以下任务。

（1）添加一条记录，学生姓名为"小明"，科目为"化学"，成绩为87，班级为"A"。

（2）将小红的数学成绩修改为90。

（3）删除小明物理科目的成绩记录。

9.4　延伸高级任务

9.4.1　营销数据分析

营销人员拿到了一份 2018.01.01—2019.06.30 平台销售订单数据。她需要对这份数据进行清洗。这份数据在工作目录下，文件名是"180101-190630交易数据 .csv"。路径为 /180101-190630交易数据 .csv。数据集如图 9-17 所示。

id	order_id	user_id	payment	price	items_cour	cutdown_p	post_fee	create_time	pay_time
1	3515712	34982388	6200	6200	4	0	0	2018/1/31 16:06	2018/1/31 16:06
2	3515713	17463833	7000	7000	3	0	0	2018/1/31 16:13	2018/1/31 16:14
3	3515714	70145358	10000	10000	5	0	0	2018/1/31 23:52	2018/1/31 23:52
4	3515715	46519215	8500	8500	4	0	0	2018/2/1 0:05	2018/2/1 0:05
5	3515716	37811404	5102	5102	8	0	0	2018/2/1 0:51	2018/2/1 0:51
6	3515717	49720098	6200	6200	3	0	0	2018/2/1 1:26	2018/2/1 1:26
7	3515718	39118114	3700	2700	2	0	1000	2018/2/1 2:08	2018/2/1 2:08
8	3515719	58572716	5500	5500	3	0	0	2018/2/1 2:11	2018/2/1 2:09
9	3515720	17855423	5750	5750	4	0	0	2018/2/1 3:03	2018/2/1 3:03
10	3515721	57070466	3121	6121	9	3000	0	2018/2/1 3:23	2018/2/1 3:23
11	3515722	51065856	4910	4910	6	0	0	2018/2/1 4:03	2018/2/1 4:05
12	3515723	70201769	3700	2700	2	0	1000	2018/2/1 4:49	2018/2/1 4:49
13	3515724	68874979	1800	800	2	0	1000	2018/2/1 4:51	2018/2/1 4:51

图 9-17　平台销售订单数据

各个字段的要求如下。

● id：作为 index。

● order_id：不存在≤ 0 的异常值，不存在重复值。

● user_id：不存在≤ 0 的异常值。

● payment：不存在＜ 0 的异常值，转换成单位元。

● price：不存在＜ 0 的异常值，转换成单位元。

● items_count：不存在＜ 0 的异常值。

● cutdown_price：不存在＜ 0 的异常值，转换成单位元。

● post_fee：不存在＜ 0 的异常值，转换成单位元。

● create_time，pay_time：转换成时间格式，不存在 create_time>pay_time 的异常值。

数据集中是否存在缺失值、异常值、重复值，需要自行进行判断，然后再进行处理。请根据上述要求用 df.info() 输出清洗后的结果。

9.4.2　借贷用户信息表数据查询

小刘是一家银行的工作人员，他从数据库中读取并查询借贷用户信息数据（借贷用户

信息表 .csv）的基本信息。这次任务中主要用到以下函数。

head() 方法：主要用于查看访问对象的前几行数据，如果参数省略，默认显示前 5 行。也可以通过传递参数来指定要显示的行数，例如，df.head(10) 将显示前 10 行数据。

tail() 方法：主要用于查看访问对象的后几行数据，如果参数省略，默认显示后 5 行。也可以通过传递参数来指定要显示的行数，例如，df.tail(10) 将显示后 10 行数据。

info() 方法：主要用于查看访问对象的基本信息，包括每列的名称、非空值数量、数据类型等。此方法还可以显示访问对象所占用的内存大小，并显示每列可以使用的最大内存。

```
# 借贷用户信息表数据
#pandas 库安装
(_____)
# 读取借贷用户信息表 .csv 文件
data = (_____)
# 输出数据的前五行
print (_____)
# 输出数据的后五行
print (_____)
# 输出数据的基本信息
print (_____)
```

9.4.3　计算 Series 中出现频率最高的元素

```
import pandas as pd
# 创建 Series
data = pd.Series([1, 2, 3, 4, 1, 2, 3, 4, 1, 2, 2])
# 使用 pandas 中的哪个方法可以计算 Series 中出现频率最高的元素，并返回其出现次数？
most_common_element = data._____()
count = data._____(most_common_element)
# 输出结果
print(f"The most common element is {_____}, with a count of {_____}.")
```

9.4.4　电商数据处理

下面是一组电商销售数据，包含订单 ID、产品 ID、销售额、销售时间等信息。要求使用 DataFrame 计算每个产品的月销售额、季度销售额，并找出销售额最高的产品和销售额最高的季度。

```
import pandas as pd
# 创建电商销售数据的 DataFrame
data = {
    'OrderID': ['1', '2', '3', '4', '5', '6', '7', '8', '9', '10'],
    'ProductID': ['A', 'B', 'A', 'C', 'B', 'C', 'A', 'B', 'C', 'A'],
    'Sales': [100, 150, 200, 120, 180, 90, 160, 140, 220, 180],
    'SalesDate': ['2022-01-01', '2022-02-15', '2022-03-02', '2022-04-10',
'2022-05-05','2022-06-20', '2022-07-15', '2022-08-25', '2022-09-12', '2022-12-01']
```

```
}
df = pd.DataFrame(data)
# 将销售日期转换为日期类型
df['SalesDate'] = (_____)
# 计算每个产品的月销售额
df['Month'] = (_____)
monthly_sales = (_____)
# 计算每个产品的季度销售额
df['Quarter'] = (_____)
quarterly_sales = (_____)
# 找出销售额最高的产品和销售额最高的季度 highest_sales_product
(_____)
print(" 每个产品的月销售额 :")
print(monthly_sales)
print("\n 每个产品的季度销售额 :")
print(quarterly_sales)
print("\n 销售额最高的产品 :", highest_sales_product)
print(" 销售额最高的季度 :", highest_sales_quarter)
```

9.4.5　销售额最高的产品筛选

假设有一个包含销售数据的数据集，其中有以下列：' 日期 '、' 产品名称 '、' 销售额 '。现在需要从中筛选出 2022 年销售额最高的前 5 个产品。

```
import pandas as pd
# 创建数据集
data = {
    ' 日期 ': pd.date_range(start='2022-01-01', end='2022-12-31', freq='D'),
    ' 产品名称 ': ['A', 'B', 'C', 'D', 'E'] * 73,  # 每个产品重复 73 次，总共 365 天
    ' 销售额 ': np.random.randint(1000, 10000, size=365)
}
df = pd.DataFrame(data)
# 筛选出 2022 年的数据


# 按销售额降序排序，并选择前 5 个产品
```

9.4.6　股票数据筛选

假设有一个包含股票数据的数据集，其中有以下列：' 日期 '、' 股票代码 '、' 收盘价 '。现在需要筛选出符合以下条件的数据：日期在 2022 年 1 月 1 日到 2023 年 12 月 31 日之间，并且收盘价大于 100 的股票数据。然后，将这些数据的收盘价增加 10%。

```
import pandas as pd
# 创建数据集
data = {
    ' 日期 ': pd.date_range(start='2022-01-01', end='2023-12-31', freq='D'),
    ' 股票代码 ': ['A', 'B', 'C', 'D', 'E'] * 730,  # 每个股票重复 730 次，总共 1460 天
```

```
         '收盘价': np.random.randint(50, 200, size=1460)
}
df = pd.DataFrame(data)

# 根据条件筛选数据

# 对筛选出的数据的收盘价增加 10%
```

9.5　课后思考

1. 兴兴药店数据分析

李华是兴兴药店的店长，他想通过单月的药品销售数据，大致了解每个月的销售情况。图 9-18 中展示了兴兴药店 2018 年药品的部分销售数据，每一行代表一条独立的消费数据。

购药时间	社保卡号	商品编码	商品名称	销售数量	应收金额	实收金额
2018/1/1	1616528	236701	强力VC银翘片	6	82.8	69
2018/1/1	101470528	236709	心痛定	4	179.2	159.2
2018/1/1	10072612028	2367011	开博通	1	28	25
2018/1/1	10074599128	2367011	开博通	5	140	125
2018/1/1	11743428	861405	苯磺酸氨氯地平片(络活喜)	1	34.5	31
2018/1/1	13331728	861405	苯磺酸氨氯地平片(络活喜)	2	69	62
2018/1/1	13401428	861405	苯磺酸氨氯地平片(络活喜)	1	34.5	31
2018/1/1	10073966328	861409	非洛地平缓释片(波依定)	5	162.5	145
2018/1/1	1616528	861417	雷米普利片(瑞素坦)	1	28.5	28.5
2018/1/1	107891628	861456	酒石酸美托洛尔片(倍他乐克)	2	14	12.6
2018/1/1	11811728	861456	酒石酸美托洛尔片(倍他乐克)	1	7	6.3
2018/1/1	1616528	861456	酒石酸美托洛尔片(倍他乐克)	1	7	7
2018/1/1	10060654328	861458	复方利血平氨苯蝶啶片(北京降压0号)	1	10.3	9.2

图 9-18　药品销售数据

请利用本章所学内容，帮助李华筛选出 2018 年 2 月的购买记录，记录地址为 / 兴兴药店 2018 年销售数据 .csv。并在最后使用 print() 输出。请先将"购药时间"转换为日期类型注意：在 Series 和 DataFrame 中，日期数据要先通过后缀 .dt 转换。

2. 生育率数据统计

璐璐是一个社会学家，她从 WHO 世界卫生组织的网站上下载了 2016 年各个国家的人口数据，如图 9-19 所示。数据集为 WHO 生育率数据 .csv。

Country	Population	_proportion	_proportic	Total_fertility_rate
Afghanistan	34 656	43.9	4.1	4.6
Albania	2926	17.7	1.6	1.7
Algeria	40 606	29	10.7	2.8
Andorra	77	14.8	0.1	
Angola	28 813	47	3.3	5.7
Antigua and Barbuda	101	24.2	0	2.1
Argentina	43 847	25.1	19.3	2.3
Armenia	2925	19.9	1.4	1.6
Australia	24 126	18.9	14.4	1.8
Austria	8712	14.1	6.2	1.5
Azerbaijan	9725	23.2	2.7	2.1
Bahamas	391	20.5	0.1	1.8
Bahrain	1425	20.3	0.2	2
Bangladesh	162 952	28.9	33.7	2.1
Barbados	285	19.2	0.2	1.8

图 9-19　2016 年各个国家人口数据

然而，璐璐发现，这个数据存在一定的漏洞。

（1）Population_proportion_over_60 列中，有些数据并不在 0 ～ 100 中，这显然是异常的。

（2）Total_fertility_rate 列中，存在数据缺失。请帮助璐璐找到上述异常值和缺失值，然后利用本章的知识，删除所有的异常值，并把缺失值填充为 "unknown"。

3. 花瓣花萼数据统计

小鑫送来了他们花场新培育的花瓣花萼数据供研究探索，现在需要对此数据进行初步探索，数据集为 FlowerData.csv，如图 9-20 所示。

花萼长度 (cm)	花萼宽度 (cm)	花瓣长度 (cm)	花瓣宽度 (cm)	是否良株
5.1	3.5	1.4	0.2	是
4.9	3	1.4	0.2	是
4.7	3.2	1.3	0.2	否
4.6	3.1	1.5	0.2	否
5	3.6	1.4	0.2	是
5.4	3.9	1.7	0.4	是
4.6	3.4	1.4	0.3	是
5	3.4	1.5	0.2	是
4.4	2.9	1.4	0.2	是
4.9	3.1	1.5	0.1	否
5.4	3.7	1.5	0.2	否
4.8	3.4	1.6	0.2	否
4.8	3	1.4	0.1	否
4.3	3	1.1	0.1	是

图 9-20　花瓣花萼数据

（1）使用本章学到的 .info() 函数快速浏览数据集。

（2）使用本章学到的 .isnull() 函数判断"是否良株"这一列中的每个数据是否缺失，并将结果输出。

（3）使用布尔索引将"是否良株"这一列有数据缺失的行输出。

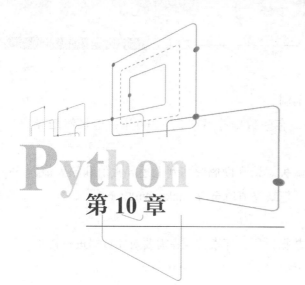

第 10 章

进阶数据处理库

10.1 SciPy

10.1.1 SciPy 库简介

SciPy 是一个强大的 Python 库，它提供了许多用于科学计算和数据分析的功能和工具。SciPy 包含许多模块，涵盖了各种科学计算领域，包括线性代数、数值优化、统计分析、信号处理、图像处理、常微分方程求解、稀疏矩阵等。这些模块提供了大量的函数和工具，使得科学计算变得更加简单和高效。本章将学习如何使用 SciPy 解决各种常见的科学计算问题，并利用其丰富的模块和函数来加快工作流程。

下面是 SciPy 一些重要模块的简要介绍。

（1）constants：用于物理和数学常数的模块，提供了许多常用的常数值。这些常数包括数学常数（如 π 和自然对数的基数 e）以及与物理相关的常数（如光速、普朗克常数等）。

（2）numpy：NumPy 是 SciPy 的基础，提供了多维数组对象和各种数组操作功能。SciPy 中的很多函数和数据结构都建立在 NumPy 的基础上。

（3）scipy.linalg：提供了线性代数相关的功能，例如，矩阵分解、线性方程求解、特征值计算等。

（4）scipy.optimize：用于数值优化的模块，包括最小化、最大化、曲线拟合等优化问题的求解方法。

（5）scipy.stats：统计分析模块，提供了许多统计函数和概率分布的概率密度函数、累积分布函数等计算方法。

（6）scipy.signal：信号处理模块，提供了滤波、频谱分析、信号生成等功能。

（7）scipy.integrate：积分和常微分方程求解模块，用于数值积分和求解常微分方程。

（8）scipy.sparse：稀疏矩阵模块，用于处理大规模的稀疏矩阵和相关的线性代数运算。

10.1.2　SciPy 中的 constants 模块

constants 模块包含各种常数，包括数学常数（如圆周率、自然对数的底数）、物理常数（如光速、普朗克常数）以及单位转换常数（如米到英寸的转换因子）。通过使用 constants 模块，可以直接引用这些常数而不需要手动输入其数值，提高了代码的可读性和维护性。

例 1：科学运算。

```
import scipy.constants as const

# 获取光速的值
speed_of_light = const.c
print("光速: ", speed_of_light, "m/s")

# 获取普朗克常数的值
planck_constant = const.h
print("普朗克常数: ", planck_constant, "J•s")

# 获取万有引力常数的值
gravitational_constant = const.G
print("万有引力常数: ", gravitational_constant, "m^3•kg^-1•s^-2")

# 获取 π 的值
pi = const.pi
print("π: ", pi)

# 使用单位转换功能
distance_km = 100
distance_m = distance_km * const.kilo
print("距离: ", distance_m, "m")

# 使用数学常数进行计算
circle_area = const.pi * (2.5**2)
print("圆的面积: ", circle_area)

# 使用物理常数进行计算
mass = 5  # 单位: kg
energy = mass * const.c**2
print("能量: ", energy, "J")
```

程序运行结果如下。

```
光速:  299792458.0 m/s
普朗克常数:  6.62607015e-34 J•s
万有引力常数:  6.6743e-11 m^3•kg^-1•s^-2
```

```
π：3.141592653589793
距离：100000.0 m
圆的面积：19.634954084936208
能量：4.493775893684088e+17 J
```

以上示例代码展示了如何使用 constants 模块引用一些常用的常数，包括圆周率、自然对数的底数、光速和普朗克常数。还演示了如何使用转换因子进行单位转换，将距离从米转换为英寸。

10.1.3 SciPy 中的线性代数模块

1. 函数概述

scipy.linalg 是 SciPy 库中的线性代数模块，提供了许多用于处理线性代数问题的函数。它建立在 NumPy 库的基础上，并扩展了 NumPy 中的线性代数功能。scipy.linalg 模块提供了矩阵分解、线性方程求解、特征值和特征向量计算等功能。

2. 优化问题

线性方程组求解：给定一个线性方程组，可以使用 scipy.linalg.solve 函数来求解。

矩阵分解：scipy.linalg 模块提供了多种矩阵分解方法，如 LU 分解、QR 分解、奇异值分解等，这些分解可以用于求解线性方程组、计算矩阵的逆、计算行列式等。

特征值和特征向量计算：scipy.linalg 模块提供了计算矩阵特征值和特征向量的函数，如 eig() 和 eigvals()。

3. 主要功能

scipy.linalg 模块包含许多函数，涵盖了线性代数的各个方面。以下是一些主要功能的示例。

（1）线性方程求解：solve() 函数用于求解形如 $Ax = b$ 的线性方程组。

（2）矩阵分解：模块中包括多种矩阵分解函数，如 lu、qr、svd 等。

（3）特征值和特征向量计算：eig() 函数用于计算矩阵的特征值和特征向量。

（4）行列式计算：det() 函数用于计算矩阵的行列式。

（5）矩阵范数计算：norm() 函数用于计算矩阵的范数，如 Frobenius 范数和 2- 范数。

例 2：线性方程组和矩阵。

下面是一个使用 scipy.linalg 模块的简单代码示例，展示了如何求解线性方程组和计算矩阵的特征值。

```
import numpy as np
from scipy import linalg

# 矩阵分解示例
A = np.array([[1, 2], [3, 4]])
LU = linalg.lu_factor(A)   #LU 分解
```

```
P, L, U = linalg.lu(A)    # 分别获取置换矩阵 P、下三角矩阵 L 和上三角矩阵 U
print("LU factorization:")
print("P:\n", P)
print("L:\n", L)
print("U:\n", U)

Q, R = linalg.qr(A)    #QR 分解
print("QR factorization:")
print("Q:\n", Q)
print("R:\n", R)

#计算矩阵的行列式
det_A = linalg.det(A)
print("Determinant of A:", det_A)

#计算矩阵的范数
norm_A = linalg.norm(A)
print("Norm of A:", norm_A)
```

程序运行结果如下。

```
LU factorization:
P:
 [[0. 1.]
 [1. 0.]]
L:
 [[1.          0.          ]
 [0.33333333 1.          ]]
U:
 [[3.          4.          ]
 [0.          0.66666667]]
QR factorization:
Q:
 [[-0.31622777 -0.9486833 ]
 [-0.9486833   0.31622777]]
R:
 [[-3.16227766 -4.42718872]
 [ 0.         -0.63245553]]
Determinant of A: -2.0
Norm of A: 5.477225575051661
```

在上述代码中，首先使用 lu_factor() 函数对矩阵 A 进行 LU 分解，并使用 lu() 函数分别获取置换矩阵 P、下三角矩阵 L 和上三角矩阵 U。然后，使用 qr() 函数对矩阵 A 进行 QR 分解，并获取正交矩阵 Q 和上三角矩阵 R。接下来，使用 det() 函数计算矩阵 A 的行列式。最后，使用 norm() 函数计算矩阵 A 的范数。这些函数展示了 scipy.linalg 模块在矩

阵分解、行列式计算和范数计算方面的功能。

通过使用 scipy.linalg 模块中的函数，可以方便地进行线性代数计算，例如，求解线性方程组、计算特征值和特征向量、进行矩阵分解等。这些功能使得 SciPy 成为处理线性代数问题的强大工具。

10.1.4　SciPy 中的 optimize 模块

1. 函数概述

scipy.optimize 是 SciPy 库中的一个模块，用于解决优化问题。它提供了一系列优化算法和函数，用于最小化或最大化目标函数，并且还支持约束条件。

2. 优化问题

在给定约束条件下寻找最佳解决方案的问题。这些问题可以是无约束的，即只需要找到目标函数的最小值或最大值，也可以是带有约束条件的，需要同时满足一组约束条件的情况下找到最佳解决方案。

3. 主要功能

scipy.optimize 模块提供了多种优化算法和函数，可以满足不同类型的优化问题。下面是一些常用的功能。

（1）最小化和最大化函数：minimize() 函数可以用于最小化目标函数，而 maximize() 函数可以用于最大化目标函数。

（2）全局优化：basinhopping() 函数提供了一种全局优化的方法，它使用了基于模拟退火的算法。

（3）非线性最小二乘拟合：curve_fit() 函数可以用于执行非线性最小二乘拟合，适用于拟合函数和数据之间的非线性关系。

（4）约束优化：minimize() 函数可以通过传递约束条件来执行约束优化。这些约束条件可以是等式约束或不等式约束。

（5）优化器选项：scipy.optimize 模块提供了各种优化器选项，例如，设置优化算法的收敛容限、迭代次数等。

例 3：优化求解。

下面是一个简单的使用示例，展示了如何使用 scipy.optimize 模块进行最小化问题的优化。

```python
import numpy as np
from scipy.optimize import minimize

# 定义目标函数
def objective(x):
    return x[0]**2 + x[1]**2

# 初始猜测
```

```
x0 = np.array([1, 1])

# 最小化目标函数
res = minimize(objective, x0)

# 输出结果
print(res)
```

程序运行结果如下。

```
fun: 2.311471135620994e-16
 hess_inv: array([[ 0.75, -0.25],
      [-0.25,  0.75]])
      jac: array([-6.59986732e-09, -6.59986732e-09])
  message: 'Optimization terminated successfully.'
     nfev: 9
      nit: 2
     njev: 3
   status: 0
  success: True
        x: array([-1.07505143e-08, -1.07505143e-08])
```

在这个示例中，定义了一个目标函数 objective()，它是一个简单的二次函数。然后，使用 minimize() 函数来找到使目标函数最小化的变量值。最后，就可以打印出优化的结果了。

10.1.5 SciPy 中的 minimize 函数

1. 函数概述

SciPy 是一个用于科学计算和数据分析的 Python 库，其中的 minimize 函数是用于优化问题的函数之一。minimize() 函数提供了多种优化算法，用于寻找函数的最小值或参数的最优解。它可以处理无约束优化问题、约束优化问题以及全局优化问题。通过调用 minimize() 函数，用户可以使用不同的优化算法来解决各种实际问题。

2. 优化问题

minimize() 函数可以解决多种优化问题，包括但不限于以下几类问题。

（1）无约束优化问题：寻找无约束条件下函数的最小值。

（2）约束优化问题：在给定一组约束条件下，寻找满足约束条件的函数的最小值。

（3）全局优化问题：在一个特定的范围内寻找函数的全局最小值或全局最优解。

（4）参数拟合问题：通过调整模型的参数，使模型与观测数据最佳拟合。

3. 主要功能

（1）提供多种优化算法：minimize() 函数提供了多种优化算法，如 Nelder-Mead、Powell、CG、BFGS、L-BFGS-B、TNC、COBYLA、SLSQP 等，用户可以根据问题的性质选择合适的算法。

（2）处理无约束优化问题：对于无约束优化问题，minimize() 函数可以通过选择适当的算法来寻找函数的最小值。

（3）处理约束优化问题：对于约束优化问题，minimize() 函数提供了约束处理的选项，如线性约束、非线性约束等。

（4）全局优化：minimize() 函数还支持全局优化算法，如 differential_evolution 算法，可以寻找函数的全局最小值。

（5）参数拟合：minimize() 函数可以用于参数拟合问题，通过调整模型的参数来使模型与观测数据最佳拟合。

例 4：最小值。

下面是一个简单的使用示例，展示了如何使用 scipy.minimize 函数获得最小值和最优解。

```python
from scipy.optimize import minimize

# 定义目标函数
def objective(x):
    return x[0]**2 + x[1]**2

# 定义初始点
x0 = [1, 1]

# 使用 minimize 进行优化
result = minimize(objective, x0)

# 输出结果
print(" 最小值 :", result.fun)
print(" 最优解 :", result.x)
```

程序运行结果如下。

```
最小值 : 2.311471135620994e-16
最优解 : [-1.07505143e-08 -1.07505143e-08]
```

在这个示例中，定义了一个目标函数 objective()，它是一个简单的二次函数。然后，使用 minimize() 函数来最小化目标函数。最后，就可以打印出找到的最小值和最优解。

10.1.6　SciPy 中的 basinhopping 函数

1. 概述

SciPy 是一个用于科学计算和数据分析的 Python 库，其中的 basinhopping 函数是用于全局优化问题的函数之一。basinhopping() 函数使用了一种全局优化算法，称为基于盆地跳跃（Basin Hopping）的算法，用于寻找函数的全局最小值。该算法通过在函数的局部最小值周围进行随机搜索和跳跃，以克服局部最小值问题，并找到全局最小值。

2. 优化问题

（1）全局优化问题：寻找函数的全局最小值或全局最优解。

（2）非线性优化问题：处理非线性函数的优化问题，这些函数可能具有多个局部最小值。

（3）多模态优化问题：处理具有多个最小值的函数，即具有多个模态的函数。

3. 主要功能

（1）基于盆地跳跃算法：basinhopping() 函数使用基于盆地跳跃的算法来进行全局优化。该算法在函数的局部最小值周围进行搜索和跳跃，以找到全局最小值。

（2）随机搜索：算法使用随机搜索来探索函数空间，并跳出局部最小值。随机搜索的程度可以通过设置步长（stepsize）参数进行调整。

（3）局部优化器：basinhopping() 函数使用指定的局部优化器进行局部优化。用户可以选择不同的局部优化器，如 BFGS、L-BFGS-B、TNC 等，以便更好地处理局部最小值。

（4）迭代次数控制：可以设置迭代次数控制参数来控制算法的运行时间和收敛性。

（5）自定义目标函数：用户可以自定义目标函数，根据具体问题进行优化。

（6）结果输出：函数返回找到的最小值、最优解以及其他相关信息，方便用户进行后续分析。

例 5：全局优化。

下面是一个简单的使用示例，展示了如何使用 basinhopping() 函数进行全局优化。

```
from scipy.optimize import basinhopping

# 定义目标函数
def objective(x):
    return x**2 + 4 * np.sin(x)

# 初始点
x0 = 0

# 使用 basinhopping 进行全局优化
result = basinhopping(objective, x0)

# 输出结果
print("最小值:", result.fun)
print("最优解:", result.x)
```

程序运行结果如下。

```
最小值：-2.368296005111775
最优解：[-1.02986654]
```

在这个示例中，定义了一个目标函数 objective()，它是一个具有多个局部最小值的函数。然后，使用 basinhopping() 函数来搜索全局最小值。最后，打印出找到的最小值和最优解。

10.1.7 SciPy 中的 curve_fit 函数

1. 概述

curve_fit() 函数用于拟合给定数据点的函数模型，并找到最优的参数值。它可以根据提供的数据和初始参数值，通过最小化残差的方式来优化参数，从而使拟合曲线与实际数据最佳匹配。

2. 优化问题

参数拟合问题：通过调整函数模型的参数，使模型与观测数据最佳拟合。该问题涉及找到最优的参数值，以最小化模型预测值与实际数据之间的残差。

3. 主要功能

（1）参数拟合：curve_fit() 函数使用非线性最小二乘法来拟合给定的函数模型和数据点。它可以找到最优的参数值，使函数模型与数据最佳匹配。

（2）自定义函数模型：用户可以自定义要拟合的函数模型，并将其作为参数传递给 curve_fit() 函数。这使得它非常灵活，适用于各种函数模型的拟合。

（3）初始参数值设定：用户可以提供初始参数值的估计，作为 curve_fit() 函数的参数之一。这些初始参数值将用于优化过程的起始点。

（4）权重调整：用户可以通过提供权重参数，调整数据点的权重。这使得可以更好地处理具有不同可信度的数据点。

（5）拟合结果输出：curve_fit() 函数返回拟合的最优参数值，以及协方差矩阵和其他统计信息。这些结果可以用于评估拟合的质量和进行进一步的分析。

例 6：非线性拟合。

下面是一个简单的使用示例，展示了如何使用 curve_fit() 函数进行非线性最小二乘拟合。

```python
import numpy as np
from scipy.optimize import curve_fit
# 定义要拟合的函数模型
def model_func(x, a, b, c):
    return a * np.exp(-b * x) + c
# 生成一些带有噪声的数据
xdata = np.linspace(0, 4, 50)
ydata = model_func(xdata, 2.5, 1.3, 0.5) + 0.2 * np.random.normal
(size=len(xdata))
# 初始参数的猜测值
p0 = [1, 1, 1]
# 使用 curve_fit() 进行拟合
```

```
params, _ = curve_fit(model_func, xdata, ydata, p0)
# 输出拟合的参数估计值
print(" 参数估计值 :", params)
```

程序运行结果如下。

参数估计值：[2.42424973 1.37711548 0.54403471]

在这个示例中，定义了一个指数函数模型 model_func()，并生成了一些带有噪声的数据。然后，使用 curve_fit() 函数对模型进行拟合，传递函数模型、自变量数据和因变量数据。初始参数的猜测值也被提供给函数。最后，打印出拟合的参数估计值。

这只是 curve_fit() 函数的简单介绍，它还有其他参数和选项，可以根据具体需求进行调整。可以参考 SciPy 官方文档来获取更详细的信息和示例代码。

10.1.8　SciPy 中的图像处理

1. 概述

图像处理是对数字图像进行操作和分析的过程，可以用于图像增强、特征提取、图像识别等应用。SciPy 的图像处理模块提供了各种图像处理算法和工具，帮助用户进行图像处理和分析任务。

2. 优化问题

（1）图像增强：通过应用滤波器、增强对比度等技术，改善图像的质量和视觉效果。图像增强的目标是提高图像的清晰度、对比度、颜色饱和度等，以使图像更适合于后续处理和分析。

（2）特征提取：通过图像处理算法，提取图像中的特征信息，如边缘、角点、纹理等。特征提取的目标是捕捉图像中的重要信息，用于图像分类、目标检测等应用。

（3）图像分割：将图像分割为不同的区域或对象，以便进行单独的处理和分析。图像分割的目标是识别和提取感兴趣的区域，如目标对象、背景等。

3. 主要功能

scipy.ndimage.zoom：对图像进行缩放操作。

scipy.ndimage.median_filter：应用中值滤波器平滑图像。

scipy.ndimage.binary_erosion：对二值图像进行腐蚀操作。

scipy.ndimage.binary_dilation：对二值图像进行膨胀操作。

scipy.ndimage.distance_transform_edt：计算图像中每个像素到最近边缘的欧几里得距离。

scipy.ndimage.label：对图像进行标记，用于图像分割。

scipy.ndimage.measurements.label：对二值图像进行连通区域标记。

scipy.ndimage.measurements.regionprops：计算连通区域的属性，如面积、周长等。

scipy.ndimage.measurements.find_objects：查找图像中的物体，并返回它们的位置。

scipy.ndimage.morphological_gradient：计算图像的形态学梯度。

235

scipy.ndimage.rank_filter：对图像进行秩滤波操作。

scipy.ndimage.geometric_transform：对图像进行几何变换，如平移、旋转、缩放等。

例 7：图像操作。

以下是一个简单的示例，展示了如何使用 scipy 库进行读取和显示图像。

```python
from scipy import ndimage
import matplotlib.pyplot as plt
import imageio.v2 as imageio

# 读取图像
image = imageio.imread('image.jpg')

# 显示图像
plt.imshow(image)
plt.axis('off')
plt.show()

# 平滑图像
smoothed_image = ndimage.gaussian_filter(image, sigma=2)

# 显示平滑后的图像
plt.imshow(smoothed_image)
plt.axis('off')
plt.show()

# 旋转图像
rotated_image = ndimage.rotate(image, angle=45)

# 显示旋转后的图像
plt.imshow(rotated_image)
plt.axis('off')
plt.show()

# 计算图像的边缘
edge_image = ndimage.sobel(image)

# 显示边缘图像
plt.imshow(edge_image, cmap='gray')
plt.axis('off')
plt.show()
```

程序运行结果如图 10-1 所示。

通过这些代码示例，可以了解 SciPy 中图像处理函数的基本用法和功能。可以根据需要进一步展示其他图像处理函数的用法和应用。

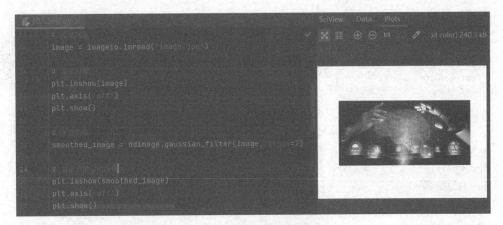

图 10-1　程序运行结果示意

10.1.9　SciPy 中的信号处理

1. 概述

信号处理是对信号进行操作和分析的过程，可以应用于音频处理、图像处理、通信系统等领域。SciPy 的信号处理模块提供了各种信号处理算法和工具，用于信号的滤波、谱分析、频谱估计等任务。

2. 优化问题

（1）信号滤波：通过应用滤波器，对信号进行去噪、平滑、增强等处理。滤波的目标是去除信号中的噪声、平滑信号的变化，以提取信号中的有用信息。

（2）频谱分析：通过将信号转换到频域，分析信号在不同频率上的能量分布和特性。频谱分析的目标是理解信号的频率组成和频率特征，如频谱密度、频谱功率等。

（3）信号估计：通过观测信号的样本数据，估计信号的参数和性质。信号估计的目标是从有限的观测数据中推断出信号的特征和参数，如信号的幅度、相位、频率等。

3. 主要功能

（1）滤波器设计：提供了各种滤波器设计方法的实现，如低通滤波器、高通滤波器、带通滤波器等。这些方法可以用于设计数字滤波器，对信号进行滤波和去噪。

（2）频谱分析：提供了计算信号频谱的工具，如傅里叶变换、功率谱密度估计等。这些工具可以帮助我们分析信号的频域特征，如频率成分、频谱密度等。

（3）调制和解调：提供了调制和解调的功能，如调幅、调频、解调等。这些功能可用于信号的调制和解调，如无线通信系统中的调制解调过程。

（4）频谱估计：提供了频谱估计的工具，如自相关法、最小二乘法等。这些工具可以用于估计信号的频谱密度和频率特性。

（5）信号生成：提供了生成各种类型信号的函数，如正弦信号、方波信号、脉冲信号等。这些函数可以生成具有不同特征的信号，用于模拟和测试信号处理算法。

例 8：使用 SciPy 库进行信号处理。

```python
import numpy as np
import matplotlib.pyplot as plt
from scipy import signal

# 生成一个示例信号
t = np.linspace(0, 1, 1000)
x = np.sin(2 * np.pi * 5 * t) + np.sin(2 * np.pi * 10 * t)

# 绘制原始信号
plt.figure()
plt.plot(t, x)
plt.title('Original Signal')
plt.xlabel('Time')
plt.ylabel('Amplitude')

# 设计一个低通滤波器
order = 4
cutoff_freq = 7
b, a = signal.butter(order, cutoff_freq, fs=1000, btype='low')

# 应用滤波器
filtered_x = signal.lfilter(b, a, x)

# 绘制滤波后的信号
plt.figure()
plt.plot(t, filtered_x)
plt.title('Filtered Signal')
plt.xlabel('Time')
plt.ylabel('Amplitude')

# 计算信号的频谱
frequencies, power_spectrum = signal.periodogram(x, fs=1000)

# 绘制频谱图
plt.figure()
plt.plot(frequencies, power_spectrum)
plt.title('Power Spectrum')
plt.xlabel('Frequency')
plt.ylabel('Power')

plt.show()
```

程序运行结果如图 10-2 所示。

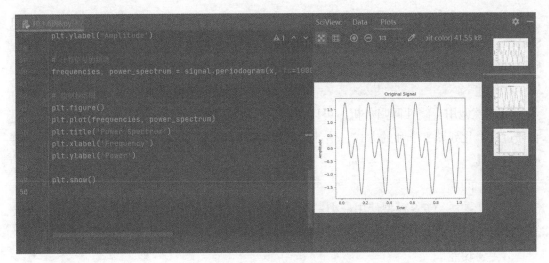

图 10-2　程序运行结果示意

这个示例展示了如何使用 scipy 库进行信号处理。首先，生成了一个示例信号，然后使用 plot() 函数绘制原始信号，使用 butter() 函数设计一个低通滤波器，然后使用 lfilter() 函数应用滤波器对信号进行滤波，并使用 plot() 函数绘制滤波后的信号，最后使用 periodogram() 函数计算信号的频谱，利用 plot() 函数绘制频谱图。

10.2　Statsmodels

10.2.1　Statsmodels 库简介

Statsmodels 是一个 Python 库，提供了广泛的统计模型估计和推断功能。它是进行统计分析和建模的强大工具，包括描述性统计分析、回归分析、时间序列分析、假设检验等。

主要特点和功能如下。

（1）线性回归模型：Statsmodels 提供了多种线性回归模型，包括普通最小二乘回归、加权最小二乘回归、广义最小二乘回归等。它可以进行回归模型的拟合、参数估计、假设检验等。

（2）时间序列分析：Statsmodels 提供了丰富的时间序列分析功能，包括自回归模型（AR）、移动平均模型（MA）、自回归移动平均模型（ARMA）、自回归积分移动平均模型（ARIMA）等。它可以进行时间序列数据的建模、预测和模型诊断等。

（3）假设检验：Statsmodels 提供了多种假设检验方法，包括单样本检验、双样本检验、方差分析、卡方检验等。它可以进行假设检验的计算和结果解释。

（4）描述性统计分析：Statsmodels 提供了一系列的描述性统计分析功能，包括描述性统计量的计算、频率分布表的生成、相关系数的计算等。

（5）统计模型诊断：Statsmodels 提供了模型诊断的功能，包括残差分析、异方差性检验、正态性检验等。它可以帮助用户评估建立的模型是否合适。

（6）数据可视化：Statsmodels 可以与其他 Python 数据可视化库（如 Matplotlib 和 Seaborn）无缝集成，帮助用户生成统计模型的图表和可视化结果。

10.2.2 Statsmodels 中的 OLS 模型

1. 概述

OLS 模型用于线性回归分析，可以帮助我们理解和解释自变量对因变量的影响关系。它通过最小化残差平方和的方式，估计出最优的回归系数，并提供了丰富的统计信息和模型诊断工具。

2. 优化问题

最小二乘法：OLS 模型使用最小二乘法来估计线性回归模型的回归系数。最小二乘法的目标是最小化观测值与模型预测值之间的残差平方和，从而得到最优的回归系数。

3. 主要功能

（1）参数估计：OLS 模型提供了参数估计的功能，通过拟合线性回归模型，估计出回归系数的值。这些回归系数表示自变量对因变量的影响程度。

（2）统计检验：OLS 模型提供了各种统计检验工具，如 t 检验、F 检验等，用于评估回归系数的显著性和模型的整体拟合程度。

（3）模型诊断：OLS 模型提供了多种模型诊断工具，用于检查线性回归模型的假设是否成立，包括残差分析、异方差性检验、多重共线性检验等。

（4）预测和预测区间：OLS 模型可以根据已有的回归系数和新的自变量值，进行预测并计算预测区间，帮助我们进行未来观测值的预测和不确定性估计。

例 9：使用 Statsmodels 库中的 OLS 模型进行线性回归分析。

```
import numpy as np
import Statsmodels.api as sm

# 生成示例数据
np.random.seed(0)
X = np.random.randn(100, 2)
y = 2 * X[:, 0] + 3 * X[:, 1] + 0.5 * np.random.randn(100)

# 添加常数列作为截距项
X = sm.add_constant(X)

# 创建线性回归模型
model = sm.OLS(y, X)

# 拟合模型
results = model.fit()

# 打印回归结果
print(results.summary())
```

程序运行结果如图 10-3 所示。

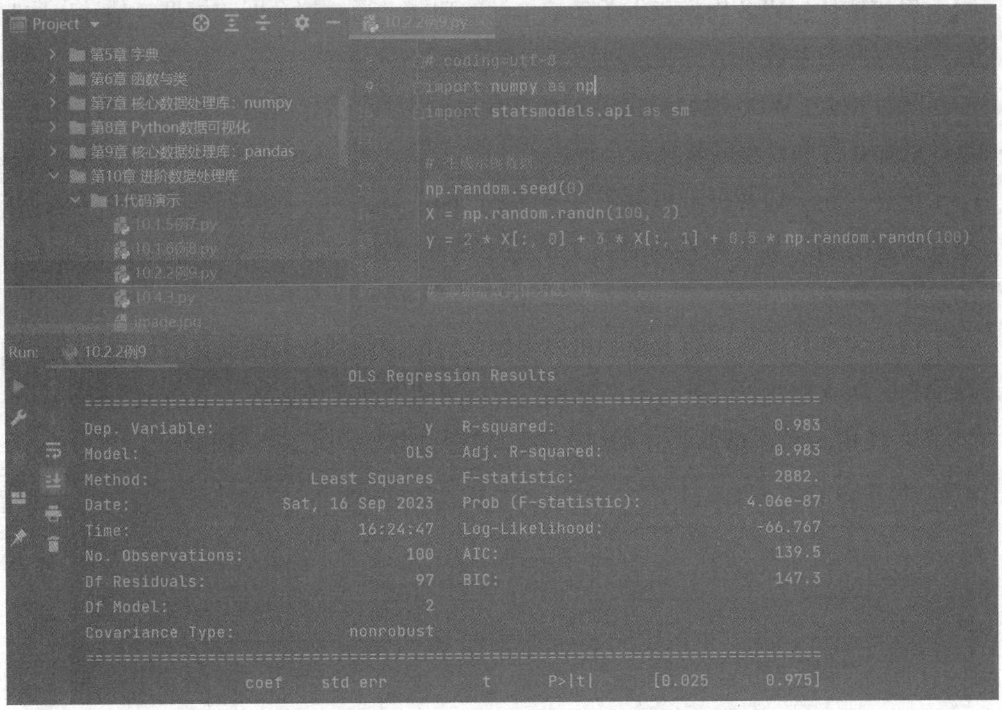

图 10-3　程序运行结果示意

在这个示例中，首先生成了一个示例数据集，其中，X 是一个包含两个自变量的矩阵，y 是相应的因变量。然后，使用 sm.add_constant() 函数向自变量矩阵 X 添加常数列，以便拟合截距项。接下来，使用 sm.OLS() 函数创建一个 OLS 模型，传入因变量 y 和自变量矩阵 X。最后，使用 fit() 方法拟合模型，并使用 summary() 方法打印回归结果的摘要信息。

10.2.3　Statsmodels 中的 WLS 模型

1. 概述

WLS 模型用于回归分析，类似于 OLS 模型，但在计算残差平方和时引入了权重，用于处理具有异方差性的数据。通过对不同数据点赋予不同的权重，WLS 模型可以更好地拟合异方差数据，并提供了相关的统计信息和模型诊断工具。

2. 优化问题

加权最小二乘法：WLS 模型使用加权最小二乘法来估计回归模型的回归系数。在计算残差平方和时，WLS 模型根据数据点的权重进行加权，以更好地处理具有异方差性的数据。加权最小二乘法的目标是最小化加权观测值与模型预测值之间的残差平方和，从而得到最优的回归系数。

3. 主要功能

（1）参数估计：WLS 模型提供了参数估计的功能，通过拟合回归模型，估计出回归系数的值。这些回归系数表示自变量对因变量的影响程度。

（2）统计检验：WLS 模型提供了各种统计检验工具，如 t 检验、F 检验等，用于评估回归系数的显著性和模型的整体拟合程度。

（3）模型诊断：WLS 模型提供了多种模型诊断工具，用于检查回归模型的假设是否成立，包括残差分析、异方差性检验、多重共线性检验等。此外，WLS 模型还提供了异方差性的诊断工具。

（4）预测和预测区间：WLS 模型可以根据已有的回归系数和新的自变量值，进行预测并计算预测区间，帮助我们进行未来观测值的预测和不确定性估计。

例 10：使用 Statsmodels 库中的 WLS 模型进行加权最小二乘回归分析。

```python
import numpy as np
import Statsmodels.api as sm

# 生成示例数据
np.random.seed(0)
X = np.random.randn(100, 2)
y = 2 * X[:, 0] + 3 * X[:, 1] + 0.5 * np.random.randn(100)

# 计算观测点的权重
weights = np.random.rand(100)

# 添加常数列作为截距项
X = sm.add_constant(X)

# 创建 WLS 模型
model = sm.WLS(y, X, weights=weights)

# 拟合模型
results = model.fit()

# 打印回归结果
print(results.summary())
```

程序运行结果如图 10-4 所示。

在这个示例中，首先生成了一个示例数据集，其中，X 是一个包含两个自变量的矩阵，y 是相应的因变量。然后，通过 np.random.rand() 生成了与观测点相对应的权重。接下来，使用 sm.add_constant() 函数向自变量矩阵 X 添加常数列，以便拟合截距项。然后，使用 sm.WLS() 函数创建一个 WLS 模型，传入因变量 y、自变量矩阵 X 和权重 weights。最后，使用 fit() 方法拟合模型，并使用 summary() 方法打印回归结果的摘要信息。

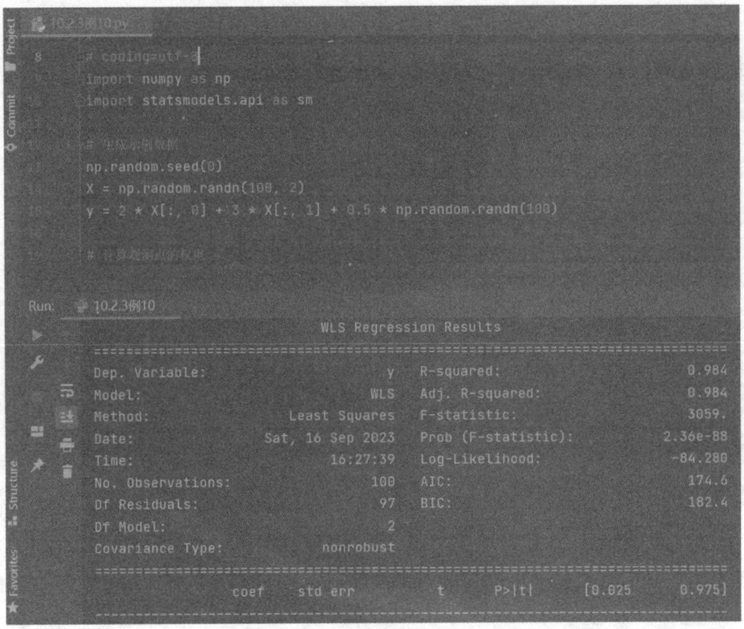

图 10-4　程序运行结果示意

10.2.4　Statsmodels 中的时间序列分析模块

1. 概述

时间序列分析是一种研究时间上数据变化模式和趋势的方法，可用于预测和分析时间相关的数据。Statsmodels 的时间序列分析模块提供了各种统计模型和工具，用于建立、估计和分析时间序列模型。

2. 优化问题

参数估计：通过拟合时间序列模型，估计模型中的参数，使其最优化。参数估计是基于给定的数据，通过最小化残差平方和或最大似然估计等方法进行优化。

3. 主要功能

（1）时间序列模型：提供了各种时间序列模型的实现，包括 ARMA 模型（自回归滑动平均模型）、ARIMA 模型（自回归积分滑动平均模型）、VAR 模型（向量自回归模型）等。这些模型可以用于描述和预测时间序列数据。

（2）模型估计：提供了对时间序列模型进行参数估计的功能。通过最小二乘法、最大似然估计等方法，估计模型中的未知参数，以得到最优拟合结果。

（3）模型诊断：提供了对时间序列模型进行诊断的工具。包括残差分析、假设检验、预测精度评估等，用于评估模型的拟合程度和检查模型的假设是否成立。

（4）预测和预测区间：通过拟合时间序列模型，可以进行未来观测值的预测，并计算预测区间，用于评估预测的不确定性。

（5）季节性分析：提供了对季节性时间序列数据进行分析的工具。包括季节性模型的建立和预测，以及季节性调整和去除。

例 11：使用 ARIMA 模型拟合和预测时间序列数据。

```python
import numpy as np
import Statsmodels.api as sm

# 生成随机时间序列数据
np.random.seed(0)
n = 100
time = np.arange(n)
y = np.cumsum(np.random.randn(n))

# 拟合 ARIMA 模型
model = sm.tsa.ARIMA(y, order=(1, 1, 1))    # 创建 ARIMA 模型
results = model.fit()    # 拟合模型

# 打印模型摘要
print(results.summary())

# 预测未来时间点的值
forecast_steps = 10
forecast = results.forecast(steps=forecast_steps)    # 预测未来 10 个时间点的值
print(" 预测值 :", forecast)
```

程序运行结果如图 10-5 所示。

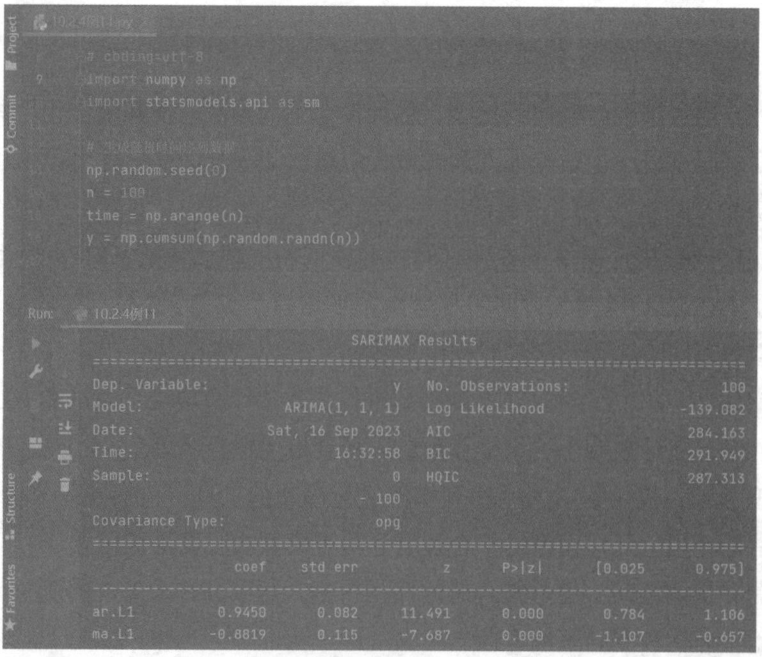

图 10-5　程序运行结果示意

在上述代码中，首先使用 NumPy 生成了一个随机时间序列数据 y，然后使用 sm.tsa. ARIMA 创建了一个 ARIMA 模型，并通过 fit( ) 方法对模型进行拟合。最后，使用 forecast( ) 方法对未来的时间点进行预测。

通过使用 Statsmodels 进行时间序列分析，可以对时间序列数据进行建模、预测和推断，并获得相关的统计指标和结果摘要。这有助于理解时间序列数据的特征、趋势和季节性，以及对未来进行预测。

10.2.5　Statsmodels 中的统计分析模块

1. 概述

统计分析是对数据进行整理、描述、分析和推断的过程，用于理解数据的特征、探索数据之间的关系，并进行统计推断和预测。Statsmodels 的统计分析模块提供了多种统计模型和工具，用于描述和推断数据，并进行统计检验和模型诊断。

2. 优化问题

参数估计：通过拟合统计模型，估计模型中的参数，使其最优化。参数估计是基于给定的数据，通过最小化残差平方和、最大似然估计等方法进行优化。

3. 主要功能

（1）描述性统计分析：提供了对数据进行描述性统计分析的功能，如均值、方差、分位数、相关性等。

（2）统计模型：提供了各种统计模型的实现，如线性回归模型、广义线性模型、时间序列模型、生存分析模型等。这些模型可以用于对数据进行建模和推断。

（3）参数估计：提供了对统计模型进行参数估计的功能，通过最小二乘法、最大似然估计等方法，估计模型中的未知参数，以得到最优拟合结果。

（4）统计检验：提供了各种统计检验的功能，如假设检验、方差分析、卡方检验等。用于检验统计模型的假设是否成立，评估变量之间的关系是否显著。

（5）模型诊断：提供了对统计模型进行诊断的工具。包括残差分析、异方差性检验、多重共线性检验等，用于评估模型的拟合程度和检查模型的假设是否成立。

例 12：使用 Statsmodels 进行 t 检验的简单代码示例。

```
import numpy as np
import Statsmodels.api as sm

# 生成两个样本数据
np.random.seed(0)
sample1 = np.random.randn(100)        # 样本 1
sample2 = np.random.randn(100) + 1    # 样本 2

# 进行 t 检验
t_stat, p_value, df = sm.stats.ttest_ind(sample1, sample2)
```

```
print("t 统计量 :", t_stat)
print("p 值 :", p_value)
print(" 自由度 :", df)
```

程序运行结果如下。

```
t 统计量 : -7.04142736901327
p 值 : 3.0598200945140844e-11
自由度 : 198.0
```

在上述代码中，生成了两个样本数据 sample1 和 sample2。然后，使用 sm.stats.ttest_ind 进行两个样本的 t 检验，返回了 t 统计量、p 值和自由度。最后，打印了这些统计指标。

通过使用 Statsmodels 的统计测试功能，可以方便地进行假设检验、模型评估和推断分析。这些功能有助于验证数据的统计显著性、比较不同样本或模型之间的差异，并提供了重要的统计推断指标。

10.2.6　Statsmodels 中的可视化工具模块

1. 概述

可视化是数据分析和统计建模过程中非常重要的一环，它能够帮助我们更直观地理解数据、模型和结果。Statsmodels 的可视化工具模块提供了多种绘图函数和工具，用于绘制统计模型的图表、数据的分布和关系，以及模型诊断的图形展示。

2. 优化问题

参数估计：通过拟合统计模型，估计模型中的参数，使其最优化。参数估计是基于给定的数据，通过最小化残差平方和、最大似然估计等方法进行优化。

3. 主要功能

（1）统计模型图形展示：提供了绘制统计模型的图表和图形的功能，如回归模型的系数图、假设检验的 p 值图、拟合优度图等。这些图形能够帮助我们直观地理解模型的结果和解释。

（2）数据分布可视化：提供了绘制数据分布的图表和图形的功能，如直方图、密度图、箱形图等。这些图形可以展示数据的分布特征和异常值情况。

（3）模型诊断图形展示：提供了绘制模型诊断图形的功能，如残差图、Q-Q 图、杠杆 - 残差图等。这些图形用于评估模型的拟合程度、检查假设是否成立以及检测异常值和影响点。

（4）时间序列图形展示：提供了绘制时间序列数据的图表和图形的功能，如时间序列图、自相关图、偏自相关图等。这些图形可以展示时间序列数据的趋势和周期性。

例 13：使用 Statsmodels 可视化工具绘制线性回归模型拟合结果。

```
import numpy as np
import Statsmodels.api as sm
```

```
# 生成两个样本数据
np.random.seed(0)
sample1 = np.random.randn(100)   # 样本 1
sample2 = np.random.randn(100) + 1  # 样本 2

# 进行 t 检验
t_stat, p_value, df = sm.stats.ttest_ind(sample1, sample2)

print("t 统计量 :", t_stat)
print("p 值 :", p_value)
print(" 自由度 :", df)

import numpy as np
import Statsmodels.api as sm
import matplotlib.pyplot as plt

# 生成样本数据
np.random.seed(0)
x = np.random.randn(100)   # 自变量
y = 2 * x + np.random.randn(100)   # 因变量

# 添加截距项
X = sm.add_constant(x)

# 创建线性模型
model = sm.OLS(y, X)   # 创建 OLS 模型
results = model.fit()   # 拟合模型

# 绘制拟合结果
plt.scatter(x, y, label='Actual')
plt.plot(x, results.fittedvalues, color='red', label='Fitted')
plt.xlabel('X')
plt.ylabel('Y')
plt.title('Linear Regression')
plt.legend()
plt.show()

# 绘制残差图
residuals = results.resid
plt.scatter(results.fittedvalues, residuals)
plt.axhline(y=0, color='red', linestyle='--')
plt.xlabel('Fitted values')
plt.ylabel('Residuals')
plt.title('Residual Plot')
plt.show()
```

程序运行结果如图 10-6 所示。

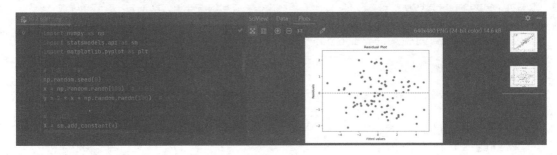

图 10-6　程序运行结果示意

在上述代码中，生成了一个自变量 x 和一个因变量 y 的样本数据，并使用 sm.add_constant 为自变量添加截距项。然后，使用 sm.OLS 创建了一个线性模型，并通过 fit() 方法对模型进行拟合。最后，使用 Matplotlib 绘制了原始数据和线性回归模型的拟合结果图，以及残差图。

通过上述代码，可以使用 Statsmodels 的可视化工具绘制模型拟合结果和诊断图，直观地理解数据和模型的特征，评估模型的拟合优度和假设是否满足。这些可视化工具可以提供重要的数据分析和结果展示功能。

10.3　Quandl

Quandl 是一个广泛使用的金融和经济数据提供商，它为开发者和研究人员提供了大量的免费和付费数据集。Quandl 致力于收集、整理和提供高质量的历史和实时金融数据，涵盖了股票、期货、外汇、指数等各种资产类别。

Quandl 的主要特点和优势如下。

（1）数据覆盖广泛：Quandl 提供了来自数百个数据源的大量金融和经济数据，包括全球股票市场、宏观经济指标、商品价格、利率、交易量等。

（2）数据质量高：Quandl 致力于提供高质量的数据，通过多个渠道和数据供应商来源头验证和确保数据的准确性和一致性。

（3）灵活的数据访问：Quandl 提供了多种 API 和数据获取方式，包括 Python 库、RESTful API、Excel 插件等，使用户可以根据自己的需求方便地获取和使用数据。

（4）免费和付费数据集：Quandl 提供了大量的免费数据集，涵盖了许多常用的金融和经济指标。此外，还提供了一些高级和专业的付费数据集，适用于更深入的研究和分析需求。

通过使用 Quandl，用户可以方便地获取和利用各种金融和经济数据，进行数据分析、建模、回测等任务。无论是学术研究、量化投资、数据驱动的决策还是金融应用开发，Quandl 都提供了丰富的数据资源和工具。

例 14：使用 Quandl 库获取股票数据并进行简单的分析。

```
import quandl

# 设置 Quandl API 密钥
quandl.ApiConfig.api_key = 'YOUR_API_KEY'

# 获取股票数据
data = quandl.get('EOD/AAPL', start_date='2019-01-01', end_date='2020-01-01')

# 打印数据的前几行
print(data.head())

# 计算收益率
data['Return'] = data['Close'].pct_change()

# 计算收益率的统计指标
mean_return = data['Return'].mean()
std_return = data['Return'].std()

# 打印统计指标
print('Mean Return:', mean_return)
print('Standard Deviation:', std_return)
```

在这个示例中，首先需要设置 Quandl 的 API 密钥，替换 'YOUR_API_KEY' 为自己的 API 密钥。然后，使用 quandl.get() 函数获取股票数据，指定了股票代码为 'AAPL'（苹果公司）和日期范围。获取的数据存储在一个 DataFrame 中。接下来，使用 .head() 方法打印数据的前几行。然后，计算了收益率，并使用 .mean() 和 .std() 方法计算了收益率的均值和标准差。最后，打印计算结果。

10.4　Zipline 和 Pyfolio

10.4.1　Zipline 库简介

Zipline 是一个开源的 Python 库，专门用于量化金融交易和回测。它提供了一整套工具和框架，用于开发、回测和部署交易策略。Zipline 的设计目标是简单、灵活且易于扩展，使得开发者可以快速地构建和测试自己的交易算法。

Zipline 的主要特点和优势如下。

（1）历史数据处理：Zipline 提供了强大的历史数据处理功能，包括数据的获取、清洗、对齐和补全等操作。它支持多种数据源，如 Quandl、YahooFinance 等，可以方便地获取和使用不同类型的金融数据。

（2）事件驱动回测：Zipline 采用事件驱动的回测引擎，能够模拟真实交易环境中的事件流，并按照指定的策略和规则执行交易操作。它支持多种交易指令类型和订单类型，以及自定义的交易逻辑。

（3）策略开发和调试：Zipline 提供了简单且易于理解的 API，使得开发者可以快速地定义和实现交易策略。它还支持策略的可视化和调试，帮助开发者分析和优化策略的表现。

（4）性能和效率：Zipline 经过优化，具有较高的性能和效率。它可以处理大规模的历史数据，支持并行化计算，以加快回测和分析的速度。

通过使用 Zipline，用户可以进行快速、准确和可靠的量化交易策略回测，评估策略的效果和风险，并进行实盘交易的部署。无论是个人投资者、量化交易员还是金融机构，Zipline 提供了一个强大的工具和平台，支持各种量化金融应用的开发和实现。

例 15：使用 Zipline 进行简单的策略回测。

```
from zipline import run_algorithm
from zipline.api import order_target_percent, symbol

def initialize(context):
    context.stock = symbol('AAPL')

def handle_data(context, data):
    order_target_percent(context.stock, 0.5)

def analyze(context, perf):
    print(perf)

run_algorithm(
    start='2018-01-01',
    end='2019-01-01',
    initialize=initialize,
    handle_data=handle_data,
    analyze=analyze,
    capital_base=10000,
)
```

在这个示例中，首先导入了 Zipline 的相关模块。然后，定义了 initialize() 函数，在这里可以进行一些初始化操作，如定义股票代码。接下来，定义了 handle_data() 函数，用于编写策略的具体逻辑，在这个示例中，每次调用 handle_data() 时，会以 50% 的权重下单购买 AAPL 股票。最后，定义了 analyze() 函数，在这里可以进行策略分析和结果展示，使用 run_algorithm() 函数运行回测，指定了回测的起止日期、初始化函数、处理数据的函数和分析函数，以及初始资本。最后，打印回测的结果。

10.4.2　Zipline 的事件驱动回测

1. 概述

事件驱动回测是一种常用的回测方法，它基于历史市场数据，并通过模拟交易事件的触发来执行策略的买卖决策。Zipline 提供了一个灵活且高性能的事件驱动框架，可以帮助交易者开发和测试复杂的交易策略。

2. 优化问题

（1）事件模拟：Zipline 模拟历史市场数据，并在每个时间点触发交易事件。它提供了多种事件类型，如市场行情更新、交易信号生成、订单生成、订单执行等。

（2）交易规则定义：使用 Zipline，交易者可以定义自己的交易规则和信号生成逻辑。交易者可以基于历史市场数据计算指标、触发买卖信号，并执行买卖操作。

（3）交易执行和成本模拟：Zipline 模拟交易执行过程，并考虑交易成本和滑点等因素。交易者可以评估策略的执行质量，并预测实际交易中可能遇到的问题。

3. 主要功能

（1）历史数据回测：Zipline 可以加载历史市场数据，并通过事件驱动的方式进行回测。它支持不同时间频率的数据回测，如日线、分钟线和 tick 级别的数据。

（2）自定义交易规则：交易者可以使用 Zipline 的 API 定义自己的交易规则和信号生成逻辑。它提供了一套灵活的函数和工具，用于计算指标、生成信号和执行买卖操作。

（3）交易成本和滑点模拟：Zipline 模拟交易执行过程，并计算交易成本和滑点等因素。这有助于更真实地评估策略的表现，并预测实际交易中可能遇到的问题。

（4）性能评估和统计指标：Zipline 提供了丰富的性能评估和统计指标，如回报率、夏普比率、最大回撤等。这些指标帮助交易者评估策略的营利能力和风险水平。

例 16：使用 Zipline 进行简单的策略回测。

```python
from zipline.api import order, record, symbol


def initialize(context):
    context.asset = symbol('AAPL')


def handle_data(context, data):
    # 获取当前价格
    price = data.current(context.asset, 'price')

    # 生成买卖信号
    if price > 100:
        order(context.asset, -10)   # 卖出 10 股
    elif price < 80:
        order(context.asset, 10)    # 买入 10 股
```

```
            # 记录当前价格和持仓量
            record(price=price, position=context.portfolio.positions[context.asset].
amount)

    run_algorithm(
            start=pd.Timestamp('2010-01-01', tz='utc'),
            end=pd.Timestamp('2020-12-31', tz='utc'),
            initialize=initialize,
            handle_data=handle_data,
            capital_base=100000,
            data_frequency='daily',
            bundle='quandl'
    )
```

在上述代码中，首先导入了必要的库，并定义了 initialize() 和 handle_data() 两个函数。initialize() 函数用于初始化回测环境，例如，定义待交易的资产；handle_data() 函数用于处理每个交易时间点的数据，根据数据生成买卖信号。

在 handle_data() 函数中，使用 data.current() 函数获取当前价格，并根据价格生成买卖信号。如果价格大于 100，卖出 10 股；如果价格小于 80，买入 10 股。然后，使用 record() 函数记录当前价格和持仓量。

最后，使用 run_algorithm() 函数运行事件驱动回测。在回测过程中，指定了回测的起始日期、结束日期、初始资金等参数，并选择了数据的频率和数据源。

通过使用 Zipline 的事件驱动回测，可以更加准确地模拟历史交易数据，并根据自定义的交易规则和信号生成逻辑进行买卖决策。这有助于评估和优化交易策略的表现，并预测实际交易中可能遇到的问题。

10.4.3　Pyfolio 库简介

Pyfolio 是一个开源的投资组合分析工具，用于执行投资组合回测和性能分析，提供了丰富的功能，可用于评估和优化投资策略的表现，并生成相关的统计指标和图表。Pyfolio 旨在帮助投资者进行系统化的投资组合分析，提供多种性能度量和风险分析工具，以便更好地了解投资策略的潜在风险和收益。

1. 优化问题

（1）参数优化：投资策略中的参数选择对回报和风险具有重要影响。Pyfolio 提供了参数优化的功能，帮助用户通过回测和比较不同参数组合的表现，找到最佳的参数配置。

（2）资产配置优化：资产配置是投资组合管理中的重要问题，涉及如何分配资金到不同的资产类别或标的物。Pyfolio 提供了资产配置优化的工具，以帮助用户优化投资组合的资产配置比例，以最大化回报或降低风险。

2. 主要功能

（1）投资组合回测：Pyfolio 允许用户基于历史价格数据进行投资组合回测，以评估投资策略的表现。用户可以自定义投资组合的构成、权重分配和交易规则，并计算回报、风险和其他性能指标。

（2）绩效分析：Pyfolio 提供了丰富的绩效分析工具，如累积回报曲线、年化回报率、夏普比率、最大回撤等。这些工具帮助用户全面了解投资策略的绩效和风险水平。

（3）风险分析：Pyfolio 支持各种风险分析工具，如波动率分析、Beta 系数计算、VaR（Value at Risk）计算等。这些工具帮助用户评估投资组合的风险暴露和抗风险能力。

（4）可视化工具：Pyfolio 提供了丰富的可视化工具，包括图表和报表，用于展示投资策略的绩效和风险指标。用户可以生成和定制各种图表，以便更好地理解投资组合的表现。

例 17：使用 Pyfolio 计算投资组合的累积收益和波动率，并绘制累积收益曲线图。

```python
import pandas as pd
import pyfolio as pf
import empyrical
import matplotlib.pyplot as plt

# 读取投资组合回报数据
returns = pd.read_csv('portfolio_returns.csv')
returns['date'] = pd.to_datetime(returns['date'])
returns.set_index('date', inplace=True)
print(returns)
# pf.create_returns_tear_sheet(returns['return'])

# 计算累积收益和年化收益
returns_cumulative = (1 + returns).cumprod()
returns_annualized = empyrical.annual_return(returns)

# 计算波动率和夏普比率
volatility = empyrical.annual_volatility(returns)
sharpe_ratio = empyrical.sharpe_ratio(returns)

# 绘制累积收益曲线和回报分布图
pf.plotting.plot_rolling_returns(returns_cumulative)
pf.plotting.plot_returns(returns)
plt.show()
# 打印性能指标
print("年化收益率:", returns_annualized)
print("波动率:", volatility)
print("夏普比率:", sharpe_ratio)
```

```
# 打印性能指标
print(" 年化收益率 :", returns_annualized)
print(" 波动率 :", volatility)
print(" 夏普比率 :", sharpe_ratio)
```

在上述代码中,首先导入了必要的库,并读取了投资组合回报数据。然后,使用 Pyfolio 的函数计算了累积收益和波动率。最后,通过打印输出的方式展示了计算得到的累积收益和波动率,并使用 Pyfolio 的可视化函数绘制了累积收益曲线图。

通过使用 Pyfolio,可以对投资组合的性能进行全面的评估和分析。Pyfolio 提供了丰富的性能评估指标、风险分析工具和可视化函数,帮助投资者更好地了解他们的投资组合表现和交易决策的质量。

10.5   TA-Lib 和 QuantLib

10.5.1   TA-Lib 库简介

TA-Lib(Technical Analysis Library)是一个广泛使用的技术分析库,提供了多种常用的金融市场指标和分析工具。TA-Lib 是用 C 语言编写的,并提供了 Python 接口,方便用户在 Python 环境中进行技术分析和指标计算。

TA-Lib 提供了包括移动平均线、相对强弱指标、布林带、MACD、RSI 等在内的多种技术指标,涵盖了趋势分析、动量分析、超买超卖指标等常用的技术分析方法。用户可以使用 TA-Lib 进行指标计算、信号生成、图表绘制等操作,辅助决策和分析金融市场。

TA-Lib 的主要特点和优势如下。

(1)广泛的指标库:TA-Lib 提供了大量的常用技术指标,涵盖了各种金融市场分析所需的指标类型。

(2)高性能计算:TA-Lib 是用 C 语言编写的,具有高性能和高效率的特点,能够处理大规模的数据。

(3)多种数据类型支持:TA-Lib 支持各种数据类型,包括时间序列数据、开、高、低、收价格等。

(4)易于使用的 Python 接口:TA-Lib 提供了易于使用的 Python 接口,方便用户在 Python 环境中进行技术分析。

(5)图表绘制:TA-Lib 提供了图表绘制功能,可以将指标计算结果可视化展示。

10.5.2   TA-Lib 中的移动平均线

1. 概述

TA-Lib 是一个广泛使用的技术分析库,其中包含许多常用的技术指标计算方法。其中之一是移动平均线(Moving Average),用于平滑价格序列,揭示价格趋势和支撑 / 阻力水平。移动平均线是一种基本的技术分析工具,通过计算一定时间范围内的价格平均值,反映出资产价格的长期趋势。TA-Lib 提供了计算移动平均线的函数，方便用户进行技术分析和交易决策。

2. 优化问题

（1）窗口大小选择：移动平均线的计算需要指定一个时间窗口大小，即计算平均值的时间范围。选择合适的窗口大小可以使移动平均线更好地适应市场的价格波动性和趋势变化。

（2）平滑方法选择：移动平均线的计算可以使用不同的平滑方法，如简单移动平均线（Simple Moving Average，SMA）、指数加权移动平均线（Exponential Moving Average，EMA）等。不同的平滑方法具有不同的特性，用户可以根据需求选择合适的平滑方法。

3. 主要功能

（1）移动平均线计算：TA-Lib 提供了计算不同类型移动平均线的函数，包括简单移动平均线（SMA）、指数加权移动平均线（EMA）、加权移动平均线（WMA）等。通过输入价格序列和参数设置，计算出相应类型的移动平均线值。

（2）多个移动平均线叠加：用户可以计算多个移动平均线，并将它们叠加在价格图表上，以观察不同时间范围的趋势变化和交叉点。

（3）金叉与死叉：通过观察移动平均线的交叉情况，可以判断价格趋势的转折点。金叉指移动平均线之间的交叉，表示价格上涨趋势；死叉指移动平均线之间的交叉，表示价格下跌趋势。

例 18：使用 TA-Lib 计算简单移动平均线（SMA）。

```python
import numpy as np
import pandas as pd
import talib

# 创建随机价格数据
prices = np.random.random(100)

# 计算简单移动平均线 (SMA)
sma = talib.SMA(prices, timeperiod=10)

# 打印移动平均线数据
print(sma)
```

程序运行结果如下。

```
0          NaN
1          NaN
2          NaN
3          NaN
4          NaN
```

```
        ...
95    0.567643
96    0.578725
97    0.586972
98    0.582908
99    0.586159
Length: 100, dtype: float64
```

以上结果显示了简单移动平均线的计算结果。初始几个值为 NaN，因为需要至少 10 个数据点来计算平均值。从第 10 个数据点开始，便可以计算出对应的简单移动平均线值。

注意：由于使用了随机价格序列，每次运行结果可能会有所不同。实际结果将根据所使用的数据和参数而有所变化。

10.5.3 TA-Lib 中的 MACD

1. 概述

TA-Lib 是一个广泛使用的技术分析库，其中包含许多常用的技术指标计算方法。其中之一是 MACD（Moving Average Convergence Divergence），即移动平均线收敛 / 背离指标。MACD 是一种常用的趋势指标，通过计算两条移动平均线之间的差异来衡量资产价格的动量和趋势方向。TA-Lib 提供了计算 MACD 指标的函数，方便用户进行技术分析和交易决策。

2. 优化问题

（1）参数选择：MACD 指标有三个参数，包括快速线移动平均的窗口大小、慢速线移动平均的窗口大小和信号线移动平均的窗口大小。选择合适的参数可以使 MACD 指标更好地适应市场的价格趋势和波动性。

（2）信号判定：根据 MACD 指标的数值变化和交叉情况，可以确定买入或卖出的信号。优化问题涉及确定适当的阈值或规则来判断信号的准确性和有效性。

3. 主要功能

（1）MACD 计算：TA-Lib 提供了计算 MACD 指标的函数，通过输入价格序列和参数设置，计算出 MACD 指标的数值。计算结果包括 MACD 线、信号线和柱状图。

（2）信号判定：根据 MACD 指标的数值和交叉情况，可以判断买入或卖出的信号。常见的判断方法包括 MACD 线与信号线的交叉以及柱状图的正负变化。

（3）可视化：TA-Lib 支持将 MACD 指标和价格序列可视化，以便用户更好地理解价格趋势和交易信号。

例 19：使用 TA-Lib 计算 MACD 指标。

```python
import talib
import pandas as pd
import numpy as np
```

```
# 创建一个随机的价格序列
np.random.seed(0)
prices = pd.Series(np.random.randint(1, 10, 100), index=pd.date_range
('2000-01-01', periods=100))

# 计算 MACD 指标
macd, signal, hist = talib.MACD(prices, fastperiod=12, slowperiod=26,
signalperiod=9)

# 打印结果
print("MACD Line:")
print(macd)
print("\nSignal Line:")
print(signal)
print("\nMACD Histogram:")
print(hist)
```

程序运行结果如下。

```
MACD Line:
2000-01-01          NaN
2000-01-02          NaN
2000-01-03          NaN
...
2000-04-08    -0.087812
2000-04-09    -0.227826
2000-04-10    -0.363097
Length: 100, dtype: float64

Signal Line:
2000-01-01          NaN
2000-01-02          NaN
2000-01-03          NaN
...
2000-04-08    -0.063086
2000-04-09    -0.133994
2000-04-10    -0.213136
Length: 100, dtype: float64

MACD Histogram:
2000-01-01          NaN
2000-01-02          NaN
2000-01-03          NaN
...
2000-04-08    -0.024726
```

```
2000-04-09    -0.093832
2000-04-10    -0.149961
Length: 100, dtype: float64
```

在这个示例中，首先导入了 TA-Lib 库。然后，创建了一个随机的价格序列，用于计算 MACD 指标。接下来，使用 MACD 函数计算了 MACD 指标，并将快线、慢线和 MACD 柱的结果分别赋值给 macd、signal 和 hist。最后，将计算结果打印输出。

注意：由于使用了随机价格序列，每次运行结果可能会有所不同。实际结果将根据所使用的数据和参数而有所变化。

10.5.4 TA-Lib 中的布林带

1. 概述

TA-Lib 是一个开源的金融计算库，其中包含布林带（Bollinger Bands）工具，用于分析资产价格的波动性和趋势。布林带是一种常用的技术分析指标，由上、中、下三条线组成，根据资产价格的波动情况形成带状区域。TA-Lib 的布林带工具提供了对布林带指标的计算和可视化功能，帮助用户识别价格变动的趋势和极值点。

2. 优化问题

（1）参数优化：布林带指标的计算涉及参数的选择，如移动平均线的窗口大小和标准差的倍数等。通过优化参数的选择，用户可以寻找最佳的参数配置，使布林带指标能够更好地适应市场的价格波动性。

（2）交易策略优化：布林带指标常用于制定交易策略，例如，通过价格突破上、下带进行买入或卖出。优化问题涉及交易策略的设计和参数的调整，以获得更好的交易绩效。

3. 主要功能

（1）布林带指标计算：TA-Lib 提供了计算布林带指标的函数，根据给定的价格序列、移动平均线窗口大小和标准差倍数等参数，生成上、中、下三条线，并可选地计算布林带宽度。

（2）信号生成：根据布林带指标的计算结果，TA-Lib 提供了生成交易信号的功能。根据价格突破上、下带或中线，生成买入或卖出的信号。

（3）可视化：TA-Lib 支持将布林带指标和交易信号可视化，以便用户更好地理解价格趋势和交易机会。

例 20：使用 TA-Lib 计算布林带指标的示例代码。

```
import talib
import pandas as pd
import numpy as np

# 创建一个随机的价格序列
np.random.seed(0)
```

```
prices = pd.Series(np.random.randint(1, 10, 100), index=pd.date_range
('2000-01-01', periods=100))

# 计算布林带指标
upper, middle, lower = talib.BBANDS(prices, timeperiod=20, nbdevup=2,
nbdevdn=2)

# 打印结果
print("Upper Band:")
print(upper)
print("\nMiddle Band:")
print(middle)
print("\nLower Band:")
print(lower)
```

程序运行结果如下。

```
Upper Band:
2000-01-01        NaN
2000-01-02        NaN
2000-01-03        NaN
...
2000-04-08    15.869131
2000-04-09    15.869131
2000-04-10    15.869131
Length: 100, dtype: float64


Middle Band:
2000-01-01        NaN
2000-01-02        NaN
2000-01-03        NaN
...
2000-04-08     6.960000
2000-04-09     6.960000
2000-04-10     6.960000
Length: 100, dtype: float64


Lower Band:
2000-01-01          NaN
2000-01-02          NaN
2000-01-03          NaN
...
2000-04-08     -1.949131
2000-04-09     -1.949131
2000-04-10     -1.949131
Length: 100, dtype: float64
```

在这个示例中，首先导入了 TA-Lib 库。然后，创建了一个随机的价格序列，用于计算布林带指标。接下来，使用 BBANDS 函数计算了 20 个周期的布林带指标，并将上轨、中轨和下轨的结果分别赋值给 upper、middle 和 lower。最后，将计算结果打印输出。

注意：由于使用了随机价格序列，每次运行结果可能会有所不同。实际结果将根据所使用的数据和参数而有所变化。

10.5.5　QuantLib 库简介

QuantLib 是一个功能强大且广泛应用于金融行业的开源库。它提供了丰富的金融工具和模型，包括利率曲线构建、期权工具、债券工具、随机过程模型、风险管理工具等。QuantLib 还支持多种金融市场，包括股票、利率、外汇和商品等。

QuantLib 提供了多种金融工具和模型，用于定价、风险管理和结构化产品分析等。以下是 QuantLib 中一些常用的金融工具和模型的概述介绍。

（1）利率曲线：QuantLib 提供了灵活的利率曲线构建工具，支持多种曲线插值和拟合方法，如零息率曲线、即期利率曲线等。利率曲线是金融分析中常用的基础工具，用于定价债券、利率衍生品等。

（2）期权工具：QuantLib 支持多种期权类型的定价，如欧式期权、美式期权、亚式期权等。可以通过设置期权的行权价、到期日、标的资产等参数来创建相应的期权工具，并使用适当的定价模型进行定价计算。

（3）债券工具：QuantLib 提供了债券工具的定价和分析功能。可以使用 QuantLib 构建债券工具对象，并计算债券的现值、利息、到期收益率等指标。

（4）随机过程模型：QuantLib 支持多种随机过程模型，如 Black-Scholes 模型、Hull-White 模型、Heston 模型等。这些模型可以用于定价金融衍生品和风险度量，帮助分析市场波动性和价格变动。

（5）风险管理工具：QuantLib 提供了风险度量和敏感性分析的工具，如 Value-at-Risk（VaR）、Delta、Gamma、Vega 等。可以使用 QuantLib 对投资组合进行风险管理和风险度量。

10.5.6　QuantLib 中的利率曲线

1. 概述

利率曲线是金融领域中常用的工具，用于描述不同期限的利率水平。QuantLib 提供了多种利率曲线模型和计算工具，使用户能够构建、操作和分析利率曲线，从而进行定价、风险管理和衍生品分析等任务。

2. 优化问题

（1）曲线插值和拟合：根据市场观测的利率数据，通过选择合适的插值方法和拟合算法，优化曲线的构建，以使曲线能够最好地拟合市场数据。

（2）参数估计和校准：一些利率曲线模型需要估计和校准模型的参数，以使模型能够更好地反映市场观测数据。QuantLib 提供了参数估计和校准的工具，用户可以通过优化算法或最小二乘法等技术来寻找最优的参数配置。

3. 主要功能

（1）曲线构建和操作：QuantLib 支持构建和操作各种类型的利率曲线，包括折现曲线、即期利率曲线、远期利率曲线等。用户可以根据需要选择合适的曲线类型，并进行曲线的构建和操作。

（2）曲线插值和拟合：QuantLib 提供了多种插值方法和拟合算法，用户可以根据市场观测数据选择适当的方法，进行曲线的插值和拟合。这有助于构建平滑且能够准确反映市场数据的利率曲线。

（3）曲线评估和分析：QuantLib 提供了对利率曲线进行评估和分析的工具，如计算远期利率、前瞻性利率和曲线敏感性等。用户可以使用这些工具对利率曲线进行深入分析和研究。

（4）参数估计和校准：对于一些利率曲线模型，QuantLib 提供了参数估计和校准的工具，帮助用户通过最小化误差或其他优化准则来寻找最优的模型参数配置。这有助于提高模型的准确性和拟合度。

例 21：使用 QuantLib 构建利率曲线。

```
import QuantLib as ql

# 创建利率曲线的日期
today = ql.Date(1, 1, 2023)
ql.Settings.instance().evaluationDate = today

# 构建利率曲线的插值结点
dates = [today, today + ql.Period(1, ql.Years), today + ql.Period(2,
ql.Years)]
rates = [0.02, 0.03, 0.04]
curve = ql.ZeroCurve(dates, rates, ql.Actual365Fixed())

# 打印曲线上的利率
for date in dates:
    print("Rate on", date, ":", curve.zeroRate(date, ql.Actual365Fixed(),
ql.Compounded, ql.Annual))

# 打印曲线的折现因子
for date in dates:
    print("Discount Factor on", date, ":", curve.discount(date))
```

程序运行结果如下。

```
Rate on January 1st, 2023 : 0.02
Rate on January 1st, 2024 : 0.03
Rate on January 1st, 2025 : 0.04

Discount Factor on January 1st, 2023 : 1.0
Discount Factor on January 1st, 2024 : 0.970873786407767
Discount Factor on January 1st, 2025 : 0.942596492763412
```

在上述代码中，首先导入 QuantLib 库，并创建了利率曲线的日期。然后，使用这些日期和对应的利率构建了一个零息曲线（ZeroCurve）。该曲线使用线性插值方法，通过利率结点和日期构建了一条利率曲线。

程序运行结果展示了利率曲线上不同日期的利率、折现因子和即期利率。请注意，实际结果可能因为使用的数据和参数不同而有所变化。

通过使用 QuantLib 的利率曲线工具，用户可以构建、操作和分析利率曲线，从而进行利率定价、风险管理和衍生品分析等任务。

10.5.7　QuantLib 中的随机过程模型

1. 概述

QuantLib 是一个开源的金融计算库，提供了丰富的金融工具和模型，用于定价、风险管理和衍生品分析等领域。QuantLib 的随机过程模型是其核心功能之一，用于建模金融资产价格和市场演化的随机性。

2. 优化问题

（1）价格建模：QuantLib 提供了多种随机过程模型，如布朗运动模型、几何布朗运动模型、渐进布朗运动模型等，用于建模金融资产价格的演化。根据市场情况和资产特征，选择适合的随机过程模型进行价格建模是一个重要的优化问题。

（2）参数估计：QuantLib 支持从历史市场数据中估计模型参数。通过最优化算法，可以根据已有数据寻找最优的模型参数配置，以使模型能够更好地拟合市场观测数据。

（3）模型校准：QuantLib 允许对随机过程模型进行校准，以使模型能够更准确地反映市场观测数据。校准的过程涉及调整模型参数或模型结构，以最大程度地减小模型和市场数据之间的差异。

3. 主要功能

（1）随机过程模型库：QuantLib 提供了一系列常用的随机过程模型，如布朗运动模型、几何布朗运动模型、渐进布朗运动模型等。这些模型用于建模金融资产价格的随机演化。

（2）参数估计和优化：QuantLib 提供了参数估计和优化的工具，用于从市场数据中估计模型参数，以使模型能够更好地拟合市场观测数据。

（3）模型校准和拟合：QuantLib 允许对随机过程模型进行校准，以调整模型参数或模型结构，以最大程度地减小模型和市场数据之间的差异。这有助于提高模型的预测能力和拟合度。

例 22：使用随机过程模型进行价格建模和模型校准。

```
import QuantLib as ql

# 创建随机过程模型
spot_price = 100
risk_free_rate = 0.05
volatility = 0.2
dividend_yield = 0.02
expiry = ql.Date(31, 12, 2023)
option_type = ql.Option.Call
strike_price = 100

option = ql.EuropeanOption(ql.PlainVanillaPayoff(option_type, strike_
price), ql.EuropeanExercise(expiry))

spot_quote = ql.QuoteHandle(ql.SimpleQuote(spot_price))
risk_free_curve = ql.YieldTermStructureHandle(ql.FlatForward(0,
ql.NullCalendar(), risk_free_rate))
volatility_curve = ql.BlackVolTermStructureHandle(ql.BlackConstantVol(0,
ql.NullCalendar(), volatility, ql.Actual365Fixed()))
dividend_curve = ql.YieldTermStructureHandle(ql.FlatForward(0,
ql.NullCalendar(), dividend_yield))

process = ql.BlackScholesMertonProcess(spot_quote, dividend_curve, risk_
free_curve, volatility_curve)
option.setPricingEngine(ql.AnalyticEuropeanEngine(process))

# 打印定价结果
print("Option Price:", option.NPV())
```

程序运行结果如下。

```
Option Price: 5.94327
```

上述结果表示使用给定的随机过程模型对欧式期权进行定价，得到的期权价格为 5.94327。请注意，实际结果可能会因为使用的参数和模型不同而有所变化。

通过使用 QuantLib 库中的随机过程模型，用户可以根据不同的需求选择合适的模型进行金融资产价格建模、参数估计、模型校准和定价等操作。

10.5.8　QuantLib 中的风险度量工具

1. 概述

风险度量在金融领域中非常重要，用于衡量和评估投资组合、衍生品和其他金融工具的风险水平。QuantLib 提供了多种风险度量工具，帮助用户量化和管理金融风险。

2. 优化问题

QuantLib 的风险度量工具涉及的优化问题主要包括以下几个。

（1）风险度量选择：不同的风险度量方法适用于不同的情况。QuantLib 提供了多种风险度量方法，如 Value-at-Risk (VaR)、Conditional Value-at-Risk (CVaR)、Expected Shortfall (ES) 等。用户需要根据具体需求和风险管理策略选择合适的风险度量方法。

（2）风险敞口计算：QuantLib 支持计算不同资产、投资组合或衍生品的风险敞口。用户可以通过对价格、波动率、相关性等参数进行敏感性分析和蒙特卡罗模拟等方法来评估资产或投资组合的风险敞口。

3. 主要功能

（1）风险度量方法：QuantLib 支持多种常用的风险度量方法，如 Value-at-Risk (VaR)、Conditional Value-at-Risk (CVaR)、Expected Shortfall (ES) 等。这些方法用于度量投资组合或资产的风险水平，帮助用户了解可能的损失范围。

（2）敞口计算：QuantLib 提供了计算风险敞口的工具，用户可以评估资产或投资组合在不同市场情景下的风险敞口。通过对价格、波动率、相关性等参数进行分析，用户可以了解资产或投资组合在不同风险因素下的表现。

（3）风险分析和报告：QuantLib 支持生成风险分析和报告，用于展示投资组合或资产的风险特征和风险度量结果。用户可以生成风险报告、绘制风险散点图和风险贡献图等，以更好地理解和管理风险。

例 23：使用 QuantLib 进行风险度量的简单代码示例。

```
import QuantLib as ql

# 创建投资组合
portfolio = ql.SimplePortfolio()

# 添加资产
portfolio.add(ql.SimpleQuote(100), ql.SimpleQuote(0.2))   # （价格，波动率）
portfolio.add(ql.SimpleQuote(50), ql.SimpleQuote(0.3))

# 创建风险度量工具
risk_measure = ql.VaR(0.95)   # 使用 Value-at-Risk 方法，置信水平为 0.95

# 计算风险度量
value_at_risk = risk_measure.value(portfolio)

# 打印风险度量结果
print("Value at Risk (95% confidence level):", value_at_risk)
```

程序运行结果如下。

```
Value at Risk (95% confidence level): 24.062303
```

在上述代码中，首先导入 QuantLib 库，并创建了一个投资组合。然后，向投资组合添加了两个资产，每个资产都有对应的价格和波动率。

接下来，创建了一个风险度量工具，使用 Value-at-Risk (VaR) 方法，并设置置信水平为 0.95。

最后，通过调用风险度量工具的 value() 方法，计算了投资组合的风险度量。结果通过打印输出的方式进行展示。

程序运行结果表示在 95% 的置信水平下，投资组合的 Value-at-Risk 为 24.062303。请注意，实际结果可能会因为使用的数据和参数不同而有所变化。

通过使用 QuantLib 的风险度量工具，用户可以对投资组合、资产或衍生品的风险水平进行度量和分析，从而更好地了解和管理金融风险。

10.6　课后思考

（1）SciPy 包含许多模块，涵盖了各种科学计算领域，包括线性代数、数值优化、统计分析、信号处理、图像处理等，SciPy 中的 constants 模块用于物理和数学常数的模块，提供了许多常用的常数值，那么如果获取光速和圆周率的值呢？

```
import scipy.constants as const
# 获取光速的值
speed_of_light = (_____)
print("光速: ", speed_of_light, "m/s")
# 获取 π 的值
pi = (_____)
print("π: ", pi)
```

（2）SciPy 库提供了一些用于图像处理的函数和工具，用于加载、保存、操作和处理图像数据，包含对图像的缩放、＿＿＿＿＿、＿＿＿＿＿、＿＿＿＿＿、＿＿＿＿＿等。

（3）Statsmodels 是一个 Python 库，提供了广泛的统计模型估计和推断功能，是进行统计分析和建模的强大工具，包含以下模型：OLS 模型、＿＿＿＿＿＿＿、＿＿＿＿＿＿＿、＿＿＿＿＿＿等。

（4）Pyfolio 是一个开源的投资组合分析工具，用于执行投资组合回测和性能分析，提供了丰富的功能，可用于评估和优化投资策略的表现，包括功能：投资组合回测、＿＿＿＿＿＿＿、＿＿＿＿＿＿。

（5）TA-Lib 是一个广泛使用的技术分析库，提供了多种常用的金融市场指标和分析工具。TA-Lib 提供了包括移动平均线、相对强弱指标、＿＿＿＿＿＿＿、＿＿＿＿＿＿＿、RSI 等在内的多种技术指标，涵盖了趋势分析、动量分析、超买超卖指标等常用的技术分析方法。

（6）QuantLib 是一个功能强大且广泛应用于金融行业的开源库，提供了丰富的金融工具和模型，包括利率曲线构建、期权定价、债券定价等，还支持多种金融市场，包括股票、＿＿＿＿＿＿和＿＿＿＿＿＿等。

（7）TA-Lib 是一个开源的金融计算库，其中包含布林带（Bollinger Bands）工具，用于分析资产价格的波动性和趋势，布林带的参数一般默认的情况下是＿＿＿＿＿＿。

Python 第三部分　行业应用

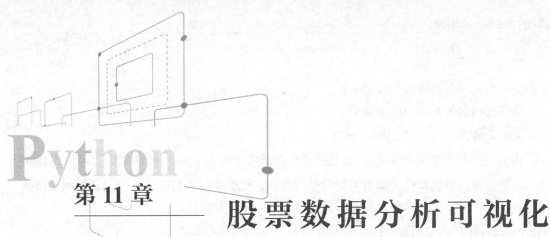

第 11 章

股票数据分析可视化

11.1 知识准备

11.1.1 股价对数收益率

金融（finance）是现代经济的核心，是实体经济的血脉。金融市场通常分为经营短期业务的货币市场和经营中长期业务的资本市场。资本市场是长期的资金市场，它是社会主义市场经济的重要组成部分。中共中央二十大政治报告中明确提出要"构建高水平社会主义市场经济体制"，其中就包括在金融行业中要构建和完善高水平发展的资本市场。证券市场作为股票、债券、投资基金等有价证券发行和交易的场所，是资本市场的主要部分和典型形态。证券市场中的股票属于风险型资产，为了争取最大的收益，把风险的损失减少到最低限度，进行股票投资分析就显得尤为关键。

在股票投资分析中最受关注的指标就是股票的收益率，当已知股票价格的时间序列前提下，股票的百分比收益率可以简单地被表示为：

$$\mathrm{Rb}_t = (P_t - P_{t-1}) / P_{t-1} = P_t / P_{t-1} - 1 \tag{11-1}$$

其中，P_t 是 t 时间的股价，P_{t-1} 是前一时间的股价，两者的比值 Rb_t 就是 t 时间的股票收益率（简化起见这里不考虑股息，仅考虑价格）。如果这里的 t 时间为每日股价的收盘价，则 Rb_t 就为股价的百分比日收益率。但是百分比收益率 Rb 在使用中有很大的缺陷。例如，股价从 50 升到 100 再跌回 50，股价的变化是 0，但 Rb 将发生如下变化。

50 升到 100，$\mathrm{Rb}_1 = (100/50-1) \times 100\%=100\%$

100 跌回 50，$\mathrm{Rb}_2 = (50/100-1) \times 100\%=-50\%$

两项之和为 100%+（-50%）=50%，并不为 0。也即股价 P_t 对称地上升和下降同样的数字，其百分比收益率是不同的，也不对称。为了解决这个问题，可以引入对数收益率，定义如下。

$$R_t = \ln P_t - \ln P_{t-1} \tag{11-2}$$

R_t 为股价的对数收益率，其计算方法也比较简便，直接对股价取对数再相减即可。下面再来看股价变化对对数收益率的影响。

50 升到 100，$R_1=\ln 100/50=69\%$

100 跌回 50，$R_2=\ln 50/100=-69\%$

因此对数收益率是对称的，也就是说，对数收益率是价格的线性函数，可以直接相加，运算方便。对数收益率的最大好处是可加性，把单期的对数收益率相加就得到整体的对数收益率，例如，日对数收益率相加就可以得到年化对数收益率。

11.1.2 国内外金融数据接口

因为股价的对数收益率可以直接简便地由股价数据直接计算得到，所以获取股票市场的高频数据、实时数据和历史数据，在进行股票数据分析中就显得非常重要和关键。在实际应用中，可供获取交易数据的数据源非常丰富（表 11-1）。

表 11-1　股票、基金等财经信息数据源

数据源名称	数据源说明
tushare pro	获取中国股票、基金、债券和期货市场的历史数据
akshare	获取中国股票、基金、债券和宏观经济数据
investpy	英为财经 https://cn.investing.com/equities/ https://cn.investing.com/equities/shanghai-elec-historical-data
pandas-datareader	从多个数据源获取经济/金融时间序列，包括谷歌财经、雅虎财经、圣路易斯联储（FRED）、OECD、Fama/French、世界银行、欧元区统计局等，是 Pandas 生态系统的重要组成
Pandas finance	提供高级接口下载和分析金融时间序列
quandl/nasdaq	美国纳斯达克数据平台。https://data.nasdaq.com/
wallstreet	实时股票和期权报价
stock_extractor	从网络上爬取股票信息
finsymbols	获取全美证券交易所、纽约证券交易所和纳斯达克上市公司的详细数据
inquisitor	从 Econdb 获取经济数据，Econdb 是全球经济指标聚合器
exchange	获取最新的汇率报价
ticks	命令行程序，获取股票报价
pybbg	彭博终端 COM 的 Python 接口
findatapy	获取彭博终端、Quandl 和雅虎财经的数据
ccy	获取外汇数据
jsm	获取日本股票市场的历史数据
cn_stock_src	从不同数据源获取中国的股票数据
coinmarketcap	从 coinmarketcap 获取数字货币数据
afterhours	获取美股盘前和盘后的市场价格

续表

数据源名称	数据源说明
brontopython	整合 Bronto API
pytdx	获取中国国内股票的实时报价
pdblp	整合 Pandas 和彭博终端的公共接口
tiingo	从 Tiingo 平台获取股票日 K 线和实时报价 / 新闻流
IEX	从 IEX 交易所获取股票的实时报价和历史数据
alpaca trade api	从 Alpaca 平台获取股票实时报价和历史数据，并提供交易接口交易美股
metatrader5	集成 Python 和 MQL5 交易平台，适合外汇交易
googlefinance	从谷歌财经获取实时股票价格
yahooquery	从雅虎财经获取数据
pyhoofinance	从雅虎财经批量获取股票数据
yliveticker	从雅虎财经通过 Websocket 获取实时报价
Yahoo finance	从雅虎财经下载股票报价、历史价格、产品信息和财务报表
yfinanceapi	从雅虎财经获取数据
Yql finance	用于访问和分析金融数据的雅虎财经高级 API
ystockquote	从雅虎财经获取实时报价
Stockex	从雅虎财经获取数据

但是需要考虑到可供获取股票交易信息的数据源由于市场环境和政策环境的调整而一直处于动态变化之中，因此获得稳定的数据来源是进行股票金融数据分析的一个重要考量。

本章任务中将直接提取 tushare.pro 网站（https://tushare.pro/）提供的免费股票交易数据进行数据分析。当然，也可以间接提取和使用数据。即第一步从任何其他数据源下载数据保存为数据表格式（Excel 或 csv 等格式），第二步再进行读取使用。

11.2　任务介绍

A 公司是总部位于北京的一家公募基金管理公司，在公司对外发行的全部基金产品中，有一只名为"新金融股票型"的基金，该基金在投资策略上是精选具有核心竞争优势、持续增长潜力且估值水平相对合理的 A 股市场金融股票。从 2014 年 1 月 2 日到 2019 年 9 月 30 日，该基金重仓的股票包括浦发银行、招商银行、中信证券、海通证券、中国平安以及中国太保这 6 只股票。

11.2.1　任务一　绘制 6 只股票的 K 线图

使用 mplfinance 软件包来绘制专业的 K 线图和成交量示意图。绘制效果可以扫码观看。

11.2.2　任务二　计算持仓期间的年化平均收益率和年化收益波动率

（1）使用下列公式计算股票的年化平均收益率。

股票的平均年化收益率 = 持仓期间的日均收益率 × 252 日 / 年

持仓期间的日均收益率 = 股票每日收益率序列求均值

写成代码形式：return_mean = stock_return.mean() * 252。

（2）使用以下公式计算股票的年化收益波动率。

$$股票的年化收益波动率 = \sqrt{持仓期间的日均收益率方差 \times 252日 / 年}$$
$$= 持仓期间的日均收益率标准差 \times \sqrt{252}$$

写成代码形式：return_volatility= stock_return.std() * np.sqrt(252)。

11.3　代码演示

11.3.1　读取数据

通过下列代码可以读取数据源并循环打印股票数据概况。程序通过 api token 从 tushare pro 网站提取数据，因此必须申请自己的 api token 才能获得授权连接并获取数据。如果申请不成功，也可以使用下载好的 Excel 数据文件来替代。

```
demo1.py
1    import numpy as np
2    import pandas as pd
3
4    stock_codes = ['600000.SH', '600036.SH', '600837.SH', '601688.SH',
'601318.SH', '601601.SH']
5    # 从 tushare 读取
6    import tushare as ts
7    api_key = open('tushare_api_key.txt').read()
8    pro = ts.pro_api(api_key)
9    for i in range(0, 6):
10       # 读取数据
11       df = pro.daily(ts_code=stock_codes[i], start_date='20140102', end_
date='20190930')
12       df = df.loc[:, ['trade_date', 'open', 'high', 'low', 'close', 'vol']]
         # 选取需要的列
13       print(df.head)
```

演示重点：

1. tushare_api_key.txt

注册后成功获取 token 之后，可以把 token 放入外部文本文件 tushare_api_key.txt 中（文件 token 字符串不需要用引号包裹），在使用时在第 7 行代码处进行加载。

2. column 命名

tushare 读出的数据格式中，有固定的 column 命名，分别是 'trade_date'、'open'、

'high', 'low', 'close', 'vol'。在绘制 K 线图的时候，根据绘图包 mplfinance 的要求需要对 column 名称进行重命名。

11.3.2　绘制图形

在上一步演示的基础上可以继续加入绘制图形的代码。

demo2.py

```
1    import numpy as np
2    import pandas as pd
3
4    stock_codes = ['600000.SH', '600036.SH', '600837.SH', '601688.SH',
'601318.SH', '601601.SH']
5    # 从 tushare 读取
6    import tushare as ts
7
8    api_key = open('tushare_api_key.txt').read()
9    pro = ts.pro_api(api_key)
10   for i in range(0, 6):
11       # 读取数据
12       df = pro.daily(ts_code=stock_codes[i], start_date='20190802', end_
date='20190930')
13       df = df.loc[:, ['trade_date', 'open', 'high', 'low', 'close', 'vol']]
         # 选取需要的列
14       df.rename(
15           columns={'trade_date': 'Date', 'open': 'Open', 'high': 'High',
16                    'low': 'Low', 'close': 'Close', 'vol': 'Volume'},
17           inplace=True)    # 改首字母大写
18       # 改变时间次序
19       df['Date'] = pd.to_datetime(df['Date'])       # 转换日期列的格式，便于作图
20       df.set_index(['Date'], inplace=True)           # 将日期列作为行索引
21       df = df.sort_index() # 倒序，因为 tushare 的数据是最近的交易日数据显示在
                              #DataFrame 上方
22       # 倒序后方能保证作图时 X 轴从左到右时间序列递增
23
24       # 绘图 1
25       #import matplotlib.pyplot as plt
26       #
27       # plt.title(stock_codes[i])
28       # plt.ylabel('price')
29       # plt.plot(df)
30       # plt.show()
31       # 绘图 2
32       import mplfinance as mpf
33       import matplotlib as mpl
34
```

```
35          mpl.use('Tkagg')
36          mpf.plot(df, type='candle', style='blueskies', ylabel="price",
title=stock_codes[i],
37                      mav=(5, 10), volume=True, ylabel_lower="volume(shares)")
38
```

演示重点：

1. DataFrame 的重命名

根据绘图包 mplfinance 的要求，需要对 column 名称进行重命名，因此第 14 行对 dataframe 的列进行了重命名。另外还需要转换日期格式和设置索引并排序。

2. 图形绘制

第 24 ～ 30 行代码用 matplotlib.pyplot 绘制简单的图形。

第 31 ～ 37 行代码用 mplfinance 包绘制蜡烛图，为了使绘制的蜡烛图更清晰地呈现，可以将时间调整为从 2019 年 8 月开始，以减少蜡烛图的个数（当然这个时间也可以保持不变）。

11.3.3　计算年化收益率

在上一步演示的基础上可以继续加入计算年化收益率的代码。

demo3.py

```
1    import numpy as np
2    import pandas as pd
3
4    stock_codes = ['600000.SH', '600036.SH', '600837.SH', '601688.SH',
'601318.SH', '601601.SH']
5    # 从 tushare 读取
6    import tushare as ts
7
8    api_key = open('tushare_api_key.txt').read()
9    pro = ts.pro_api(api_key)
10   for i in range(0, 6):
11       # 读取数据
12       df = pro.daily(ts_code=stock_codes[i], start_date='20190802', end_
date='20190930')
13       df = df.loc[:, ['trade_date', 'open', 'high', 'low', 'close', 'vol']]
         # 选取需要的列
14       df.rename(
15           columns={'trade_date': 'Date', 'open': 'Open', 'high': 'High',
16                    'low': 'Low', 'close': 'Close', 'vol': 'Volume'},
17           inplace=True)    # 改首字母大写
18       # 改变时间次序
19       df['Date'] = pd.to_datetime(df['Date'])    # 转换日期列的格式，便于作图
20       df.set_index(['Date'], inplace=True)        # 将日期列作为行索引
```

```
21          df = df.sort_index()  # 倒序，因为 tushare 的数据是最近的交易日数据显示在
                                    #DataFrame 上方
22      # 倒序后方能保证作图时 x 轴从左到右时间序列递增
23
24      #绘图
25      import mplfinance as mpf
26      import matplotlib as mpl
27
28      mpl.use('Tkagg')
29        mpf.plot(df, type='candle', style='blueskies', ylabel="price",
title=stock_codes[i],
30                  mav=(5, 10), volume=True, ylabel_lower="volume(shares)")
31
32      # 计算
33      stock_price = df['Close']
34      stock_price = stock_price.dropna()          # 删除缺失值的行
35
36
37      stock_return = np.log(stock_price / stock_price.shift(1))
        # 计算股票的日收益率
38      stock_return = stock_return.dropna()          # 删除缺失值所在的行
39
40      print(f'{stock_codes[i]} : =============================')
41      return_mean = stock_return.mean() * 252     # 计算股票的平均年化收益率
42      print('2014 年至 2019 年 9 月的年化平均收益率 \n', round(return_mean, 6))
        # 保留小数点后 6 位
43
44      return_volatility = stock_return.std() * np.sqrt(252)
        # 计算股票的年化收益波动率
45      print('2014 年至 2019 年 9 月的年化收益波动率 \n', round(return_volatility, 6))
```

演示重点：

1. 按收盘价进行计算

代码第 33 行从 Pandas DataFrame 中取得收盘价 df['Close'] 这一列。第 37 行通过 shift(1) 可以获得前一天的收盘价。利用公式（11-2）可以计算得到股票每天的对数收益率，即 stock_return = np.log(stock_price / stock_price.shift(1))。

2. 计算年均对数收益率和波动率

在已知股票每天的对数收益率 stock_return 的基础上，代码第 41 行使用 mean() 函数可以获得日均值，再乘一年的交易日总数 252 天，即可得到股票的年均收益率。波动率即是标准差，同样根据方差进行开平方运算就可获得标准差。

11.4 代码补全和知识拓展

11.4.1 代码补全

可以用上述程序来绘制 6 只股票的 K 线图并求出其年化收益率和收益波动率。在此基础上，尝试将所有股票的价格归一化并画在同一张图上。所谓归一化，就是每只股票的价格都与自身 2014 年的价格相比较，即将股票每日价格除以 2014 年 1 月 2 日的价格再绘图，从而可以直观观察到股价的涨跌情况（扫码观看程序运行过程与效果）。

需要补全的代码如下，位于第 39 行。

```
blank.py
1    # ---------------------------------------------------------------
2    #【代码补全】6 只股票的股价按照 2014 年首个交易日进行归 1 处理并且绘制在同一张图上
3    # ---------------------------------------------------------------
4    import numpy as np
5    import pandas as pd
6
7    stock_codes = {'600000.SH': '浦发银行', '600036.SH': '招商银行',
8                   '600837.SH': '海通证券', '601688.SH': '华泰证券',
9                   '601318.SH': '中国平安', '601601.SH': '中国太保'}
10   # 从 tushare 读取
11   import tushare as ts
12
13   api_key = open('tushare_api_key.txt').read()
14   pro = ts.pro_api(api_key)
15   df_stock_price = np.array(list(range(6)), dtype=pd.DataFrame)
16   for i in range(0, 6):
17       #读取数据
18       df = pro.daily(ts_code=list(stock_codes.keys())[i], start_date=
'20140102', end_date='20190930')
19       df = df.loc[:, ['trade_date', 'open', 'high', 'low', 'close', 'vol']]
         #选取需要的列
20       df.rename(
21           columns={'trade_date': 'Date', 'open': 'Open', 'high': 'High',
22                    'low': 'Low', 'close': 'Close', 'vol': 'Volume'},
23           inplace=True)    #改首字母大写
24       #改变时间次序
25       df['Date'] = pd.to_datetime(df['Date'])    # 转换日期列的格式，便于作图
26       df.set_index(['Date'], inplace=True)        # 将日期列作为行索引
27       df = df.sort_index()  # 倒序，因为 tushare 的数据是最近的交易日数据显示在
                               #DataFrame 上方，倒序后方能保证作图时 x 轴从左到右
                               # 时间序列递增
28       df_stock_price[i] = df
```

```
29
30      # 所有价格归一化画在同一张图上，每只股票都与自己 2014 年的价格相比较
31      import matplotlib as mpl
32      mpl.use('Tkagg')
33      import matplotlib.pyplot as plt
34      plt.rcParams['font.sans-serif'] = ['Microsoft YaHei']   # 支持中文
35      fig, ax = plt.subplots()   # 为了画在一张图上，就必须定义 ax
36      for i in range(6):
37          plt.legend()            # 自动加入 legend
            # 将股价按照 2014 年首个交易日进行归 1 处理并且可视化
38
39          #"_____" \
40                  .plot(ax=ax, figsize=(10, 5),
41                      label='%s_归一价格' % list(stock_codes.values())[i],
42                      linestyle='-')
43      plt.show()
44
```

11.4.2 知识拓展：投资组合的年化收益率

美国经济学家马科维茨（Markowitz）于 1952 年首次提出了投资组合理论（Portfolio Theory），并进行了系统、深入和卓有成效的研究，为此获得了 1990 年诺贝尔经济学奖。投资组合理论经历了半个多世纪的发展，始终引领着金融学的核心潮流。

简单来说，已有的 6 只股票也可以视为一个投资组合，投资者通常出于规避风险的原因持有多样化的投资组合，从而可以把投资风险分散到不同的股票中去。那么该投资组合的收益率是多少呢？当然这取决于 6 只股票所占的投资资金份额。请给这 6 只股票随机生成一个投资分配比例（例如，浦发银行 20%、招商银行 30%、海通证券 10%、华泰证券 10%、中国平安 20%、中国太保 10%，所有比例相加等于 100% 的资金），然后计算其投资组合的收益率。

请补全下面的代码，从而实现权重随机分配。需要补全的代码位于第 59 ～ 60 行。

extend.py
```
1       # --------------------------------------------------------------------
2       #【知识拓展】用这 6 只股票构建投资组合，随机生成包含每只股票配置权重的一个数组（权重
        # 合计等于 1）
3       # 并且计算以该权重配置的投资组合年化平均收益率、年化收益波动率
4       # --------------------------------------------------------------------
5       import numpy as np
6       import pandas as pd
7
8       stock_codes = {'600000.SH': '浦发银行', '600036.SH': '招商银行',
9                      '600837.SH': '海通证券', '601688.SH': '华泰证券',
10                     '601318.SH': '中国平安', '601601.SH': '中国太保'}
11      # 从 tushare 读取
```

```
12    import tushare as ts
13
14    np_return_mean = np.array(list(range(6)), dtype=np.float32)
15    np_return_volatility = np.array(list(range(6)), dtype=np.float32)
16
17    api_key = open('tushare_api_key.txt').read()
18    pro = ts.pro_api(api_key)
19    startdate = '20170101'
20    enddate = '20190930'
21    df = pro.daily(ts_code=list(stock_codes.keys())[0], start_date=startdate,
end_date=enddate)
22    datarow = len(df)    #670 行数据，代表 670 个交易日
23    datacol = len(stock_codes.keys())    #6 只股票，列数为 6
24
25    np_stock_price = np.zeros((datarow, datacol), dtype=np.float32)
26    np_stock_return = np.zeros((datarow-1, datacol), dtype=np.float32)
27    for i in range(0, 6):
28        # 读取数据
29        df = pro.daily(ts_code=list(stock_codes.keys())[i], start_date=startdate,
end_date=enddate)
30        df = df.loc[:, ['trade_date', 'open', 'high', 'low', 'close', 'vol']]
          # 选取需要的列
31        df.rename(
32            columns={'trade_date': 'Date', 'open': 'Open', 'high': 'High',
33                     'low': 'Low', 'close': 'Close', 'vol': 'Volume'},
34            inplace=True)        # 改首字母大写
35        # 改变时间次序
36        df['Date'] = pd.to_datetime(df['Date'])      # 转换日期列的格式，便于作图
37        df.set_index(['Date'], inplace=True)         # 将日期列作为行索引
38        df = df.sort_index()  # 倒序，因为 tushare 的数据是最近的交易日数据显示在
                                 #DataFrame 上方，倒序后方能保证作图时 x 轴从左到右
                                 # 时间序列递增
39        print(f'df{i} rows = {len(df.index)}')
40
41        # 计算
42        stock_price = df['Close']
43        stock_price = stock_price.dropna()           # 删除缺失值的行
44
45        stock_return = np.log(stock_price / stock_price.shift(1))
          #计算股票的日收益率
46        stock_return = stock_return.dropna()         # 删除缺失值所在的行
47
48        np_stock_price[:, i] = stock_price
49        np_stock_return[:, i] = stock_return
```

```
50          print('np_stock_return:-----\n', np_stock_return)
51
52          return_mean = stock_return.mean() * 252    # 计算股票的平均年化收益率
53          return_volatility = stock_return.std() * np.sqrt(252)
            # 计算股票的年化收益波动率
54
55          np_return_mean[i] = return_mean
56          np_return_volatility[i] = return_volatility
57
58     # arr = np.random.random(10)     # 创建一个长度为 10 的数组，值为 0 ~ 1，不包含首尾
59     "_____"
                                        # 从均匀分布中随机抽取 6 个从 0 到 1 的随机数
60     "_____"
                                        # 生成随机权重的一个数组
61
62     # 计算每只股票收益率之间的协方差和相关系数
63     # If rowvar is True (default), then each row represents a
64     # variable, with observations in the columns.
65     return_cov = np.cov(np_stock_return, rowvar=False) * 252    # 每列代表一个变量
66     print('\n\nreturn_cov:------\n', return_cov)
67     return_corr = np.corrcoef(np_stock_return, rowvar=False)    # 每列代表一个变量
68     print('\n\nreturn_corr:------\n', return_corr)
69
70     Rp = np.dot(np_return_mean, w)    # 计算投资组合的年化收益率
71     Vp = np.sqrt(np.dot(w, np.dot(return_cov, w.T)))    # 计算投资组合的年化收益波动率
72     print('用随机生成的权重计算得到投资组合的年化收益率 ', round(Rp, 6))
73     print('用随机生成的权重计算得到投资组合的年化收益波动率 ', round(Vp, 6))
74
```

11.5　实训任务：下载股票数据并绘制收盘价时间序列图

（1）练习从 tushare 网站下载股票数据，并保存为 .csv 文件。

（2）读入 .csv 文件，利用本章学习的知识，绘制蜡烛图。

可以参考如下代码。

task1.py
```
1    # ---------------------------------------------------------
2    # 实训任务
3    # ---------------------------------------------------------
4    import pandas as pd
5
6    stock_code = '600000.SH'
7
8    import tushare as ts
```

Python数据分析与应用

```
9
10   api_key = open('tushare_api_key.txt').read()
11   pro = ts.pro_api(api_key)
12   # 从 tushare 读取
13   # df = pro.daily(ts_code=stock_code, start_date='20180901', end_date=
'20181001')
14   # 从文件读取
15   df = pd.read_csv('600000.csv', encoding='utf_8_sig')
16   # 保存到文件
17   # df.to_csv('600000.csv', encoding='utf_8_sig')        # 防止中文乱码
18   print(df.head())
19
20   # 绘制黑白图
21   import matplotlib as mpl
22
23   mpl.use('Tkagg')
24   import matplotlib.pyplot as plt
25   import mplfinance as mpf
26
27   plt.rcParams['font.sans-serif'] = ['SimHei']         # 界面可带中文
28   plt.rcParams['axes.unicode_minus'] = False           # 正常显示负号
29   df.rename(
30       columns={'trade_date': 'Date', 'open': 'Open', 'high': 'High', 'low':
'Low', 'close': 'Close', 'vol': 'Volume'},
31       inplace=True)    # 改首字母大写
32   df = df[['Date', 'Open', 'High', 'Low', 'Close', 'Volume']]  # 选取需要的列
33   df.index = pd.DatetimeIndex(df['Date'])
34
35   # .sort_values(by=['A','B'],ascending=[False,True]):
36   # 按照列的索引进行降序排序
37   df.sort_index(ascending=True, inplace=True)
38
39   mpf.plot(df, type='candle')
40
41   # 绘制彩色图
42   from cycler import cycler
43
44   mc = mpf.make_marketcolors(up='red', down='green', edge='i', wick='i',
volume='in', inherit=True)
45   mpfStyle = mpf.make_mpf_style(gridaxis='both', gridstyle='--', y_on_
right=False, marketcolors=mc,
46                               rc={'font.family': 'SimHei'})
47   mpl.rcParams['axes.prop_cycle'] = cycler(
48       color=['dodgerblue', 'deeppink', 'navy', 'teal', 'maroon',
```

280

```
'darkorange', 'indigo'])
   49    mpl.rcParams['lines.linewidth'] = 2.5
   50    kwargs = dict(type='candle', mav=(7, 30, 60), volume=True,
   51                  title=stock_code + '的K线图', ylabel='股票价格', ylabel_
lower='成交量',
   52                  figratio=(8, 6), figscale=1)
   53    mpf.plot(df, **kwargs, style=mpfStyle, show_nontrading=False)
   54
   55    plt.show()
   56
```

（3）读取文件时，发现所绘图中时间日期显示有问题，请调试程序使日期正常显示（出现的问题和调试正常后的效果可以扫码观看）。

11.6　课后思考

1. 基金公司希望能计算从 2014-01-02 开始持仓至 2019-09-30 以来的股票年化收益率和波动率（事实上，可以指定任意时间区间进行计算，即使股票在这个日期没有交易，程序也能容错）。

2. 随机生成包含 2000 组不同的股票配置权重的数组，以此计算出相应的 2000 个不同的投资组合年化平均收益率和年化收益波动率，并且以散点图的方式绘制在横坐标为年化收益波动率、纵坐标为年化平均收益率的坐标轴中。通过散点图可以直观理解马科维茨有效前沿 (efficient frontier)。可通过扫码观看程序运行结果。

3. 尝试从多种股票数据源渠道获取交易数据，并进行日 / 周 K 线图绘制。

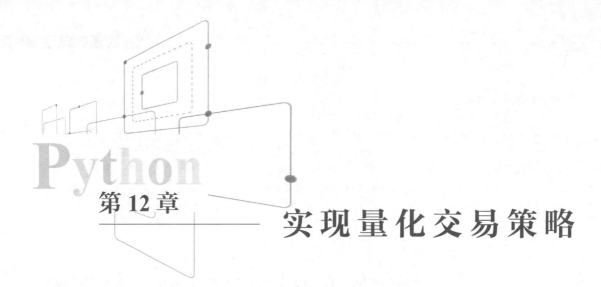

第 12 章

实现量化交易策略

12.1 知识准备

12.1.1 量化交易简介

在传统股票交易过程中，行情变化多端，交易者的心理会随着行情变化而变化，交易策略会随着个人的心情、意愿而随意改变，无法做到严格执行风险控制纪律。另外，交易者必须对交易品种、仓位、进出场点、止损止盈点、隔夜操作等各类决策考验，没有一套恒定有效的交易方法，而仅仅通过一种侥幸心理进行股票方面的买卖是非常危险的。为克服人性弱点和交易的盲目性，在股票交易中逐步发展形成了量化交易方法。量化交易的优势在于以先进的数学模型替代人为的主观判断，利用计算机技术从庞大的历史数据中海选能带来超额收益的多种"大概率"事件以制定策略，极大地减少了投资者情绪波动的影响，避免在市场极度狂热或悲观的情况下做出非理性的投资决策。

量化交易起源于 20 世纪 70 年代的股票市场，是指借助现代统计学和数学的方法，利用计算机技术来进行交易的证券投资方式。量化交易用数量模型验证及固化这些规律和策略，然后严格执行策略来指导投资，以求获得可以持续的、稳定且高于平均收益的超额回报。量化交易并没有一个精确的定义，广义上可以认为，凡是借助数学模型和计算机实现的交易方法都可以称为量化交易。

12.1.2 量化交易策略

1. 交易策略与数据源

股票的交易需要策略，而交易策略主要基于三方面的信息：基本面、技术面和消息面。三个方面各有优缺点，基本面可以帮助投资者规避经营业绩暴雷的公司，不过对于短期市场操作作用不大；而技术分析则是通过技术指标的分析来指导操作，适用于短期、中期，其操作性较强，不过会有一定的滞后性。而消息面则是搜集各类相关信息，包括公司新闻和行业信息，但真假难辨需要进行研判。金融量化交易决策的依据是数据，而提供金融数据的公司非常多，有东方财富的 choice 接口、同花顺的 mindgo 接口等。另外比较知名的还有万得 Wind、聚宽 joinquant、米框 ricequant 等收费的第三方量化接口等。另外，还有一些免费的金融数据接口，如证券宝（www.baostock.com）就是一个免费、开源的证券数据平台且无须注册。

2. 交易策略类型

市面上常见的交易策略类型可以分为趋势策略、量化对冲策略、套利策略和高频策略等。其中，趋势交易并不需要分析基本面和消息面，因为趋势交易策略已经假设所有资讯都已经体现在价格中，所以只需要集中研究价格走势。基本面资讯在趋势交易中只在选股时有重要意义，用于选择成长性良好，体质健康或者热门的强势股。必须承认价格存在趋势，利用这一价格惯性，投资者只需要追随趋势即可获利。从实战的角度而言，趋势型量化交易策略能根据股价趋势对股票的买入和卖出时间发出提示信号，例如，通过 5 日均线和 20 日均线之间的关系来进行简单的判断买卖时：当 5 日均线上穿 20 日均线时买入，反之当 5 日均线下破 20 日均线时卖出。当然这是最简单的策略，还可以进一步演化，如采用 MACD 或者 KDJ 等稍微复杂一些的指标。

3. 前复权、后复权

在股票技术分析中经常会考虑复权的情形，以便于对股票价格走势进行更准确的分析判断。因为上市公司在经营过程中其价值会发生变化，同时会伴随进行股本价值的变化，例如，由于送股、配股或转增资本等因素，会让公司的总股本增加，从而每股股价所代表的企业实际价值减少。例如，除权当日，K 线图形好像大跌一样，有明显的缺口位，但是投资者账户的资金是没有减少的。而进行复权就是消除这些指标的畸变。再如，一只股票在经过分红之后，因为每股的价值出现减少，所以在股价上也要做相应的减值。复权可以分为前复权和后复权。

前复权即保持现有价位不变，将以前的价格缩减，将除权前的 K 线向下平移，使图形吻合，保持股价走势的连续性。例如，某只股票以前价格为 40 元，经每 10 股送 10 股之后，当前价格为 30 元。前复权后即保持当前价格仍保持不变为 30 元，而相应调低之前 40 元的价格。利用前复权可以一目了然地看到成本分布情况，如相对最高、最低价，成本密集区域，以及目前股价所处的位置是高还是低，均线系统也更顺畅，利于分析。由于前复权对于股价的展示更为清晰明了，而不复权的图形看起来就会有点凌乱。例如，在上例中 40 元不复权的过程中，会看到一个比较大的跳空缺口从 40 元跳到 30 元，而这个缺口是股票的高送转 10 送 10 所留下的。因此大多数人经常都是使用前复权来观察股票 K 线图走势。

总之，要坚持两种不同的分析方法，既要学会用前复权分析，还要学会用不复权分析，不复权分析的难度会比较大，而前复权的分析真实性比较高。因此首先是进行前复权分析，然后才是不复权分析。

三种复权处理，在不同的情况下各有用处。

不复权的处理能够看出每波价格的低点，可以作为长线操作观察历史价格的参考（图 12-1）。

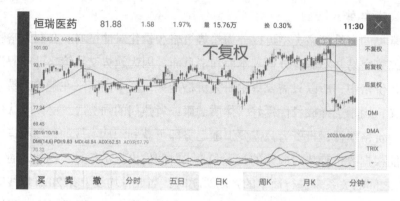

图 12-1　股票恒瑞医药不复权的 K 线图

前复权可以以现在价格倒推看以前的价格成本，看对应目前价格的历史价格的真实成本。看中短线价格变化情况更加方便（图 12-2）。

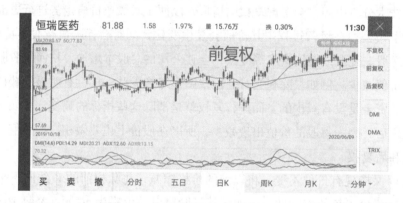

图 12-2　股票恒瑞医药前复权的 K 线图

后复权可以看出在没有除权的情况下，股价水平累计高到什么程度（图 12-3）。

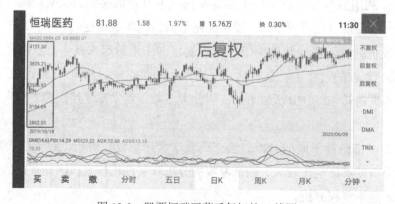

图 12-3　股票恒瑞医药后复权的 K 线图

12.2　任务介绍

选定一只股票用 5 日均线、20 日均线实现均线交易策略，并且计算其在选定时间区间的收益率。

5 日均线、20 日均线交易策略如下。

（1）当 5 日均线上穿 20 日均线，买入。

（2）当 5 日均线下穿 20 日均线，卖出。

例如，选择上海证交所的浦发银行 600000.SH，选取 start_date='20180702'，
end_date='20190930' 之间的数据，按照该均线交易策略进行交易，然后计算其收益率。任务效果可以扫码观看。

12.3　代码演示

12.3.1　读取数据

从证券宝（www.baostock.com）网站下载数据，导入 Pandas 的 DataFrame 中备用。

demo1.py
```
1    import baostock as bs
2    import pandas as pd
3
4    #### 登录系统 ####
5    lg = bs.login()
6    # 显示登录返回信息
7    print('login respond error_code:'+lg.error_code)
8    print('login respond  error_msg:'+lg.error_msg)
9
10   #### 获取沪深 A 股历史 K 线数据 ####
11   # "分钟线"参数与"日线"参数不同。"分钟线"不包含指数
12   # 分钟线指标: date,time,code,open,high,low,close,volume,amount,adjustflag
13   # 周月线指标: date,code,open,high,low,close,volume,amount,adjustflag,turn,pctChg
14   rs = bs.query_history_k_data_plus("sh.600000",
15       "date,code,open,high,low,close,preclose,volume,amount,adjustflag,
turn,tradestatus,pctChg,isST",
16       start_date='2017-07-01', end_date='2017-12-31',
17       frequency="d", adjustflag="3")  #frequency="d"取日K线,adjustflag="3"
                                         # 默认不复权
18   print('query_history_k_data_plus respond error_code:'+rs.error_code)
19   print('query_history_k_data_plus respond  error_msg:'+rs.error_msg)
20
21   #### 打印结果集 ####
22   data_list = []
23   while (rs.error_code == '0') & rs.next():
```

```
24          # 获取一条记录，将记录合并在一起
25          data_list.append(rs.get_row_data())
26    result = pd.DataFrame(data_list, columns=rs.fields)
27
28    #### 结果集输出到 csv 文件 ####
29    result.to_csv("history_A_stock_k_data.csv", index=False)
30    print(result)
31
32    #### 退出系统 ####
33    bs.logout()
34
```

12.3.2　编写证券宝数据接口类

tushare 是一个免费的、开源的 Python 财经数据接口包，可以采用 tushare 作为股票交易数据源，也可以采用证券宝作为数据源。接下来将证券宝提取股市数据的功能写成一个类的形式，方便今后随时调用。

demo2.py

```
1     # ------------------------------------------------------------
2     # MyBaoStock 类：用来获取前复权股票数据
3     # ------------------------------------------------------------
4     import baostock as bs
5     import pandas as pd
6
7
8     class MyBaoStock(object):
9
10        def __init__(self):
11            super().__init__()
12
13        def get_stock_daily(self, ts_code, start_date, end_date):
14
15            # 如果股票代码格式和时间格式是 tushare 的，将其转换为 baostock 格式
16            # '600000.SH' -> 'sh.600000'
17            # '20180702' -> '2018-07-02'
18            if ts_code[0].isdigit():
19                ts_code = ts_code[-2:].lower() + '.' + ts_code[0:6]
20            if not ('-' in start_date):
21                start_date = start_date[0:4] + '-' + start_date[4:6] + '-' +
start_date[6:]
22            if not ('-' in end_date):
23                end_date = end_date[0:4] + '-' + end_date[4:6] + '-' + end_date[6:]
24
25            #### 登录系统 ####
```

```
26          lg = bs.login()
27          # 显示登录返回信息
28          print('login respond error_code:' + lg.error_code)
29          print('login respond  error_msg:' + lg.error_msg)
30
31          #### 获取沪深 A 股历史 K 线数据 ####
32          # 详细指标参数，参见 11.3.1 节的 " 历史行情指标参数 "；" 分钟线 " 参数与 " 日
            # 线 " 参数不同。" 分钟线 " 不包含指数。
33          # 分钟线指标：date,time,code,open,high,low,close,volume,amount,
            #adjustflag
34          # 周月线指标：date,code,open,high,low,close,volume,amount,adjustflag,
            #turn,pctChg
35          rs = bs.query_history_k_data_plus(ts_code,
36                                          "date,code,open,high,low,
close,preclose,volume,amount,adjustflag,turn,tradestatus,pctChg,isST",
37                                          start_date=start_date, end_
date=end_date,
38                                          frequency="d", adjustflag="2")
            # frequency="d" 取日 K 线，adjustflag="3" 默认不复权
39          # 默认不复权：3；1：后复权；2：前复权。
40          print('query_history_k_data_plus respond error_code:' + rs.
error_code)
41          print('query_history_k_data_plus respond  error_msg:' + rs.
error_msg)
42
43          #### 打印结果集 ####
44          data_list = []
45          while (rs.error_code == '0') & rs.next():
46              # 获取一条记录，将记录合并在一起
47              data_list.append(rs.get_row_data())
48          df = pd.DataFrame(data_list, columns=rs.fields)
49
50          # 为保持和 tushare 数据兼容，修改数据列名称
51          df.rename(
52              columns={'date': 'trade_date', 'code': 'ts_code', 'volume':
'vol'},
53              inplace=True)
54          # 为保持和 tushare 数据兼容，修改数据列数据类型从 str 到 float
55          df['close'] = df['close'].astype('float')
56          df['open'] = df['open'].astype('float')
57          df['high'] = df['high'].astype('float')
58          df['low'] = df['low'].astype('float')
59          #### 结果集输出到 csv 文件 ####
60          # df.to_csv("history_A_stock_k_data.csv", index=False)
```

```
61          # print(df)
62
63          #### 退出系统 ####
64          bs.logout()
65
66          return df
67
```

12.3.3 移动平均线交易策略代码片段

我们发现 5 日均线与 K 线图较为接近，而 20 日均线则更平坦，可见 20 日移动平均线具有抹平短期波动的作用，更能反映中长期的走势。比较 5 日均线和 20 日均线，特别是关注它们的交叉点，这些是交易的时机。移动平均线策略中最简单的方式就是：当 5 日均线从下方超越 20 日均线时，买入股票，当 5 日均线从上方跌落到 20 日均线之下时，卖出股票。

为了找出交易的时机，计算 5 日均价和 20 日均价的差值，并取其正负号，作于图 12-4。当图中水平线出现跳跃的时候就是交易时机。

```
stock['ma5-20']=stock['ma5']-stock['ma20']    #求差值
stock['diff']=np.sign(stock['ma5-20'])        # 取得差值的符号
#绘制在图形上，图形上下边界为 ylime 从 -2 到 2
# 直线颜色 color 是黑色，线宽 line width = 2  （图 12-4）
stock['diff'].plot(ylim=(-2,2)).axhline(y=0,color='black',lw=2)
```

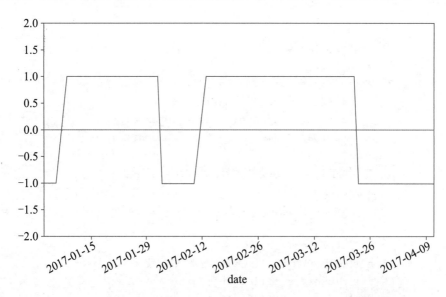

图 12-4   差值的符号（5 日均线与 20 日均线求差）示意图

为了更方便观察，上述计算得到的均价差值，再取其相邻日期的差值，得到信号指标。当信号为 1 时，表示买入股票；当信号为 -1 时，表示卖出股票；当信号为 0 时，不进行任何操作。

```
# 当日与前一日相减，再取其符号作为交易信号（图12-5）
stock['signal']=np.sign(stock['diff']-stock['diff'].shift(1))
stock['signal'].plot(ylim=(-2,2))
```

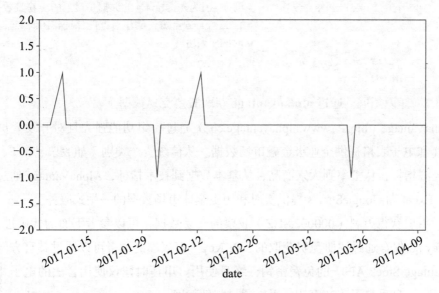

图 12-5　继续计算得到交易信号

12.4　代码补全和知识拓展

12.4.1　代码补全

尝试用刚才编写完成的证券宝类 MyBaoStock 来提取数据，首先为了方便识别，将包含该类的文件名更名为 mybaostock.py，然后在文件中可以通过 import mybaostock 来提取数据。请补全下面代码圆括号内的内容，以使得程序可以提取得到交易数据。

```
blank.py
1    # 代码补全
2    # -------------------------------------------------------
3    import pandas as pd
4    (_____)
5    (_____)
6    stock_code = '600000.SH'
7    # 读取数据
8    df = (_____).get_stock_daily(ts_code=stock_code, start_date='20180702',
end_date='20190930')
9    df = df.loc[:, ['trade_date', 'open', 'high', 'low', 'close', 'vol']]
     # 选取需要的列
10   df.rename(
11       columns={'trade_date': 'Date', 'open': 'Open', 'high': 'High',
12               'low': 'Low', 'close': 'Close', 'vol': 'Volume'},
13       inplace=True)   # 改首字母大写
```

```
14    # 改变时间次序
15    df['Date'] = pd.to_datetime(df['Date'])        # 转换日期列的格式，便于作图
16    df.set_index(['Date'], inplace=True)            # 将日期列作为行索引
17    df = df.sort_index()        # 倒序，因为 tushare 的数据是最近的交易日数据显示在
                                    #DataFrame 上方，倒序后方能保证作图时 X 轴从左到右
                                    # 时间序列递增
18    print(df.head())
19    print(df.info())
```

12.4.2　知识拓展：通过 alpha vantage 获取股票交易数据

AlphaVantage（https://www.alphavantage.co/）通过一组功能强大且对开发人员友好的数据 API 和电子表格提供企业级金融市场数据。从传统资产类别（如股票、ETF、共同基金）到经济指标，从汇率到大宗商品，从基本数据到技术指标，AlphaVantage 通过基于云的 API、Excel 和 GoogleSheets 提供实时和历史全球市场数据的一站式服务。

假设想要获得万科（000002.SHZ）股票的交易数据，可以参考下面的代码进行获取。其中，key.txt 保存通过注册免费获取的 API Key。有兴趣的读者可以通过其官方网站索取 Alpha Vantage Stock API© 的免费密钥，终身使用。申请时建议使用合法的电子邮件地址，一旦丢失了 API 密钥，可以通过邮件找回。

extend.py
```
1     from alpha_vantage.timeseries import TimeSeries
2     import matplotlib.pyplot as plt
3     import seaborn as sns
4
5     symbol = '000002.SHZ'
6     api_key = open('key.txt').read()    # os.environ['AV-Key']
7     ts = TimeSeries(key=api_key, output_format='pandas')
8     #outputsize='full' or not, if not then one year back data
9     data, metadata = ts.get_daily_adjusted(symbol, outputsize='full')
10    #print(metadata)
11    print(data.info)
12    sns.set_style('darkgrid')
13    sns.set_context('notebook')
14    data.describe()
15    data['4. close'].plot(figsize=(10, 8))
16    plt.show()
```

12.5　实训任务：tushare 数据演示移动平均线交易策略

12.5.1　实训任务一　获得均线量化交易策略的交易信号

通过下述代码可以获得交易信号，请在括号内填上代码来完成实训任务。

task1.py
```
1     # 任务一：生成交易信号
```

```
2    # ----------------------------------------------------------------
3    import numpy as np
4    import pandas as pd
5    import matplotlib.pyplot as plt
6    import mybaostock as mbs
7
8    stock_code = '600000.SH'
9
10   # 读取数据
11   df = mbs.MyBaoStock().get_stock_daily(ts_code=stock_code, start_date=
'20180702', end_date='20190930')
12   df = df.loc[:, ['trade_date', 'open', 'high', 'low', 'close', 'vol']]
     # 选取需要的列
13   df.rename(
14       columns={'trade_date': 'Date', 'open': 'Open', 'high': 'High',
15                'low': 'Low', 'close': 'Close', 'vol': 'Volume'},
16       inplace=True)    # 改首字母大写
17   # 改变时间次序
18   df['Date'] = pd.to_datetime(df['Date'])    # 转换日期列的格式，便于作图
19   df.set_index(['Date'], inplace=True)    # 将日期列作为行索引
20   df = df.sort_index()  # 倒序，因为tushare的数据是最近的交易日数据显示在DataFrame
                          # 上方，倒序后方能保证作图时x轴从左到右时间序列递增
21
22   # 计算
23   stock = df
24   stock["ma5"] = np.round(stock['Close'].rolling(window=5, center=False).
mean(), 2)
25   stock["ma20"] = np.round(stock['Close'].rolling(window=20, center=False).
mean(), 2)
26
27   import matplotlib as mpl
28
29   mpl.use('TkAgg')
30   # 发现5日均线与K线图较为接近，而20日均线则更平坦，可见移动平均线具有抹平短期波
     # 动的作用，更能反映长期的走势
31   # 比较5日均线和20日均线，特别是关注它们的交叉点，这些是交易的时机。移动平均线策
     # 略，最简单的方式就是:
32   # 当5日均线从下方超越20日均线时，买入股票，当5日均线从上方越到20日均线之下时，
     # 卖出股票
33   (_____)
34   plt.show()
35   # 为了更方便观察，上述计算得到的均价差值，再取其相邻日期的差值，得到信号指标
36   # 当信号为1时，表示买入股票;当信号为-1时，表示卖出股票;当信号为0时，不进行任何操作
37   (_____)
```

```
38    plt.show()
39    # 计算在该时间区间内，经过该交易策略的收益率
40    trade = pd.concat([
41        pd.DataFrame({"price": stock.loc[stock["signal"] == 1, "Close"],
42                     "operation": "Buy"}),
43        pd.DataFrame({"price": stock.loc[stock["signal"] == -1, "Close"],
44                     "operation": "Sell"})
45    ])
46
47    trade.sort_index(inplace=True)
48    print(trade)
49
```

12.5.2　实训任务二　模拟回测交易计算量化策略的收益率

通过下述代码可以模拟回测交易，并计算打印量化策略的收益率。请在括号
内填上代码来完成实训任务。

task2.py

```
1     # 任务二：根据交易信号进行交易，并计算该策略的收益
2     # ----------------------------------------------------------------
3     import numpy as np
4     import pandas as pd
5     import matplotlib.pyplot as plt
6     import mybaostock as mbs
7
8     stock_code = '600000.SH'
9
10    # 读取数据
11    df = mbs.MyBaoStock().get_stock_daily(ts_code=stock_code, start_date=
'20180702', end_date='20190930')
12    df = df.loc[:, ['trade_date', 'open', 'high', 'low', 'close', 'vol']]
      # 选取需要的列
13    df.rename(
14        columns={'trade_date': 'Date', 'open': 'Open', 'high': 'High',
15                 'low': 'Low', 'close': 'Close', 'vol': 'Volume'},
16        inplace=True)   # 改首字母大写
17    # 改变时间次序
18    df['Date'] = pd.to_datetime(df['Date'])   # 转换日期列的格式，便于作图
19    df.set_index(['Date'], inplace=True)   # 将日期列作为行索引
20     df = df.sort_index()   # 倒序，因为 tushare 的数据是最近的交易日数据显示在
                              # DataFrame 上方，倒序后方能保证作图时 X 轴从左到右时间序列递增
21
22    # 计算
23    stock = df
24    stock["ma5"] = np.round(stock['Close'].rolling(window=5, center=False).
```

```
mean(), 2)
25   stock["ma20"] = np.round(stock['Close'].rolling(window=20, center=False).
mean(), 2)
26
27   import matplotlib as mpl
28
29   mpl.use('TkAgg')
30   # 发现 5 日均线与 K 线图较为接近, 而 20 日均线则更平坦, 可见移动平均线具有抹平短期波
     # 动的作用, 更能反映长期的走势
31   # 比较 5 日均线和 20 日均线, 特别是关注它们的交叉点, 这些是交易的时机。移动平均线策略,
     # 最简单的方式就是:
32   # 当 5 日均线从下方超越 20 日均线时, 买入股票; 当 5 日均线从上方越到 20 日均线之下时,
     # 卖出股票
33   stock['ma5-20'] = stock['ma5']-stock['ma20']
34   stock['diff'] = np.sign(stock['ma5-20'])   # 取得符号
35   stock['diff'].plot(ylim=(-2, 2)).axhline(y=0, color='black', lw=2)
     # lw:line width
36   plt.show()
37   # 为了更方便观察, 上述计算得到的均价差值, 再取其相邻日期的差值, 得到信号指标
38   # 当信号为 1 时, 表示买入股票; 当信号为 -1 时, 表示卖出股票; 当信号为 0 时, 不进行任何操作
39   stock['signal'] = np.sign(stock['diff']-stock['diff'].shift(1))
40   stock['signal'].plot(ylim=(-2, 2))
41   plt.show()
42   # 计算在该时间区间内, 经过该交易策略的收益率
43   trade = pd.concat([
44       pd.DataFrame({"price": stock.loc[stock["signal"] == 1, "Close"],
45                     "operation": "Buy"}),
46       pd.DataFrame({"price": stock.loc[stock["signal"] == -1, "Close"],
47                     "operation": "Sell"})
48   ])
49
50   trade.sort_index(inplace=True)
51   print(trade)
52   #buys = pd.DataFrame(trade.loc[trade['operation'] == 'Buy', 'price'])
53   #print(buys.index.min())
54   #price1 = buys.loc[buys.index.min(), 'price']
55   tradevol = 100   # 每次交易一手
56   if trade.loc[trade.index.min(), 'operation'] == 'Buy':
57       account_cash = begin_cash = 10000.0
58       account_stock = begin_stock = 0.0
59   else:   #Sell
60       account_cash = begin_cash = 10000.0
61       account_stock = begin_stock = 10 * tradevol
62   initvalue = account_cash + account_stock * trade.loc[trade.index.min(),
```

```
'price']
    63   print(f'initvalue={initvalue}')
    64   i = 0
    65   for key, row in trade.iterrows():
    66       if row['operation'] == 'Buy' and account_cash >= row['price'] * tradevol:
    67           account_cash -= row['price'] * tradevol
    68           account_stock += tradevol
    69       elif row['operation'] == 'Sell' and account_stock >= tradevol:
    70           account_cash += row['price'] * tradevol
    71           account_stock -= tradevol
    72       else:
    73           print('data error')
    74           break
    75     · print(f'{i}: account_cash={account_cash} account_stock={account_stock}')
    76       i+=1
    77
    78   finalvalue = account_cash + account_stock * trade.loc[trade.index.max(),
'price']
    79   print(f'finalvalue ={finalvalue}')
    80   print(f' 收益率 =(_____)')
    81
```

12.6   课后思考

1. 假定从 https://www.alphavantage.co 下载到的数据是 JSON 格式的，其示范格式如下。

```
#print(pd.DataFrame(data['Time Series (Daily)']['2023-02-10']['4. close']).
#head())
# {
#     "Meta Data": {
#         "1. Information": "Daily Time Series with Splits and Dividend Events",
#         "2. Symbol": "000002.SHZ",
#         "3. Last Refreshed": "2023-02-10",
#         "4. Output Size": "Full size",
#         "5. Time Zone": "US/Eastern"
#     },
#     "Time Series (Daily)": {
#         "2023-02-10": {
#             "1. open": "17.64",
#             "2. high": "17.9",
#             "3. low": "17.5",
#             "4. close": "17.67",
#             "5. adjusted close": "17.67",
#             "6. volume": "44996110",
#             "7. dividend amount": "0.0000",
```

```
#              "8. split coefficient": "1.0"
#          },
#          "2023-02-09": {
#              "1. open": "17.49",
#              "2. high": "17.83",
#              "3. low": "17.41",
#              "4. close": "17.67",
#              "5. adjusted close": "17.67",
#              "6. volume": "46350840",
#              "7. dividend amount": "0.0000",
#              "8. split coefficient": "1.0"
#          }
```

请编写程序将所有的交易日信息转换为 NumPy 二维数组格式，数组的每行元素就是一个交易日，每一列就代表交易日中的开盘价、收盘价等交易信息。可以扫码观看提示和程序运行效果。

2. 下面是一段程序，能够演示采用正态分布来模拟每年的 252 个交易日的收益情况。假设每天股价的收益为随机变量，其均值为 0.001，收益波动为 0.02，如果假定收益符合正态分布，则可以模拟一年之中 252 个交易日的日收益率分布情况。采用 np. random.normal(mu, sigma, (252, 2)) 函数来实现该功能，其中，参数 2 表示模拟的次数为 2 次。程序说明和运行结果可以扫码观看。

ex2.py
```
1    # 课后练习 2
2    # ---------------------------------------------------------
3    import numpy as np
4    mu, sigma = 0.001, 0.02        # 均值和标准差
5    #np.random.normal(mu, sigma, (sample, group))
6    s = np.random.normal(mu, sigma, (252, 2))   # 两组正态分布，每组正态分布有 252 个值
7    print(s)
8    import matplotlib as mpl
9    mpl.use('TkAgg')
10   import matplotlib.pyplot as plt
11   count, bins, ignored = plt.hist(s, 30, density=True)
12   plt.plot(bins, 1/(sigma * np.sqrt(2 * np.pi)) * np.exp(-(bins-mu)**2 /
(2 * sigma**2) ), linewidth=2, color='r')
13   plt.show()
14
```

请按照以上思路，利用累计收益率计算公式（假定日收益率采用百分比收益率[1]）：

$$cumulative\_returns = (1 + daily\_returns).cumprod(axis=0)-1$$

---

[1] 如果日收益率采用对数收益率，则使用收益率相加的方式，即使用 cumsum() 函数。

编写程序进行 Monte Carlo 模拟 [①] 绘图展现其一年的累计收益率（因为每天都有一个收益率，累计起来可以计算出全年 252 日的收益率）。可以扫码观看程序运行效果。

3. 经过以上的练习，可以计算某支股票的累计收益率。例如，计算 600000 这只股票从 20180702 到 20190930 期间的累计收益率并绘图表示（可以扫码观看程序运行效果）。假定单次收益率是采用百分比收益率，其计算公式如下。

df['profit_pct'] = (df['Close']-df['Close'].shift(1)) / df['Close'].shift(1)

累计收益率计算公式如下。

df['cum_profit'] = pd.DataFrame(1+df['profit_pct']).cumprod()-1

计算累计收益率有什么作用呢？可以通过计算交易策略的累计收益率，绘制累计收益率曲线，然后与上证指数或深证指数的累计收益率曲线进行比较，从而判断策略是否能跑赢大盘。

---

① Monte Carlo 模拟还可以用来进行对未来股价的预测。

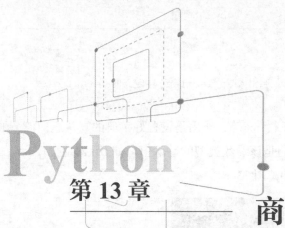

第 13 章   商业银行数据迁移案例

13.1   知识准备

13.1.1   defaultdict

基础知识——列表

```
#声明列表
list1 = ['physics', 'chemistry', 1997, 2000]

#尾部添加元素
list1.append('Google')

#根据索引删除元素
del list1[4]

#列表的遍历
for i in range len(list1):
    print(i+1, list1[i])
```

基础知识——字典

```
#声明字典
d = {key1 : value1, key2 : value2 }
d = {'Name': 'Zara', 'Age': 7, 'Class': 'First'}

#获取字典值
print("d['Name']: ", d['Name'])

#字典的更新
d['Age'] = 18
d['School'] = "ZJUT"
```

使用普通的字典时，用法一般是 dict={}，添加元素时只需要 dict[element] = value
即可，调用的时候也是如此：dict[element] = xxx，但前提是 element 字典里存在这个
element，如果字典里没有这个键，element 就会报错 keyError。这时就可以使用加强版的
字典 defaultdict。defaultdict 的作用在于当字典里的 key 不存在但被查找时，返回的不是报
错 keyError 而是能返回一个默认值，从而能让程序平滑运行。

defaultdict 接受一个 Python 类型名称作为参数：

```
from collections import defaultdict  # 引入 collections 中定义的 defaultdict
dict = defaultdict( parameter )
```

其中的参数 parameter 可以是 list、str、set、int 等，作用是设置好字典的默认返回值。即当查询字典时，key 如果不存在，则返回的是该参数类型的默认值，如 list 对应 [ ]，str 对应的是空字符串，set 对应 set( )，int 对应 0（图 13-1）。

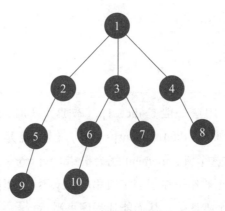

图 13-1　key 如果不存在，则返回的是该参数类型的默认值

13.1.2　广度优先遍历算法

广度优先遍历（Breath First Search，BFS）与深度优先遍历（Depth First Search，DFS）是图论中两种非常重要的算法，生产上广泛用于拓扑排序、寻路（走迷宫）、搜索引擎、爬虫等方面，也频繁出现在 leetcode 网站的名企面试题中。

广度优先遍历，指的是从图的一个未遍历的结点出发，先遍历这个结点的 相邻结点，再依次遍历每个相邻结点的相邻结点（图 13-2，可以扫码观看示意动图）。

图 13-2　广度优先遍历

298

图中每个结点的值即为它们的遍历顺序。所以广度优先遍历也叫层序遍历，先遍历第一层（结点1），再遍历第二层（结点2，3，4）、第三层（5，6，7，8）、第四层（9，10）。深度优先遍历一般用栈来实现，而广度优先遍历要用队列来实现（可以扫码观看示意动图）。

13.2 任务介绍

13.2.1 任务背景

某商业银行需要将4万多个任务按层级（只有先完成父任务，子任务才可以运行）从旧平台迁入新平台中。由于任务之间的关联非常复杂，比如有任务A和B，它们之间的关系是只有A执行了，才能执行B，也就是可以认为A任务是B任务的前提条件，也称A是B的父任务。因此要按照执行顺序整理好这些任务，使得所有的任务在执行之前，它们的父任务均已获得执行。也就是说，所有任务事实上可以看作一棵树形结构。每个树结点都是一个单独的任务，有它的父结点（根结点除外）。

例如，root任务是完成任务A1、A2、A3的前提条件，然后A1这个任务又是完成B1、B2、B3任务的前提条件，可以将这样的关系表示为树结构（图13-3）。

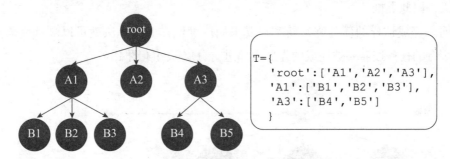

图 13-3　数据迁移任务可以被分解为任务树

数据迁移工作中，对于每一项任务的具体工作内容，都记载在一个JSON格式的文件上。同时对于执行这个任务的前提条件（可能不止一个前提条件，严格意义上说其实是一个图结构），把它表示为该任务结点的父任务（父任务可以有多个），标注在parentActivities这个键值里（图13-4）。

图 13-4　JSON子任务文件，其中标明了它的父任务

　　因此在读入一组 JSON 子任务文件时，可以提取 JSON 子任务文件里所记载的父任务，通过这些父子关联信息可以从这样一组文件里还原出完整的任务树（图），那么在完成数据迁移任务时就可以按照优先次序来执行了（父任务先执行，接着执行其后续子任务）。例如，读入子任务文件 file，然后获取其中的 parentActivities 键值的内容，这就是父任务（从树的观点也可称之为父结点）的名称（图 13-5）。

```
import json

file = open(filePath, 'rb')
taskJson = json.load(file)
parentActivities = taskJson['cdfTaskInfo']['parentActivities']
```

图 13-5　读入 JSON 子任务文件，获得父结点名称

　　总结起来，用树（图）结构的观点来描述，任务如下。

　　输入：一组 JSON 格式的任务文件（作为子结点其内容中含有各自的父结点）。

　　输出：建立 2、3、4…以数字命名的目录。把这组输入的 JSON 文件按照所属层级分别放入这些目录中。例如 A1、A2、A3 这些文件就放到 2 这个目录下，因为它们在数结构中处于第 2 层级。B1、B2、B3 这些文件就放到 3 这个目录下，因为它们在数结构中处于第 3 层级，以此类推。

　　如何来完成这样的任务呢？其实只要采用广度优先遍历算法就可以顺利完成这项工作，将所有的任务按需要被完成的先后次序进行分层即可（图 13-6）。

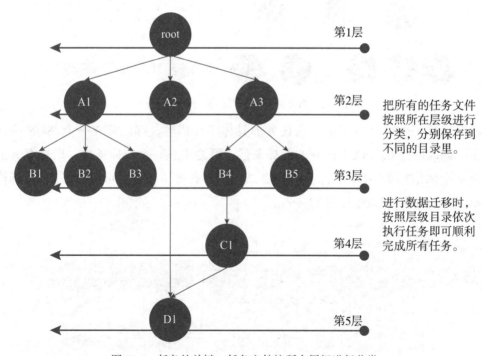

图 13-6　任务的关键：任务文件按所在层级进行分类

13.2.2 BFS 的讨论

在应用广度优先遍历算法时有个问题需要考虑：如果有一个子任务的完成依赖于两个前提条件，如 D1 的父结点是 A2 和 C1 该怎么处理呢（图 13-7）？

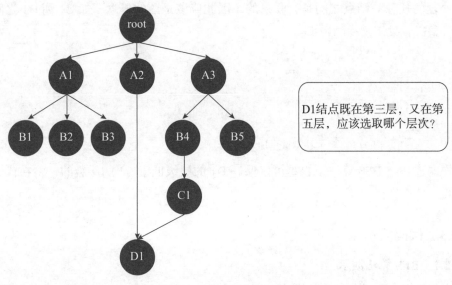

图 13-7　多个父结点的处理

事实上，D1 任务的顺利完成必须是要以先完成任务 A2 和 C1 为前提的。也就是说，从 root 根上往下看，D1 在树上的结点要低于 C1 结点，即 D1 的层级数字一定要大于 C1（约定根的层级是 1，层级数字越大就处于树的越低层）。而如果得到结论是：D1 处于 3 层，C1 处于第 4 层。也就是说，要先完成任务 D1（因为它的层级数字小，层级数字小的就要先完成），再完成任务 C1，而这个 D1 层级 <C1 层级是与实际情况不相符合的（图 13-8）。

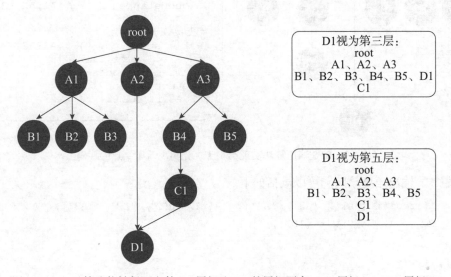

图 13-8　BFS 算法能够保证文件 C1 层级比 D1 的层级要高：C1 层级 =4，D1 层级 =5

所以在编码时可以特别关注这一点，查看 C1 层级是否高于 D1 层级，即 C1 层级 =4、D1 层级 =5 这才符合任务本身的要求。

注意到任务（图 13-8）本身并非一棵标准的树（树即叶结点之间没有相互连接），由于目前处理的任务叶结点之间是有联系的，因此应该是图的概念，如 C1 到 D1 之间有连接，也就是说，采用这样的数据：

```
s = {'root': ['A1', 'A2', 'A3'],
     'A1': ['B1', 'B2', 'B3'],
     'A3': ['B4', 'B5'],
     'B4': ['C1'],
     'A2': ['D1'],
     'C1': ['D1']}   #注意这里加入了 'C1': ['D1']，这是图的概念
```

这样的连接在 BFS 算法下也是可以保证 D1 的层级低于 C1 的层级的，将在代码演示里再次验证这个结论。

13.3 代码演示

13.3.1 BFS 算法演示

假定需要遍历下面的图形（图 13-9）。

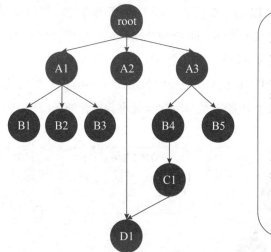

```
#广度优先遍历，按层次遍历各结点
queue =[]
queue.append('root') [root]
#获取root子结点
task = queue.pop(0)   []
nodes = T_dict[task] [A1,A2,A3]
for item in nodes:
    queue.append(item)[A1,A2,A3]

#获取A1子结点
task = queue.pop(0)   [A2,A3]
nodes = T_dict[task] [B1,B2,B3]
for item in nodes:
    queue.append(item)
[A2,A3,B1,B2,B3]
```

图 13-9 BFS 遍历算法实现第 1 步：先写出若干结点的代码

从输入 / 输出角度该问题可以概括如下。

输入：{'root': ['A1', 'A2', 'A3'], 'A1': ['B1', 'B2', 'B3'], 'A3': ['B4', 'B5'], 'B4': ['C1'], 'A2': ['D1'], 'C1': ['D1']}

输出：

root 的子结点：['A1', 'A2', 'A3']

A1 的子结点：['B1', 'B2', 'B3']

```
A2 的子结点：['D1']
A3 的子结点：['B4', 'B5']
B1 的子结点：[]
B2 的子结点：[]
B3 的子结点：[]
D1 的子结点：[]
B4 的子结点：['C1']
B5 的子结点：[]
C1 的子结点：['D1']
D1 的子结点：[]
```

在了解输入/输出之后，编写程序时第 1 步，先写出某几个结点的遍历代码（图 13-9），第 2 步再将第 1 步中重复的代码进行合并（图 13-10），从而得到 BFS 算法的核心代码如下。

完整代码如下。

```
while queue:
    task = queue.pop(0)
    nodes = T_dict[task]
    for item in nodes:
        queue.append(item)
```

图 13-10 BFS 算法实现第 2 步：提取公共部分的代码形成循环

demo1.py
```
1    import collections
2
3    s = {'root': ['A1', 'A2', 'A3'],
4         'A1': ['B1', 'B2', 'B3'],
5         'A3': ['B4', 'B5'],
6         'B4': ['C1'],
7         'A2': ['D1'],
8         'C1': ['D1']}
9    dict_a = collections.defaultdict(list)
10   for k, v in s.items():
11       for w in v:
12           dict_a[k].append(w)
13   print(dict_a)
14   queue = ['root']
15   while queue:
16       name = queue.pop(0)
17       nodes = dict_a[name]
18       print(name, ' 的子结点：', nodes)
19       for j in nodes:
20           queue.append(j)
```

13.3.2 打印树上子结点的层级

下面对上述代码进行修改，使得程序能获得每个子结点的所在层级。假定 root 根结点的层级为 1。

demo2.py
```
1    import collections
2
```

```
3    s = {'root': ['A1', 'A2', 'A3'],
4         'A1': ['B1', 'B2', 'B3'],
5         'A3': ['B4', 'B5'],
6         'B4': ['C1'],
7         'A2': ['D1'],
8         'C1': ['D1']}
9    dict_a = collections.defaultdict(list)
10   for k, v in s.items():
11       for w in v:
12           dict_a[k].append(w)
13   print(dict_a)
14   # ==========================
15   queue = ['root']
16   cj = [1]   # root 层级 = 1
17   print('-'*20)
18   while queue:
19       name = queue.pop(0)
20       nodes = dict_a[name]
21       result = cj.pop(0)
22       print(name, ' 的子结点: ', nodes)
23       print(name, ' 的层级: ', result)
24       print('-'*20)
25       for j in nodes:
26           queue.append(j)
27           cj.append(result + 1)
```

输出结果如下。

```
--------------------
root 的子结点: ['A1', 'A2', 'A3']
root 的层级: 1
--------------------
A1 的子结点: ['B1', 'B2', 'B3']
A1 的层级: 2
--------------------
A2 的子结点: ['D1']
A2 的层级: 2
--------------------
A3 的子结点: ['B4', 'B5']
A3 的层级: 2
--------------------
B1 的子结点: []
B1 的层级: 3
--------------------
B2 的子结点: []
```

```
B2 的层级：  3
--------------------
B3 的子结点：  []
B3 的层级：  3
--------------------
D1 的子结点：  []
D1 的层级：  3
--------------------
B4 的子结点：  ['C1']
B4 的层级：  3
--------------------
B5 的子结点：  []
B5 的层级：  3
--------------------
C1 的子结点：  ['D1']
C1 的层级：  4
--------------------
D1 的子结点：  []
D1 的层级：  5
--------------------
```

可以看到 D1 的层级最终为 5，得到了正确的结果。也就是说，必须先完成任务 C1，才能完成任务 D1，所以 C1 层级必须小于 D1（层级越小，优先级越高越要先执行）。

13.3.3　调整任务图的结构

即便是调整了任务图（图 13-11）：

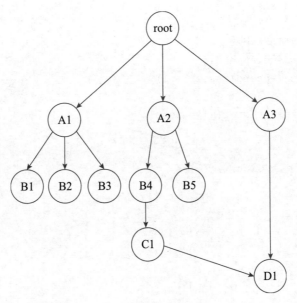

图 13-11　调整任务图结构，但仍然保持 D1 的父结点是 C1，不会改变程序结果

依然可以用相同的代码得到正确的结果。代码和结果如下。

demo3.py

```
1    import collections
2
3    s = {'root': ['A1', 'A2', 'A3'],
4         'A1': ['B1', 'B2', 'B3'],
5         'A2': ['B4', 'B5'],     # 注意数据根据任务图的不同而调整了
6         'B4': ['C1'],
7         'A3': ['D1'],           # 注意数据根据任务图的不同而调整了
8         'C1': ['D1']}           # 不变的是始终保持着这对父子结点关系
9    dict_a = collections.defaultdict(list)
10   for k, v in s.items():
11       for w in v:
12           dict_a[k].append(w)
13   print(dict_a)
14   # ==========================
15   result_dict = {}            # 加入一个搜集结果的普通字典
16   queue = ['root']
17   cj = [1]                    # root 层级 = 1
18   print('-'*20)
19   while queue:
20       name = queue.pop(0)
21       nodes = dict_a[name]
22       result = cj.pop(0)
23       print(name, ' 的子结点: ', nodes)
24       print(name, ' 的层级: ', result)
25       print('-'*20)
26       for j in nodes:
27           queue.append(j)
28           cj.append(result + 1)
29
30           result_dict[j] = result + 1
31
32
33   print(result_dict)
```

运行结果如下。

```
--------------------
root 的子结点: ['A1', 'A2', 'A3']
root 的层级: 1
--------------------
A1 的子结点: ['B1', 'B2', 'B3']
A1 的层级: 2
--------------------
```

```
A2 的子结点：['B4', 'B5']
A2 的层级：2
--------------------
A3 的子结点：['D1']
A3 的层级：2
--------------------
B1 的子结点：[]
B1 的层级：3
--------------------
B2 的子结点：[]
B2 的层级：3
--------------------
B3 的子结点：[]
B3 的层级：3
--------------------
B4 的子结点：['C1']
B4 的层级：3
--------------------
B5 的子结点：[]
B5 的层级：3
--------------------
D1 的子结点：[]
D1 的层级：3
--------------------
C1 的子结点：['D1']
C1 的层级：4
--------------------
D1 的子结点：[]
D1 的层级：5
--------------------
{'A1': 2, 'A2': 2, 'A3': 2, 'B1': 3, 'B2': 3, 'B3': 3, 'B4': 3, 'B5': 3,
'D1': 5, 'C1': 4}
```

可以看到 D1 的层级最终依然为 5。唯一的问题就是对于 D1 这个结点遍历了两次（使用下面的代码来更直观地演示 D1 被遍历两次）。

```
demo_visited_twice.py
1    # 演示一个结点被遍历两次
2    graph = {
3        'root': ['A1', 'A2', 'A3'],
4        'A1': ['B1', 'B2', 'B3'],
5        'A2': ['D1'],
6        'A3': ['B4', 'B5'],
7        'B1': [],
8        'B2': [],
```

```
9           'B3': [],
10          'B4': ['C1'],
11          'B5': [],
12          'C1': ['D1'],
13          'D1': []
14      }
15
16      queue = ['root']    # 初始化队列
17      cj = []
18      while queue:    # 循环访问每个节点
19          m = queue.pop(0)
20          print(m, end=" ")
21
22          for neighbour in graph[m]:
23              queue.append(neighbour)
24
25
26
```

上述程序输出为：

```
root A1 A2 A3 B1 B2 B3 D1 B4 B5 C1 D1
```

在遍历时一个结点（D1）可能会被访问多次，这个问题将在 13.3.4 节进行解决。

13.3.4   完整的 BFS 算法

假设有一个图要进行广度优先遍历（图 13-12）。

代码如下。

demo4.py

```
1       # 完整的 BFS 算法演示
2       graph = {
3           '5': ['3', '7'],
4           '3': ['2', '4'],
5           '7': ['8'],
6           '2': [],
7           '4': ['8'],
8           '8': []
9       }
10
11      visited = []    # 保存已访问节点的列表
12      queue = []    # 初始化队列
13
14      # 完整的 BFS 算法
15      def bfs(visited, graph, node):    # BFS 算法函数
16          visited.append(node)
17          queue.append(node)
```

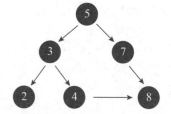

图 13-12   进行 BFS 遍历，输出：5 3 7 2 4 8

```
18
19        while queue:   #循环访问每个节点
20            m = queue.pop(0)
21            print(m, end=" ")
22
23            for neighbour in graph[m]:
24                if neighbour not in visited:
25                    visited.append(neighbour)
26                    queue.append(neighbour)
27
28
29    # 调用 BFS 算法
30    print("Following is the Breadth-First Search")
31    bfs(visited, graph, '5')   # 调用函数 bfs
32
```

上述代码中可以尝试去掉第 24、25 行，看看会发生什么？

```
23            for neighbour in graph[m]:
24    #            if neighbour not in visited:
25    #                visited.append(neighbour)
26                queue.append(neighbour)
```

也就是说，为了防止结点被遍历多次，代码中维持一个 visited 列表是很有必要的。

13.4　代码补全和知识拓展

13.4.1　代码补全

为了读取所有的 JSON 格式的任务文件，请对下述代码进行补全。

blank.py

```
1    # 代码补全
2    # 请在 (           ) 填写代码
3    # -------------------------------------------------------
4    import os
5
6    file_path = (_____)
7    fileList = []
8    if not os.path.exists(file_path):
9        print('file_path is not exist!')
10    for root, dirs, files in os.walk(file_path):
11        for file in files:
12            # 只读取 .json 后缀名的文件，防止其他文件导致代码报错
13            (_____)
14    print(fileList)
```

13.4.2　知识拓展

读取 JSON 文件夹下的 JSON 文件，该文件是以自己的结点名称命名的，如 A1.json，就是表示该任务名称为 A1，文件内容包含父任务名称（见图 13-13）。

```
数据结构整合
将所有JSON解析出来的一对一关系整合成树的结构。
```

```
T_dict = {}

for i in range(len(parentActivities)):
    # 多父结点情况，获取所有父结点
    parent = parentActivities[i]['name']
    # 获取父任务名
    key = parent
    # 记录当前任务名(子任务名)
    value = filename
    # 更新数据字典
    T_dict[key].append(value)
```

图 13-13　读取 JSON 文件内容中的父结点信息，构建树（图）结构

请编写程序获取其中的父任务名称，打印输出该文件名和其父结点名称。请补充完整下述代码。

extend.py

```
1    # 读取 JSON 文件
2    import json
3    import collections
4    dict_a = collections.defaultdict(list)
5    filename = 'A1.json'
6    originalPath = './json/' + filename
7
8    with open(originalPath, 'rb') as json_file:
9
10       originalfileJson = json.load(json_file)
11       # 获取依赖关系信息
12       parentActivities = originalfileJson['cdfTaskInfo']['parentActivities']
13       #print(' 所有的父结点: ', parentActivities)
14
15       for i in range(len(parentActivities)):
16
17           parent = parentActivities[i]['name']
18
19           key = (_____)
20           value = (_____)
21           print(value, '--->', parent)
22           dict_a[key].append(value)
```

如果进一步拓展程序的功能，是否能把 JSON 目录下所有文件和其文件中的父结点名称全部打印出来？请编写程序完成。程序最终运行效果可以扫码观看。

13.5　实训任务：某商业银行数据迁移案例

某商业银行总行科技部要进行一项大型的数据迁移任务，首先将所有任务的依赖关系绘制为一张复杂的关联关系图（图 13-14）。

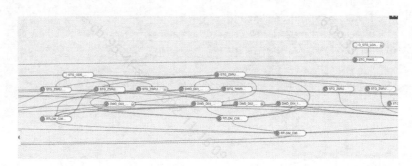

图 13-14　某商业银行总行科技部数据迁移任务关联关系示意图

以图上的每一个结点名称为文件名，创建 JSON 格式的文件。文件中标明了该任务的父任务结点名称。现在已经得到所有的任务文件，该组文件放置在目录 json 下，如图 13-15 所示。

图 13-15　任务文件以及文件内容

请编写程序，提取文件内容并构建出关系树，然后根据树的结点从根至叶结点计算出任务的层级（优先级），然后按照优先级建立文件夹并对任务文件分类进行存放。下面列出了部分程序代码，请进行补全。程序最终运行效果可以扫码观看。

task1.py

```
1   # 任务一：数据迁移工作的文件按层级分类
2   # ----------------------------------------------------------
3   # 该程序的作用是读入 JSON 目录下的所有文件
4   # 然后按照它在树上的结点层级进行分类
5   # 分类之后，按照不同的层级保存到 result 目录下的不同的子目录下
6   # 层级 2 的文件保存到 result\2 目录，层级 3 的文件保存到 result\3 目录等
7   import json
```

```
8    import os
9    import shutil
10   import time
11   from collections import defaultdict
12
13
14   def getFileName(file_path):
15       fileList = []
16       if not os.path.exists(file_path):
17           print('file_path is not exist!')
18       for root, dirs, files in os.walk(file_path):
19           for file in files:
20               # 只读取 .json 后缀名的文件，防止其他文件导致代码报错
21               if os.path.splitext(file)[1] == '.json':
22                   # print(file)
23                   fileList.append(file)
24       return fileList
25
26
27   # 获取所有的一对一关系后汇总成图
28   def get_relation(path, name, dict_a):
29       # 读取 JSON 文件
30       originalPath = path + name
31       file = open(originalPath, 'rb')
32       originalfileJson = json.load(file)
33       # 获取依赖关系信息
34       parentActivities = originalfileJson['cdfTaskInfo']['parentActivities']
35       # print('所有的父结点: ', parentActivities)
36
37       for i in range(len(parentActivities)):
38           relation = parentActivities[i]
39           parent = relation['name']
40
41           key = parent
42           value = name.split('.json')[0]
43           #print(name.split('.json')[0],'--->',parent)
44           dict_a[key].append(value)
45       file.close()
46
47
48   # 广度优先遍历后记录层数，并对文件进行复制
49   def BFS(dict_a, q):
50       queue = [q]
51       cj = [1]   # 层级
52
53       while queue:
```

```
54              name = queue.pop(0)
55              nodes = dict_a[name]
56              #print(name,' 的子结点: ',nodes)
57              result = cj.pop(0)
58              for j in nodes:
59
60                  (_____)
61
62
63      def move_file():
64          for item in result_dict.items():
65              file = item[0]
66              cj = item[1]
67
68              #print('%s:%s'%(file, cj))
69
70              if not os.path.exists('./result/' + '/' + str(cj)):
71                  os.makedirs('./result/' + '/' + str(cj))
72                  shutil.copy('./json/' + file + '.json', './result/' + '/' +
str(cj) + '/')
73              else:
74                  shutil.copy('./json/' + file + '.json', './result/' + '/' +
str(cj) + '/')
75          print(' 文件分层完成 ')
76
77
78      if __name__ == '__main__':
79          print(' 开始运行程序，请勿关闭窗口 ...')
80          # 树字典的声明
81          Tree_dict = defaultdict(list)
82          result_dict = {}
83          task_path = './json/'
84
85          # 获取所有的 JSON 文件列表
86          jsonList = getFileName(task_path)
87          print(' 所有任务: ', jsonList)
88
89          print(' 共有 {} 个任务 '.format(len(jsonList)))
90          for i in range(len(jsonList)):
91              json_file = jsonList[i]
92              #print(json_file)
93              #print(' 读取文件: ', json_file.split('.json')[0])
94              get_relation(task_path, json_file, Tree_dict)
95          #
96          print(Tree_dict)
97          BFS(Tree_dict, 'root')
```

```
98         print(result_dict)
99         move_file()
100
```

13.6　课后思考

1. 请对图 13-16 编写程序进行 BFS 遍历。假定分别以 D 点和 A 点为根结点，打印出遍历结点字母序列。程序已经提供部分代码，请补充完整。

结果将显示为：

BFS D is the root: ['D', 'B', 'C', 'A', 'E']

BFS A is the root: ['A', 'B', 'C', 'D', 'E']

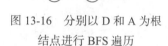

图 13-16　分别以 D 和 A 为根结点进行 BFS 遍历

ex1.py
```
1    # 课后练习1
2    # --------------------------------------------------------
3    graph = {
4      'A': ['B', 'C', 'D'],
5      'B': ['A', 'D', 'E'],
6      'C': ['A', 'D'],
7      'D': ['B', 'C', 'A', 'E'],
8      'E': ['B', 'D']
9    }
10
11
12   def bfs(graph, source):
13       visited = set()        #to keep track of already visited nodes
14       bfs_traversal = list()  #the BFS traversal result
15       queue = list()         #queue
16
17       #push the root node to the queue and mark it as visited
18       queue.append(source)
19       visited.add(source)
20
21       #loop until the queue is empty
22       while queue:
23           #pop the front node of the queue and add it to bfs_traversal
24           (_____)
25
26           #check all the neighbour nodes of the current node
27           for neighbour_node in graph[current_node]:
28               #if the neighbour nodes are not already visited,
29               #push them to the queue and mark them as visited
30               (_____)
```

```
31
32       return bfs_traversal
33
34
35   if __name__ == '__main__':
36       bfs_traversal = bfs(graph, 'D')
37       print(f"BFS D is the root: {bfs_traversal}")
38       bfs_traversal = bfs(graph, 'A')
39     print(f"BFS A is the root: {bfs_traversal}")
```

2. 请对图 13-17 编写 BFS 遍历程序，以 A 点为根
结点，打印出遍历结点字母序列。程序已经提供部分
代码，请补充完整。

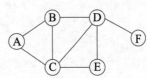

ex2.py

图 13-17　以 A 为根结点进行 BFS 遍历

```
1    # 课后练习2
2    # --------------------------------------------------------------
3
4    mygraph = {
5        "A": ["B", "C"],
6        "B": ["A", "C", "D"],
7        "C": ["A", "B", "D", "E"],
8        "D": ["B", "C", "E", "F"],
9        "E": ["C", "D"],
10       "F": ["D"]
11   }
12
13
14   def BFS(graph, star):   #BFS 算法
15       queue = []          # 定义一个队列
16       seen = set()        # 建立一个集合，集合就是用来判断该元素是不是已经出现过
17       queue.append(star)              # 将任一个结点放入
18       seen.add(star)                  # 同上
19       while len(queue) > 0:           # 当队列里还有东西时
20           ver = queue.pop(0)          # 取出队头元素
21           (_____)           # 查看 grep 里面的 key 对应的邻接点
22           (_____:)           # 遍历邻接点
23             (_____:)           # 如果该邻接点还没出现过
24                   queue.append(i)     # 存入 queue
25                   seen.add(i)         # 存入集合
26           print(f'{ver} ', end='')    # 打印队头元素
27
28
29   print(BFS(mygraph, "A"))
```

315

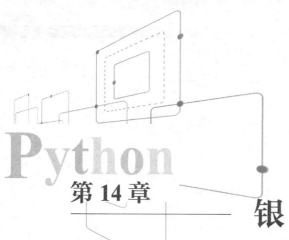

第14章　银行信贷潜在违约客户识别

14.1　知识准备

14.1.1　贷前风控模型

在银行、消费金融公司等各种贷款业务机构，普遍使用信用评分来对客户的信用情况打分，以期对客户是否优质做出评判。信用评分是指根据银行客户的各种历史信用资料，利用一定的信用评分模型，得到不同等级的信用分数。根据客户的信用分数，授信者可以通过分析客户按时还款的可能性，决定是否给予授信以及授信的额度和利率。虽然授信者通过人工分析客户的历史信用资料，同样可以得到这样的分析结果，但利用信用评分模型却更加快速、更加客观、更具有一致性。

申请贷款之前（贷前）的信用评分模型一般采用 A 卡模型，A 卡是风控的关键模型，也称为申请评分卡——A 卡（Application Scorecard）。此外，还有贷中行为评分卡 B 卡（Behavior Scorecard）、催收评分卡 C 卡（Collection Scorecard），以及反欺诈模型等。业界的普遍共识是"评分卡模型"几乎可以适用于 80% 的银行信贷信用评分。

A 卡的使用场景是金融产品的申请阶段（如申请信用卡、申请贷款等），目的在于预测申请人的风险，对申请人在申请时的风险进行量化评估。B 卡的使用场景是金融产品的使用阶段（如在已经获得贷款、信用卡的使用期间），目的在于预测使用者的风险，对使用者在未来一定时间内逾期的概率进行量化分析。C 卡的使用场景是金融产品的逾期阶段，目的在于预测已经逾期并进入催收阶段的贷款人风险，对该逾期贷款人在今后未来一定时间内还款的概率进行量化分析（图 14-1）。

一般来说，A 卡可用作贷款 0 ～ 1 年内的信用分析。B 卡则是在申请人已获得贷款，累计了一定的行为数据之后，依托大数据进行的分析，一般为 3 ～ 5 年的时间区间。而 C 卡则对数据量要求更大，需加入催收后的客户反应等多维度的属性数据再进行分析。每种评分卡采用的模型都会有所不同。在 A 卡中常用的模型有逻辑回归（Logistic Regression，LR）、层次分析法（Analytic Hierarchy Process，AHP）等，也有采用人工智能的机器学习

图 14-1 风险管理 "评分卡模型"

算法的（如 XGBoost、LightGBM 算法等）。而在 B、C 两种卡中，常使用多因素逻辑回归，在预测精度等方面表现会更好。

以 A 卡的逻辑回归模型为例，使用逻辑回归模型可以得到一个 [0,1] 区间的结果，在风控场景下可以理解为用户违约的概率，逻辑回归方程为：

$$\ln(P_{非逾期}/P_{逾期})=w_1x_1+w_2x_2+w_3x_3+\cdots \quad\quad （14\text{-}1）$$

其中，$P_{非逾期}$ 是样本非逾期的概率，$P_{逾期}$ 是样本逾期的概率。评分卡建模时需要把违约的概率映射为评分。假设客户的基础分为 650 分，规则如下。

● 当这个用户非逾期的概率是逾期的概率的 2 倍时，加 50 分。

● 非逾期的概率是逾期的概率的 4 倍时，加 100 分。

● 非逾期的概率是逾期的概率的 8 倍时，加 150 分，以此类推，得到下述公式可以得到分数：

$$score=650+50\times\log_2(P_{非逾期}/P_{逾期}) \quad\quad （14\text{-}2）$$

其中，score 是计算得到的评分卡分数。为了求出这个 $\log_2(P_{非逾期}/P_{逾期})$ 值，由对数换底公式可知：

$$\log_2(P_{非逾期}/P_{逾期})=\ln(P_{非逾期}/P_{逾期})/\ln 2 \quad\quad （14\text{-}3）$$

再将公式（14-1）代入公式（14-3）的逻辑回归方程：

$$\log_2(P_{非逾期}/P_{逾期})=(w_1x_1+w_2x_2+w_3x_3+\cdots)/\ln 2 \quad\quad （14\text{-}4）$$

因此只需要求解出逻辑回归中每个特征 x_i 的系数 w_i，然后将样本的每个特征值加权求和即可得到客户当前的标准化信用评分。

14.1.2 GBDT 原理

梯度是一个数学概念，一个函数的梯度方向是函数上升最快的方向，负梯度方向是函数下降最快的方向。梯度提升决策树（Gradient Boosting Decision Tree，GBDT）是一种迭代的决策树算法，该算法由多棵决策树组成，所有树的结论累加起来形成最终答案。决策树可分为回归树和分类树。区分回归树和分类树的方法很简单，例如，能区分苹果好与坏的就是分类树，而能为苹果好坏打分数的就是回归树。由于 GB 算法中需要将决策树的结果累加起来，而如果是分类树，其结果是无法相加的，例如，"猫" + "兔" 等于什么？所以说 GBDT 中所有的树都是回归树，而不是分类树，也就是说，这里的 DT 特指

Regression Decision Tree 而不是 Classification Decision Tree。

GBDT 的原理就是利用多个决策树来逼近最终结果。即把其中所有回归树的结果相加等于预测值，然后下一个回归树去拟合预测值与真实值之间的误差。举一个非常简单的例子，例如，某人今年 30 岁了，需要让计算机或者模型 GBDT 去根据一定的条件预测这个人的年龄。

GBDT 模型会在第一个决策树中随便用一个年龄如 20 岁来拟合，然后发现误差有 10 岁。

接下来在第二棵树中，用 6 岁去拟合剩下的损失，发现差距还有 4 岁。

接着在第三棵树中用 3 岁拟合剩下的差距，发现差距只有 1 岁了。

最后在第四课树中用 1 岁拟合剩下的残差，差距为 0，完美匹配。

最终，四棵树的结论加起来 20+6+3+1，就是真实年龄 30 岁。

GBDT 是机器学习算法，XGBoost 是该算法的工程实现。XGBoost 可以看作 GBDT 算法的升级版，而 LightGBM 更是在 XGBoost 基础上的再优化，主要解决在数据量大、特征维度高的情况下效率和扩展性不足的问题。LightGBM 是 2017 年 1 月，微软在 Github 上开源的一个新的梯度提升框架。在开源之后，就被冠以"速度惊人""支持分布式""代码清晰易懂""占用内存小"等属性。LightGBM 主打的高效并行训练让其性能超越现有其他提升（又称 boosting）工具。在 Higgs 数据集上的实验表明，LightGBM 比 XGBoost 快将近 10 倍，内存占用率大约为 XGBoost 的 1/6。

LightGBM 算法既能做分类分析，又能做回归分析，对应的模型分别为 LightGBM 分类模型（LGBMClassifier）和 LightGBM 回归模型（LGBMRegressor）。

14.1.3　混淆矩阵

混淆矩阵是机器学习中总结分类模型预测结果的情形分析表，以矩阵形式将数据集中的记录按照真实的类别与分类模型预测的类别进行汇总。其中，矩阵的行表示真实值，矩阵的列表示预测值。例如，图 14-2 中类别 1 的真实值是 a、d、g，类别 1 的预测值分别是 a、b、c。

那么相应地就有以下计算公式。

● 类别 1 的精确率 Precision=$a/(a+b+c)$，表示在预测为"类别 1"中真正的"类别 1"的比率。

● 类别 1 的召回率 Recall=$a/(a+d+g)$，表示真实为"类别 1"中且被预测为"类别 1"的比率。

图 14-2　混淆矩阵

精准率和召回率是相互制约的，如果想要精准率提高，召回率则会下降，如果要召回率提高，精准率则会下降，需要找到二者之间的一个平衡。精准率和召回率这两个指标有时精准率低一些有时召回率低一些。那么实际中用哪种组合比较好呢？这一般和应用场景有关，对于有些场景，会更注重精准率，如股票预测，假设预测的是一个二分类问题：股票会升还是降，显然为了利润关注的是升（即上升为类 1），为什么这种情况下精准率指标更好呢？因为精准率是所有分类为 1 的预测中有多少是正确的，对本例也就是预测未来股票上升有多少是对的，这更符合投资者的利润最大化决策需求。而召回率是实际上升的股票中预测对了多少，这是一种基于风险的投资理念，表示所有上涨股票中有多大比率是真的会上升的。因此，这里更重要的是决策中有多少能赚钱，所以在这种场景下，精准率更好。

而如果在医疗领域，则召回率会显得更加重要，也就是要能在实际得病的人中尽量预测得更加准确。预测是基于在所有真正患病的人群中求得预测率，即不想漏掉任何真正患病的人，这样才更有可能挽回患者的生命，而精准率低些（没病的被预测为有病）并不会导致特别严重的后果，只是进行了一些过度医疗。

不过并非所有场景都如上面两个例子般极端，只关注精准率或只关注召回率。更多地希望得到它们之间的一种平衡，即同时关注精准率和召回率。这种情况下诞生了一个新的指标 F1 Score 来同时描述这两者，它的计算公式为：

$$F1 = \frac{2 \times Precision \times Recall}{Precision + Recall}$$

如果 Precision、Recall 两者同时为 0，则定义 F1=0。本质上，F1 是精准率和召回率的调和平均值。调和平均值一个很重要的特性是如果两个数极度不平衡（一个很大一个很小），最终的结果会很小，只有两个数都比较高时，调和平均值才会比较高，这样便达到了平衡精准率和召回率的目的。

14.2　任务介绍

银行等金融机构经常会根据客户的个人资料、财产等情况，来预测借款客户是否会违约，从而进行贷前审核、贷中管理、贷后违约处理等工作。金融处理的就是风险，需要在风险和收益间寻求到一个平衡点，现代金融某种程度上便是一个风险定价的过程，通过个人的海量数据，从而对其进行风险评估并进行合适的借款利率定价，这便是一个典型的风险定价过程，这也被称为大数据风控。

假定某银行有一个包含 1000 个客户的贷款信息表，其中记录了每个客户的身份证号码、收入、年龄、性别、历史授信额度、历史违约次数、是否违约等信息。利用这些数据用 GBDT 算法建立模型，从而可以使用该模型来对未来的客户进行是否违约的预测。

在实际编程中，常会用到 Scikit-learn（也称为 sklearn）库，这是一个针对 Python 编程语言的免费机器学习库。简单来说，Scikit-learn(sklearn) 的定位是通用机器学习库，建立在 NumPy 之上，它并不是一个深度学习神经网络框架。而 TensorFlow、PyTorch、Keras

的定位则主要是深度学习库。在实现 GBDT 算法时，常采用 sklearn 库，它具有各种分类、回归和聚类算法，包括支持向量机、随机森林、梯度提升、K 均值和 DBSCAN 等模型。另外，也常将 sklearn 与 LightGBM 配合使用。

14.3 代码演示

14.3.1 分析随机生成数据

假定采用随机生成的数据来建立模型。首先随机模拟产生一组 50 个客户的数据。

```
demo1.py
1    import pandas as pd
2    import random
3
4    data = [[random.randint(1, 36), random.randint(5, 50), random.randint
(0, 1)] for i in
5              range(1, 51)]
6
7    df = pd.DataFrame(data)
8    df.columns = ['欠款时长（月）', '年收入（万元）', '是否违约']
9    X = df.drop(columns='是否违约')
10   Y = df['是否违约']
11   print(df)
12   from sklearn.model_selection import train_test_split
13
14   X_train, X_test, y_train, y_test = train_test_split(X, Y, test_size=0.2)
15
16   # 分类模型
17   from lightgbm import LGBMClassifier
18    model = LGBMClassifier(boosting_type='gbdt', objective='binary', num_
leaves=50,
19                          learning_rate=0.1, n_estimators=10, max_depth=20,
20                          bagging_fraction=0.9, feature_fraction=0.9, reg_
lambda=0.2)
21
22   # 回归模型
23   # from lightgbm import LGBMRegressor
24   # model = LGBMRegressor(boosting_type='gbdt', objective='binary', num_
     # leaves=50,
25   #                       learning_rate=0.1, n_estimators=10, max_depth=20,
26   #                        bagging_fraction=0.9, feature_fraction=0.9, reg_
     # lambda=0.2)
27
28
29   model.fit(X_train, y_train)
```

```
30    # 模型预测及评估
31    y_pred = model.predict(X_test)
32
33    print(type(X_test))    # <class 'pandas.core.frame.DataFrame'>
34    print(type(y_test))    # <class 'pandas.core.series.Series'>
35    print(type(y_pred))    # <class 'numpy.ndarray'>
36    df1 = X_test
37    # 将 series 转 DataFrame
38    df1.insert(2, 'y_test', y_test)    # 插入第 2 列, 列名为 y_test
39    # 将 numpy.ndarray 转 DataFrame
40    df2 = pd.DataFrame(y_pred, index=df1.index, columns=['y_pred'])
41    df1 = df1.join(df2['y_pred'])
42    print(df1)
43    df1.sort_index(axis=0, ascending=True, inplace=True)
44    mydf = df1.reset_index()    #mydf 将索引重新从零开始顺序排序 , drop=True 删除旧
                                  # 的索引序列
45    mydf.index += 1
46    print(mydf)
47
48    # 画图
49    import matplotlib
50
51    matplotlib.use('TKAgg')
52    import matplotlib.pyplot as plt
53
54    plt.rcParams["font.sans-serif"] = ['SimHei']
55    plt.rcParams["axes.unicode_minus"] = False
56    plt.figure(figsize=(10, 5))
57    plt.bar(mydf.index, mydf['y_test']+0.1, color='darkorange', width=0.2)
58    plt.bar(mydf.index+0.2, mydf['y_pred']+0.1, color='lemonchiffon', width=0.2)
59    plt.xlabel('X_test')
60    plt.ylabel('y_pred')
61    plt.show()
62
```

演示重点：

1. 随机产生数据

第 4 行代码可以随机生成 50 个客户数据。其中，random.randint(1, 36), random.randint(5, 50), random.randint(0, 1) 分别代表"欠款时长（月）""年收入（万元）""是否违约"三列数据。

2. 使用模型

采用第 17 行或第 23 行，分别可以选用 LGBMClassifier 和 LGBMRegressor 模型。第 14 行按照 0.2 的比例，即选用 80% 的数据进行训练，选用剩下的 20% 数据进行模型测

试。第 29 行和第 31 行，分别进行模型的拟合与预测。所谓模型的拟合，就是生成模型，即根据训练数据模型得到生成模型。生成好模型之后就可以用来预测了，称为使用模型进行预测，简称模型的预测。经过模型的预测，得到预测值 y_pred。

3. 数据整合

在数据整合中，计划将测试的原始数据 X_test，测试的真实违约数据 y_test，以及模型的预测数据 y_pred 整合到同一个 DataFrame 中，以准备绘制图形。

第 36 行，将测试数据 X_test 放入 DataFrame df1 中。第 38 行将 .Series 类型的数据 y_test 也合并放入 df1 中。第 40 行将 numpy.ndarray 类型的数据 y_pred 转成 DataFrame 类型的数据 df2。在第 41 行代码中将 df2 并入 df1 中。至此，所有的数据均放入 df1 中等待绘图。

为了绘制柱状图形时让图形均匀分布在 X 轴上，第 43 行代码对 df1 的索引进行排序，第 44 行代码加入新的从 0 开始的索引，而第 45 行代码使得索引从 1 开始，这样就可以从 X 轴的标尺 1 处开始绘制柱状图。

4. 图形绘制

第 57、58 行分别绘制出真实违约值和预测违约值，由于违约值为 0 或 1，0 在图形中将不会得到绘制，因此为了显示效果，特意将所有值加上 0.1，目的是为了显示出来供用户辨识。第 58 行 mydf.index+0.2 是为了让两种柱状图能同时绘制不会彼此覆盖，增加了一个人为的位移，目的也是为了显示需要。程序最终运行效果可以扫码观看。

14.3.2 分析某银行真实数据

下面将不再使用随机产生的数据，而是使用经过脱敏处理之后的某银行真实数据（即"客户信息及违约表现 .xlsx"数据）进行建模和预测。

```
demo2.py
1    # ----------------------------------------------------------
2    #1. 读取数据
3    import pandas as pd
4
5    df = pd.read_excel('./ 客户信息及违约表现 .xlsx')
6
7    #2. 提取特征变量和目标变量
8    X = df.drop(columns=' 是否违约 ')
9    Y = df[' 是否违约 ']
10
11   #3. 划分训练集和测试集
12   from sklearn.model_selection import train_test_split
13
14   X_train, X_test, y_train, y_test = train_test_split(X, Y, test_size=0.2,
random_state=123)
```

```
15
16    #4.模型训练和搭建
17    from lightgbm import LGBMClassifier
18
19    model = LGBMClassifier()    # 分类模型
20    model.fit(X_train, y_train)
21
22    #5.模型预测及评估
23    y_pred = model.predict(X_test)
24    a = pd.DataFrame()            # 创建一个空的 DataFrame
25    a['预测值'] = list(y_pred)
26    a['实际值'] = list(y_test)
27    print(a.head())
28    from sklearn.metrics import accuracy_score
29
30    score = accuracy_score(y_test, y_pred)
31    print(f'accuracy_score={score}')
32    print(f'model.score={model.score(X_test, y_test)}')    # 模型准确度评分
33    # 绘制 ROC 曲线来评估模型预测效果
34    y_pred_proba = model.predict_proba(X_test)
35
36    from sklearn.metrics import roc_curve
37
38    fpr, tpr, thres = roc_curve(y_test, y_pred_proba[:, 1])
39    import matplotlib
40
41    matplotlib.use('TkAgg')
42    import matplotlib.pyplot as plt
43
44    plt.figure(figsize=(6, 6)) #600 x 600 px（先宽度后高度）
45    plt.plot(fpr, tpr)
46    plt.show()
47    # 求 AUC 值
48    from sklearn.metrics import roc_auc_score
49
50    score = roc_auc_score(y_test.values, y_pred_proba[:, 1])
51    print(f'roc_auc_score={score}')
52
53    features = X.columns        # 获取特征名称
54    importances = model.feature_importances_    # 获取特征重要性
55    # 通过二维表格显示
56    importances_df = pd.DataFrame()
57    importances_df['特征名称'] = features
58    importances_df['特征重要性'] = importances
```

```
59    importances_df.sort_values(' 特征重要性 ', ascending=False, inplace=True)
60    print(importances_df)
61    from lightgbm import plot_importance
62
63    plt.rcParams['figure.figsize'] = (12.8, 7.2)
64    plt.rcParams['font.sans-serif'] = ['SimHei']      # 用来正常显示中文标签
65    plt.rcParams['axes.unicode_minus'] = False        # 用来正常显示负号
66    plot_importance(model)
67    plt.show()
68
69    # 参数调优：使用网格搜索交叉验证的方法进行参数调优
70    from sklearn.model_selection import GridSearchCV
71
72    parameters = {'num_leaves': [10, 15, 31], 'n_estimators': [10, 20, 30],
'learning_rate': [0.05, 0.1, 0.2]}
73    model = LGBMClassifier()                            # 分类模型
74    grid_search = GridSearchCV(model, parameters, scoring='roc_auc', cv=5)
75    grid_search.fit(X_train, y_train)                  # 传入数据
76    print(grid_search.best_params_)                    # 输出参数的最优值
77    # 输出结果 {'learning_rate': 0.1, 'n_estimators': 20, 'num_leaves': 31}
78    model = LGBMClassifier(num_leaves=grid_search.best_params_['num_
leaves'],
79           learning_rate=grid_search.best_params_['learning_rate'],
80           n_estimators=grid_search.best_params_['n_estimators'], )
                                                        # 分类模型
81    model.fit(X_train, y_train)
82    y_pred_proba = model.predict_proba(X_test)
83    score = roc_auc_score(y_test.values, y_pred_proba[:, 1])
84    print(f'after GridSearchCV roc_auc_score={score}')
85
```

演示重点：

1. 模型评估：ROC 图形

第 25 行、第 26 行分别将预测值和实际值（真实值）放入 DataFrame 中备用。

在模型的拟合程度方面，为了评估模型拟合的优劣，第 31 行代码采用了 accuracy_score(y_test, y_pred) 函数，通过比较真实值 y_test 与预测值 y_pred，进行模型预测精度得分的计算。

之后，采用了业界惯用的 ROC 图形来衡量模型的整体预测能力，第 34 ~ 38 行代码采用 model.predict_proba() 函数和 roc_curve() 函数，使用 y_test, y_pred_proba 数据作为函数参数，计算出 fpr、tpr、thres 这三个指标，从而在第 45 行可以绘制出 ROC 图形。

ROC 曲线作为评估模型的首选统计方法，其用途十分广泛。ROC 全称为"受试

者工作特征曲线（Receiver Operating Characteristic）"，主要用于评估模型的预测准确率情况。

2. 模型评估：AUC 得分

ROC 曲线下面的面积就是 AUC 的值，因此 AUC 本质上传递的模型优劣信息与 ROC 是一致的。第 50 行代码计算了 AUC 的数值：roc_auc_score=0.83。

3. 模型"特征重要性"

第 52 ～ 59 行代码获取 DataFrame 中的各属性（也称特征），并使用模型中的 feature_importances_ 来获取特征重要性的排名，以表格形式打印出来。第 60 ～ 66 行代码则以图形方式显示特征重要性的排名。

4. 模型参数调优

第 72 行代码进行调优的设置，num_leaves 代表叶结点的最大个数，n_estimators 代表决策树的棵数，learning_rate[1] 代表学习速率（本质上是梯度下降的步长参数），这会影响模型训练的快慢。其中，num_leaves 是控制树结构的参数，而 n_estimators 和 learning_rate 是提高准确性的参数。实现更高准确率的常见方法是使用更多棵子树（即增大 n_estimators）并降低学习率（即减小 learning_rate）。换句话说，就是要找到 LGBM 中 n_estimators 和 learning_rate 的最佳组合。第 72 ～ 75 行就是对模型进行调优，输出最佳参数值。

5. 调优后的参数应用

第 78 行开始，用调优后的参数再次进行模型拟合和预测，计算 AUC 的数值为 roc_auc_score=0.84，该指标比优化前有所提升。程序最终运行效果可以扫码观看。

14.4 代码补全和知识拓展

14.4.1 代码补全

下面展示的一段程序是用来预测印度股票指数 Nifty50[2] 次日的价格走势的方向（上涨为 1 或下跌为 0）。代码将根据一组输入特征进行预测，该模型使用了 15 年的历史数据。

```
blank.py
1    #代码补全
2    #请在（          ）填写代码
3    # ----------------------------------------------------
4    #For data manipulation and plotting
5    import pandas as pd
```

---

① https://lightgbm.readthedocs.io/en/latest/pythonapi/lightgbm.LGBMClassifier.html

② 印度 Nifty50 指数是印度两大股指之一，创办于 1996 年 4 月 21 日，以印度国家证券交易所 (NSE) 中最重要的 50 只个股编制而成，在这 50 只个股中，银行及金融服务业占的权重最大。

```
6    import numpy as np
7    import matplotlib.pyplot as plt
8
9    #For model creation and prediction
10   import lightgbm as lgb
11
12   #For model analysis
13   from sklearn.metrics import ConfusionMatrixDisplay
14   from sklearn.metrics import classification_report
15
16   #Using yfinance download the NIFTY50 adjusted close prices
17   df = pd.read_excel("nifty50.xlsx")
18
19   print(df.head())
20
21   #Calculate the daily returns
22   df["returns"] = df.AdjClose.pct_change()
23
24   #Calculate the change column
25   df["Change"] = np.where(df.AdjClose.shift(-1) > df.AdjClose, 1, 0)
26
27   #Calculate the lagged time series of NIFTY50
28   cols = []
29
30   for i in range(7):
31       col_name = f'lag_{i}'
32
33       df[col_name] = df.returns.shift(i)
34       cols.append(col_name)
35
36   df.dropna(inplace=True)
37   print(df.columns)
38
39   #Define the features(x) and the output(y)
40   x = df[cols]
41   y = df[["Change"]]   #df[[ ]]：取完全的某列，是表格，返回 DataFrame 类型
42
43   #Split the data into training(80%) and testing(20%) sets
44   l = len(df)
45   x_train = x[:int(0.8 * l)]
46   y_train = y[:int(0.8 * l)]
47   x_test = x[int(0.8 * l):]
48   y_test = y[int(0.8 * l):]
49
```

```
50   #Create the LightGBM model with the below input parameters
51    model = lgb.LGBMClassifier(num_leaves=10, max_depth=7, learning_
rate=0.02, n_estimators=50)
52
53   #Fit the model on training data
54   model.fit(x_train, y_train.values.ravel())
55
56   #Use the trained model to make predictions on the test data
57   (_____)
58
59   #To obtain the training and testing accuracy
60   print('Training accuracy: {0:0.2f}'.format(model.score(x_train, y_train)))
61   print('Testing accuracy: {0:0.2f}'.format(model.score(x_test, y_test)))
62
63   #Plot confusion matrix for training and testing data
64   ConfusionMatrixDisplay.from_estimator(model, x_train, y_train)
65   plt.title("Confusion matrix of training data")
66   ConfusionMatrixDisplay.from_estimator(model, x_test, y_test)
67   plt.title("Confusion matrix of testing data")
68   plt.show()
69
70   #Get the classification report
71   print(classification_report(y_test, y_pred))
72
73   #Feature importance
74   (_____)
75   plt.show()
76
```

以上代码中，在第 22 行中，计算了 Nifty50 的每日回报，然后第 30～34 行创建其 0、
1、2、3、4、5、6 共 7 个周期的滞后版本，这将用作 LightGBM 模型的输入特征。

另外，第 25 行计算价格的每日变化，这将用作目标变量（由模型预测）。其计算规
则如下。

（1）如果明天的收盘价＞今天的收盘价 =1。

（2）如果明天的收盘价＜今天的收盘价 =0。

其中，明天的收盘价可以用程序表示为 shift(-1)（图 14-3），即

```
df["Change"] = np.where(df.AdjClose.shift(-1) > df.AdjClose, 1, 0)
```

时间		shift(-1)			
2007-12-06 00:00:00	昨天	5954.7	5974.3		
2007-12-07 00:00:00	今天	5974.3	5960.6	➡ 比较大小	判断涨跌
2007-12-10 00:00:00	明天	5960.6			

图 14-3　用 shift（-1）表示明天的收盘价

有监督的机器学习模型都需要定义输入特征和目标变量。第 40 ～ 41 行代码表示，输入特征（lag_0、lag_1、lag_2、lag_3、lag_4、lag_5、lag_6）存储在 x 中，目标变量存储在 y（变化）中。接下来，将数据拆分为训练和测试数据集（80%- 训练，20%- 测试）。自第 54 行代码开始，已经对模型进行了训练并做出了预测。第 60 ～ 61 行代码报告了模型预测的准确率为 56%。由于训练精度和测试精度之间没有显著差异，模型可以排除过拟合的情况。从测试数据（即预测效果）的混淆矩阵可以看出，模型准确预测了 330 次上涨，错误预测了 252 次上涨（330/（330+252）=0.57）。第 71 行代码会打印模型总体的效果评价报告（见图 14-4）。

```
Training accuracy: 0.61
Testing accuracy: 0.56
              precision    recall  f1-score   support

           0       0.52      0.24      0.32       330
           1       0.57      0.82      0.67       403

    accuracy                           0.56       733
   macro avg       0.54      0.53      0.50       733
weighted avg       0.54      0.56      0.51       733
```

图 14-4　模型拟合和预测效果报告

从上面的报告中可以看到 F1 的得分（因为它考虑了准确性和召回率）。F1 的结果展示了该模型做出正确预测的次数。很明显，多头仓位的 F1 得分 0.67 高于空头仓位 0.32。通过对模型进行一些调整以提高准确性，可以将此模型用于多头策略。如果能绘制出模型中使用的每个输入特征的重要性，那么将可以更好地了解模型，并有助于降维。例如，一些特征，如“lag_5”和“lag_6”可以被消除，因为从 Feature importance 图形中可以看出它们的预测能力很低。

上述程序可以帮助了解 LightGBM 的基本工作原理，以及它与其他梯度增强算法的区别。如果进行对比将会发现，LightGBM 确实比其对应的 XGBoost 更快。总之，上述代码将 LightGBM 应用于 Nifty50 指数上涨或下跌的预测，并对模型的准确性进行了评估。请对以上程序中的代码进行补全，需要补全的代码位于第 57 行和 74 行。程序最终运行效果可以扫码观看。

14.4.2　知识拓展

1. 超参数自动优化工具 Optuna

通常，基于树模型的超参数可以分为以下 4 类。

（1）影响决策树结构和学习的参数。

（2）影响训练速度的参数。

（3）提高精度的参数。

（4）防止过拟合的参数。

大多数时候，这些类别有很多重叠，提高一个类别的效率可能会降低另一个类别的效率。如果完全靠手动调参，将会是一个漫长的过程。所以前期可以利用一些自动化调参工具给出一个大致的结果，而自动调参工具的核心在于如何给定适合的参数区间范围。

Optuna 是一个使用 Python 编写的超参数调节框架。一个极简的 Optuna 的优化程序中只有三个最核心的概念：目标函数 (objective)、单次实验 (trial) 和研究 (study)。其中，objective 负责定义待优化函数并指定参数 / 超参数范围，trial 对应着 objective 的单次执行，而 study 则负责管理优化，决定优化的方式、总实验的次数、实验结果的记录等功能。之前用到的 gridsearchCV 就是一种超参搜索算法，但是 Optuna 是一个功能更强大的全流程超参数搜索工具。Optuna 包含 gridsearchCV 算法，使用方法一般如下。

```
study = optuna.create_study(sampler=optuna.samplers.GridSampler())
```

Optuna 默认的参数搜索算法是剪枝算法（Tree-structured Parzen Estimator，TPE）。如果能给定合适的参数网格，Optuna 就可以自动找到这些类别之间最平衡的参数组合。得到这个参数组合后，就可以拿去训练模型了，之后根据结果再手动微调，这样就可以省很多时间了。

下面先运行一个简单的优化任务（图 14-5）。

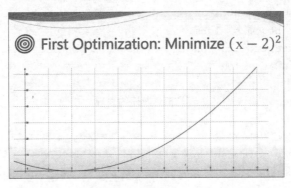

图 14-5　最小化 $(x-2)^2$

（1）定义要优化的 objective 函数，如最小化 $(x-2)^2$。

（2）使用 trial 对象建议超参数值。这里建议 x 的浮点取值范围为 $-10 \sim 10$。

（3）创建一个 study 对象并调用 optimize() 方法进行 100 次实验。

extend-1.py
```
1    import optuna
2
3
4    def objective(trial):
5        x = trial.suggest_float('x', -10, 10)
6        return (x-2) ** 2
7
8
9    study = optuna.create_study()
```

```
10    study.optimize(objective, n_trials=100)
11
12    print(study.best_params)   # 例{'x': 2.0151920840525603}
13
```

2. 自动优化代码演示环节中的银行真实数据

extend-2.py

```
1     import time
2
3     import optuna
4     import warnings
5
6     warnings.filterwarnings('ignore')  # 过滤掉 early_stopping(stopping_rounds=
                                          #100)带来的 warnings 信息
7     from lightgbm import early_stopping, log_evaluation
8     from sklearn.metrics import log_loss, average_precision_score, roc_auc_
score, accuracy_score, f1_score, \
9         classification_report, precision_score
10    from sklearn.model_selection import StratifiedKFold
11    import numpy as np
12    import lightgbm as lgbm
13    from optuna.integration import LightGBMPruningCallback
14    import pandas as pd
15
16    df = pd.read_excel('./ 客户信息及违约表现 .xlsx')
17
18    # 提取特征变量和目标变量
19    X = df.drop(columns=' 是否违约 ')
20    y = df[' 是否违约 ']
21
22    # 划分训练集和测试集
23    from sklearn.model_selection import train_test_split
24
25    X_train, X_test, y_train, y_test = train_test_split(X, y, test_size=0.2,
random_state=123)
26
27
28    def objective(trial, X, y):   # 参数网格
29        param_grid = {"n_estimators": trial.suggest_int('n_estimators', 5, 50),
30                # "n_estimators":  trial.suggest_categorical("n_
                #estimators", [50]),
31                "learning_rate": trial.suggest_float("learning_rate",
0.001, 0.3),
32                "num_leaves": trial.suggest_int("num_leaves", 5, 100,
step=1),
```

```
33              "max_depth": trial.suggest_int("max_depth", 3, 12),
34              # "min_data_in_leaf": trial.suggest_int("min_data_in_
                #leaf", 200, 10000, step=100),
35              # "lambda_l1": trial.suggest_int("lambda_l2", 0, 100,
                #step=5),
36              # "min_gain_to_split": trial.suggest_float("min_gain_to_
                #split", 0, 15),
37              # "bagging_fraction": trial.suggest_float("bagging_fraction",
                #0.2, 0.95, step=0.1),
38              # "bagging_freq": trial.suggest_int("bagging_freq", 2, 7),
39              # "feature_fraction": trial.suggest_float("feature_fraction",
                #0.2, 0.95, step=0.1),
40              "random_state": 120822, }
41
42      #LGBM 建模
43      model = lgbm.LGBMClassifier(objective="binary", **param_grid)
        # "binary", 二分类。"multiclass", 多分类
44
45      model.fit(X_train, y_train, eval_set=[(X_test, y_test)],
46              eval_metric='auc',
47              callbacks=[LightGBMPruningCallback(trial, 'auc'),
48                      log_evaluation(period=100), early_stopping
(stopping_rounds=100)])
49      # 模型预测
50      preds = model.predict_proba(X_test)
51      scores = roc_auc_score(y_test, preds[:, 1])    # 优化指标 score 最大
52
53      return scores
54
55
56  study = optuna.create_study(direction="maximize", study_name="LGBM Classifier")
57  func = lambda trial: objective(trial, X, y)
58  study.optimize(func, n_trials=20, show_progress_bar=True)
59  optuna.visualization.plot_optimization_history(study).show() # 绘制
60  optuna.visualization.plot_parallel_coordinate(study).show()
61  optuna.visualization.plot_param_importances(study).show()
62
63  print(f"\tBest value : {study.best_value:.5f}")
64  print(f"\tBest params:")
65  for key, value in study.best_params.items():
66      print(f"\t\t{key}: {value}")
67  time.sleep(3)
68  print("------------------------------------------------------------")
69  print("--------------------Best Params Trained model--------------")
```

```
70    print("-----------------------------------------------------------")
71    model1 = lgbm.LGBMClassifier(num_leaves=study.best_params['num_leaves'],
72              max_depth=study.best_params['max_depth'],
73              learning_rate=study.best_params['learning_rate'],
74              n_estimators=study.best_params['n_estimators'],
75              # min_data_in_leaf=study.best_params['min_data_in_leaf'],
76              # lambda_l1=study.best_params["lambda_l1"],
77              # lambda_l2=study.best_params["lambda_l2"],
78              # min_gain_to_split=study.best_params["min_gain_to_split"],
79              # bagging_fraction=study.best_params["bagging_fraction"],
80              # bagging_freq=study.best_params["bagging_freq"],
81              # feature_fraction=study.best_params["feature_fraction"],
82              random_state=120822)
83
84    model1.fit(X_train, y_train)
85    y_pred_proba = model1.predict_proba(X_test)
86    score = roc_auc_score(y_test.values, y_pred_proba[:, 1])
87    print(f'after optuna roc_auc_score={score}')
88
```

代码注解：

（1）读入数据。

第 16 行读入数据，第 25 行对数据进行训练集和测试集的划分。

（2）定义目标函数。

第 28 行开始定义 objective 目标函数。这里主要对四个参数进行调优，分别是 n_estimators、learning_rate、num_leaves 和 max_depth。调优的目标值是 auc 的分值，采用第 51 行的 roc_auc_score() 函数进行计算。

（3）启动参数调优。

第 56 ～ 58 行进行参数调优。

（4）图形化调优过程。

第 59 ～ 61 行绘制调优过程，并显示各个参数的重要程度。第 63 ～ 66 行打印搜索到的模型最优参数。

（5）训练最优模型。

第 67 行暂停 3s 之后，第 71 ～ 82 行开始将最优参数导入模型中，并利用模型进行预测。第 85 ～ 86 行代码评估模型的效果。我们会发现通过调优之后的模型表现比之前任意直接设定参数的模型效果要好。

总之，自第 68 行开始，使用最优参数对模型进行训练和拟合，第 85 行代码用训练好的模型进行预测，计算 AUC 的数值为 roc_auc_score=0.86，该指标比之前的优化效果又有所提升。程序最终运行效果可以扫码观看。

3. 自动优化股票指数 Nifty50 预测模型的参数——超参数优化框架

extend-3.py

```
1    import optuna
2    import warnings
3
4    warnings.filterwarnings('ignore')
     # 过滤掉 early_stopping(stopping_rounds=100) 带来的 warnings 信息
5    from lightgbm import early_stopping, log_evaluation
6    from sklearn.metrics import log_loss, average_precision_score
7    from sklearn.model_selection import StratifiedKFold
8    import numpy as np
9    import lightgbm as lgbm
10   from optuna.integration import LightGBMPruningCallback
11   import pandas as pd
12
13   #Using yfinance download the Nifty50 adjusted close prices
14   df = pd.read_excel("nifty50.xlsx")
15
16   print(df.head())
17
18   #Calculate the daily returns
19   df["returns"] = df.AdjClose.pct_change()
20
21   #Calculate the change column
22   df["Change"] = np.where(df.AdjClose.shift(-1) > df.AdjClose, 1, 0)
23
24   #Calculate the lagged time series of Nifty50
25   cols = []
26
27   for i in range(7):
28       col_name = f'lag_{i}'
29
30       df[col_name] = df.returns.shift(i)
31       cols.append(col_name)
32
33   df.dropna(inplace=True)
34   df.sort_index(axis=0, ascending=True, inplace=True)
35   df = df.reset_index() #mydf 将索引重新从零开始顺序排序,drop=True 删除旧的索引序列
36   # Define the features(x) and the output(y)
37   X = df[cols]
38   y = df["Change"]   #df[[ ]] : 取完全的某列, 是表格, 返回 DataFrame 类型
39   print(X)
40   print(y)
41
```

```
42
43   def objective(trial, X, y):  #参数网格
44       param_grid = {"n_estimators": trial.suggest_categorical("n_estimators",
[50]),
45                       "learning_rate": trial.suggest_float("learning_rate",
0.001, 0.3),
46                       "num_leaves": trial.suggest_int("num_leaves", 5, 300,
step=1),
47                       "max_depth": trial.suggest_int("max_depth", 3, 12),
48                       "lambda_l1": trial.suggest_int("lambda_l1", 0, 100,
step=5),
49                       "lambda_l2": trial.suggest_int("lambda_l2", 0, 100,
step=5),
50                       "random_state": 120822, }
51       # 交叉验证
52       #KFold 是用于生成交叉验证的数据集的
53       # 而 StratifiedKFold 则是在 KFold 的基础上，加入了分层抽样的思想
54       # 使得测试集和训练集有相同的数据分布，因此表现在算法上，StratifiedKFold 需要同
         # 时输入数据和标签
55       # 便于统一训练集和测试集的分布
56       cv = StratifiedKFold(n_splits=2, shuffle=True, random_state=120822)
57
58       for idx, (train_idx, test_idx) in enumerate(cv.split(X, y)):
59           X_train, X_test = X.iloc[train_idx], X.iloc[test_idx]
60           y_train, y_test = y[train_idx], y[test_idx]
61           #LGBM 建模
62           model = lgbm.LGBMClassifier(objective="binary", **param_grid)
             # "binary"，二分类;"multiclass"，多分类
63           model.fit(X_train, y_train, eval_set=[(X_test, y_test)],
64                   eval_metric="binary_logloss",
65                   callbacks=[LightGBMPruningCallback(trial, "binary_
logloss"),
66                                 log_evaluation(period=100), early_stopping
(stopping_rounds=100)])
67           # 模型预测
68           preds = model.predict_proba(X_test)
69
70           # 优化指标 logloss 最小
71           cv_scores = log_loss(y_test, preds)
72
73       return np.mean(cv_scores)
74
75
76   study = optuna.create_study(direction="minimize", study_name="LGBM Classifier")
77   func = lambda trial: objective(trial, X, y)
```

334

```
78    study.optimize(func, n_trials=20)
79    optuna.visualization.plot_optimization_history(study).show()  #绘制
80    optuna.visualization.plot_parallel_coordinate(study).show()   #
81    optuna.visualization.plot_param_importances(study).show()     #
82    print(f"\tBest value (rmse): {study.best_value:.5f}")
83    print(f"\tBest params:")
84    for key, value in study.best_params.items():
85        print(f"\t\t{key}: {value}")
86
```

代码注解：

（1）读入股票指数数据。

代码第 14 ~ 40 行都是读入数据并进行整理。

（2）定义 objective() 函数。

在 objective() 函数中定义要进行优化的模型及其参数范围。param_grid 用来定义参数和取值范围。然后将这些参数放入模型之中（第 62 行）。

```
model = lgbm.LGBMClassifier(objective="binary", **param_grid)
```

模型最终会估计得到估计值，然后用该估计值计算得分值。例如，第 71 行计算得到 log_loss 指标的得分值。

（3）利用 objective() 返回的得分值，进行不断优化。

第 76 ~ 78 行代码：

```
study=optuna.create_study(direction="maximize",study_name="LGBM Classifier")
func = lambda trial: objective(trial, X, y)
study.optimize(func, n_trials=20)
```

不断进行优化，最终获得模型的最优参数。

（4）图形化展示调参过程并打印最优参数。

第 79 ~ 81 行进行图形化展示，第 82 ~ 85 行进行最优参数的打印。

（5）超参数优化框架使用注意事项。

在超参数优化过程中，根据模型预测要求的不同可以使用 model.predict_proba() 或者 model.predict() 函数；还可以根据参数的特性不同，分别采用 minimize 或者 maximize 方向进行优化。以上程序最终运行效果可以扫码观看。

14.5　实训任务：利用某银行实际数据进行贷款违约预测

利用以下程序分析某银行个人贷款违约数据 (train_public.csv)。程序通过对已有数据的分析和训练，生成 LigthGBM 模型。该模型可用于将来对银行个人贷款客户的违约情况进行预测。请对第 107 行、第 128 行、第 129 行代码进行补全以实现程序的完整功能。程序运行效果可以扫码观看。

task1.py

```
1     # 实训任务
2     #################################
3     #LigthGBM 模型
4     #################################
5     # --------------------------------------------------------
6     import datetime
7     import pandas as pd
8
9     pd.set_option("display.max_columns", 50)
10    # 该数据集为 zy 银行的个人贷款违约预测数据集，个别字段做了脱敏（金融的数据大都涉及隐
      # 私保护）
11    # 主要的特征字段有个人基本信息、经济能力、贷款历史信息等
12    # 数据有 10000 条样本，38 维原始特征，其中，isDefault 为标签，表示是否逾期违约
13    train_bank = pd.read_csv('./train_public.csv')
14
15    print(train_bank.shape)
16
17    # 日期类型：issueDate 转换为 Pandas 中的日期类型，加工出数值特征
18    train_bank['issue_date'] = pd.to_datetime(train_bank['issue_date'])
19    # 提取多尺度特征
20    train_bank['issue_date_y'] = train_bank['issue_date'].dt.year
21    train_bank['issue_date_m'] = train_bank['issue_date'].dt.month
22    # 提取时间 diff #，转换为天为单位
23    base_time = datetime.datetime.strptime('2000-01-01', '%Y-%m-%d')
      # 随机设置初始的基准时间
24    train_bank['issue_date_diff'] = train_bank['issue_date'].apply(lambda
x: x-base_time).dt.days
25    # 可以发现 earlies_credit_mon 应该是年份 – 月的格式，这里简单提取年份
26    train_bank['earlies_credit_mon'] = train_bank['earlies_credit_mon'].map
(lambda x: int(sorted(x.split('-'))[0]))
27    print(train_bank.head())
28
29    # 工作年限处理
30    train_bank['work_year'].fillna('10+ years', inplace=True)
31
32    work_year_map = {'10+ years': 10, '2 years': 2, '< 1 year': 0, '3 years': 3,
'1 year': 1,
33                    '5 years': 5, '4 years': 4, '6 years': 6, '8 years':
8, '7 years': 7, '9 years': 9}
34    train_bank['work_year'] = train_bank['work_year'].map(work_year_map)
35
36    train_bank['class'] = train_bank['class'].map({'A': 0, 'B': 1, 'C': 2,
'D': 3, 'E': 4, 'F': 5, 'G': 6})
37
```

```
38      # 缺失值处理
39      train_bank = train_bank.fillna('9999')
40
41      # 区分数值或类别特征
42      drop_list = ['isDefault', 'earlies_credit_mon', 'loan_id', 'user_id',
'issue_date']
43      num_feas = []
44      cate_feas = []
45      for col in train_bank.columns:
46          if col not in drop_list:
47              try:
48                  train_bank[col] = pd.to_numeric(train_bank[col])   # 转为数值
49                  num_feas.append(col)
50              except:
51                  train_bank[col] = train_bank[col].astype('category')
52                  cate_feas.append(col)
53
54      print(cate_feas)
55      print(num_feas)
56
57
58      #ROC (Receiver Operating Characteristic) 曲线和 AUC (Area Under the Curve) 值
59      # 常被用来评价一个二值分类器 (binary classifier) 的优劣
60       from sklearn.metrics import precision_score, recall_score, f1_score,
accuracy_score, \
61          roc_curve, auc, roc_auc_score, mean_squared_error
62
63      import matplotlib.pyplot as plt
64
65
66      def model_metrics(model, x, y):
67          """ 评估 """
68          yhat = model.predict(x)
69          yprob = model.predict_proba(x)[:, 1]
70          fpr, tpr, _ = roc_curve(y, yprob, pos_label=1)
71          metrics = {'AUC': auc(fpr, tpr), 'KS': max(tpr-fpr),
72                     'f1': f1_score(y, yhat), 'P': precision_score(y, yhat),
'R': recall_score(y, yhat)}
73
74          roc_auc = auc(fpr, tpr)   # AUC(Area under Curve)
75          import matplotlib
76
77          #print(matplotlib.get_backend()) 会显示正在使用的后端
78          #可行的backends有 ['GTK', 'GTKAgg', 'GTKCairo', 'GTK3Agg', 'GTK3Cairo',
            #'MacOSX', 'nbAgg', 'Qt4Agg',
```

```
79          #'Qt4Cairo', 'Qt5Agg', 'Qt5Cairo', 'TkAgg','TkCairo', 'WebAgg',
            #'WX', 'WXAgg', 'WXCairo',
80          #'agg', 'cairo', 'gdk','pdf', 'pgf', 'ps', 'svg', 'template']
81          #用这个 TkAgg 不会报警告错误，否则 matplotlib3.6 采用 backend_interagg 后
            #端会报警告信息
82          matplotlib.use('TkAgg')
83
84          #k 表示黑色，lw：线条宽度（linewidth），ls：线条风格（linestyle）
85          plt.plot(fpr, tpr, color='k', label='ROC (area = {0:.2f})'.
    format(roc_auc), lw=2, ls='--')
86
87          plt.xlim([-0.05, 1.05])      # 设置 x、y 轴的上下限，以免和边缘重合，更好地观
                                         # 察图像的整体
88          plt.ylim([-0.05, 1.05])
89          plt.rcParams['font.sans-serif'] = ['SimHei']   # 用来正常显示中文标签
90          plt.rcParams['axes.unicode_minus'] = False       # 用来正常显示负号
91          plt.xlabel('False Positive Rate(假阳性率)')
92          plt.ylabel('True Positive Rate(真阳性率)')
93          plt.title('ROC Curve\n(接受者操作特征曲线Receiver Operating Characteristic)')
94          plt.legend(loc="lower right")
95
96          return metrics
97
98
99     # 划分数据集：训练集和测试集
100    from sklearn.model_selection import train_test_split
101
102    train_x, test_x, train_y, test_y \
103        = train_test_split(train_bank[num_feas + cate_feas], train_bank.isDefault,
104                           test_size=0.3, random_state=0)
105    # 选择模型 --LigthGBM
106    # 训练模型
107    (_____)
108
109    #LGBMClassifier 参数
110    #1.boosting_type='gbdt'# 提升树的类型 gbdt,dart,goss,rf
111    #2.num_leavel=32# 树的最大叶子数，对比 xgboost 一般为 2^(max_depth)
112    #3.max_depth=-1# 最大树的深度
113    #4.learning_rate# 学习率
114    #5.n_estimators=10：拟合的树的棵树，相当于训练轮数
115    #6.subsample=1.0：训练样本采样率，行
116    #7.colsample_bytree=1.0：训练特征采样率，列
117    #8.subsample_freq=1：子样本频率
118    #9.reg_alpha=0.0：L1 正则化系数
119    #10.reg_lambda=0.0：L2 正则化系数
```

```
120  #11.random_state=None: 随机种子数
121  #12.n_jobs=-1: 并行运行多线程核心数
122  #13.silent=True: 训练过程是否打印日志信息
123  #14.min_split_gain=0.0: 最小分割增益
124  #15.min_child_weight=0.001: 分支结点的最小权重
125  lgb = LGBMClassifier(n_estimators=5, num_leaves=5, class_weight='balanced',
metric='AUC')
126  lgb.fit(train_x, train_y)
127
128  print('train ', (_____))
129  print('test ', (_____))
130  plt.show()
131  #lightGBM 是 2017 年 1 月，微软在 Github 上开源的一个新的梯度提升框架
132  # 在开源之后，就被别人冠以 "速度惊人" "" 支持分布式 "" 代码清晰易懂 "" 占用内存小 " 等属性
133  #LightGBM 主打的高效并行训练让其性能超越现有其他 Boosting 工具。在 Higgs 数据集
     # 上的实验表明
134  #LightGBM 比 XGBoost 快将近 10 倍，内存占用率大约为 XGBoost 的 1/6
135  #LightGBM 是一个算法框架，包括 GBDT 模型、随机森林和逻辑回归等模型。通常应用于二
     # 分类、多分类和排序等场景
136  #LightGBM 是一个梯度 Boosting 框架，使用基于决策树的学习算法
137
138  import matplotlib
139  matplotlib.use('TkAgg')    # 单击图形菜单选项调节图片左边距即可看到全图
140  from lightgbm import plot_importance
141
142  plt.rcParams['figure.figsize'] = (38, 4)
143  fig, ax = plt.subplots(figsize=(15, 5))
144  plot_importance(lgb,   #model name
145                     height=0.5,
146                     ax=ax,
147                     max_num_features=64)
148  plt.show()
149
150
```

14.6 课后思考

1. 理解决策树算法

鸢尾花数据集 Iris 是机器学习和统计学中的一个经典数据。鸢尾花数据集包含 150 个数据样本，分为 3 类，每类 50 个数据，每个数据包含 4 个属性。可通过 Sepal.Length（花萼长度）、Sepal.Width（花萼宽度）、Petal.Length（花瓣长度）、Petal.Width（花瓣宽度）四个属性预测鸢尾花卉属于 Iris Setosa（山鸢尾）、Iris Versicolour（杂色鸢尾），以及 Iris Virginica（维吉尼亚鸢尾）三个种类中的哪一类。

（1）请运行下述代码体验决策树算法（补全代码第 16 行）。运行结果如图 14-6 所示。

（2）假设有一朵鸢尾花数据为 [6.6, 2.5, 4.3, 1.3]，请用模型预测它属于哪一种类的鸢尾花。

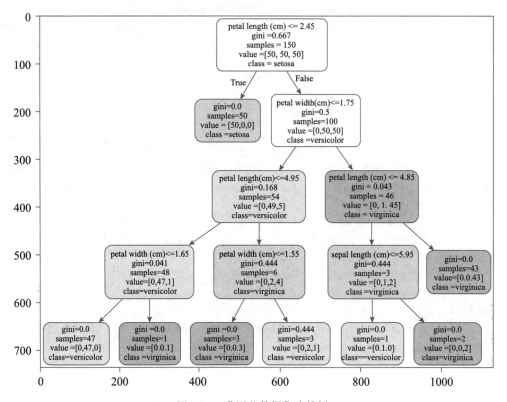

图 14-6　鸢尾花数据集决策树

```
ex1.py
1    # 课后练习 1
2    # --------------------------------------------------------
3    import matplotlib
4    from sklearn import tree
5    from sklearn.datasets import load_iris
6
7    iris = load_iris()
8    #print(iris.data)
9    #print(iris.target)
10
11   print(iris.DESCR)
12   print(iris.feature_names)    # 四列特征
13   print(iris.target_names)     # 标签 0、1、2 分别代表三种不同鸢尾花
14   # 构建决策树模型
15   clf = tree.DecisionTreeClassifier(max_depth=4)
16   (_____)
```

```
17
18    import pydotplus
19
20    dot_data = tree.export_graphviz(clf,
21                                    out_file=None,
22                                    feature_names=iris.feature_names,
23                                    class_names=iris.target_names,
24                                    filled=True,
25                                    rounded=True
26                                    )
27    dot_data = dot_data.replace('\n', '')   # 去除右上角黑块
28    graph = pydotplus.graph_from_dot_data(dot_data)
29
30    matplotlib.use('TKAgg')
31    import matplotlib.pyplot as plt
32
33    path = 'DT_show.png'
34    graph.write_png(r'DT_show.png')
35    image = plt.imread(path)
36    plt.imshow(image, aspect='auto')
37    plt.show()
```

2. 理解 LightGBM 的原生接口

本练习将继续对鸢尾花数据集进行分析和建模，以帮助理解 LightGBM 的原生接口的概念。与 XGBoost 类似，LightGBM 包含原生接口和 sklearn 风格接口两种，并且二者都实现了分类和回归的功能。lightgbm.train 是 LightGBM 本身的原生接口 API，而 lightgbm.fit(X, y) 调用是用于模型训练的 sklearn 语法。它是一个类对象，属于 sklearn 生态系统的一部分（用于运行预测、参数调整等）。请补全代码第 67 行后，运行下述 LightGBM 算法代码显示鸢尾花四大特征的重要性排序图。程序运行效果可以扫码观看。

```
ex2.py
1     # 课后练习 2
2     # ----------------------------------------------------------
3
4     from sklearn.datasets import load_iris
5     import lightgbm as lgb
6     from lightgbm import plot_importance, log_evaluation, early_stopping
7     from sklearn.model_selection import train_test_split
8     from sklearn.metrics import accuracy_score
9     import numpy as np
10
11    # 加载鸢尾花数据集
12    iris = load_iris()
```

```
13   X, y = iris.data, iris.target
14   print(X)
15   print(y)
16   # 数据集分割
17   X_train, X_test, y_train, y_test = train_test_split(X, y, test_size=0.2,
random_state=123457)
18
19   # 参数
20   #params = {
21   #      'task': 'train',
22   #      'boosting_type': 'gbdt',   # 设置提升类型
23   #      'objective': 'multiclass',  # 目标函数
24   #      'num_class': 3,
25   #      'num_leaves': 31,   # 叶子结点数
26   #      'learning_rate': 0.05,  # 学习速率
27   #      'feature_fraction': 0.9,   # 建树的特征选择比例
28   #      'bagging_fraction': 0.8,   # 建树的样本采样比例
29   #      'bagging_freq': 5,   #k 意味着每 k 次迭代执行 bagging
30   #      'verbose': 1,   #<0 显示致命的，=0 显示错误（警告），>0 显示信息
31   #      'seed': 0
32   # }
33
34   params = {
35       'booster': 'gbdt',
36       'objective': 'multiclass',
37       'num_class': 3,
38       'num_leaves': 31,
39       'subsample': 0.8,
40       'bagging_freq': 1,
41       'feature_fraction ': 0.8,
42       'slient': 1,
43       'learning_rate ': 0.01,
44       'seed': 0
45   }
46
47   # 构造训练集
48   dtrain = lgb.Dataset(X_train, y_train)
49   dtest = lgb.Dataset(X_test, y_test)
50   num_rounds = 100
51   #LightGBM 模型训练
52   model = lgb.train(params, dtrain, num_rounds, valid_sets=[dtrain, dtest],
53                     callbacks=[log_evaluation(period=100), early_stopping
(stopping_rounds=100)])
54
```

```
55    # 对测试集进行预测
56    y_pred = model.predict(X_test)
57    # 计算准确率
58    accuracy = accuracy_score(y_test, np.argmax(y_pred, axis=1))
59    print('accuarcy:%.2f%%' % (accuracy * 100))
60
61    # 显示重要特征
62    import matplotlib
63
64    matplotlib.use('TKAgg')
65    import matplotlib.pyplot as plt
66
67    (_____)
68    plt.show()
69
```

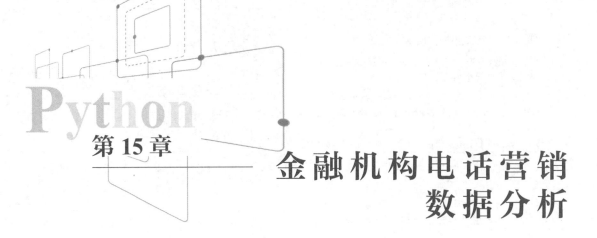

第 15 章

金融机构电话营销 数据分析

LR、XGB、LightGBM 是金融风控建模最常用的几个分类算法，特别是在反欺诈、贷前预测、贷中监测方面运用尤其广泛。

15.1　知识准备

15.1.1　Kaggle 数据建模大赛

Kaggle（https://www.kaggle.com/）平台成立于 2010 年，是一个进行数据发掘和预测竞赛的在线竞赛平台。企业或者研究者可以在平台上发布有奖竞赛项目。即通过将竞赛数据集、问题描述、期望的解决结果和评价指标发布到 Kaggle 平台上，以竞赛的形式向广大的数据专家和爱好者征集解决方案，类似于 KDD-CUP（国际知识发现和数据挖掘竞赛）。Kaggle 上的参赛者利用竞赛项目发布者提供的数据，分析数据，然后运用机器学习、数据挖掘等知识，建立算法模型，解决问题得出结果，最后将结果提交，如果提交的结果符合指标要求并且在参赛者中排名第一，将获得丰厚的悬赏奖金。

Kaggle 平台发布（图 15-1）的竞赛类型主要有：①显示为五星形状的 Featured，即特色类竞赛。它是 Kaggle 平台上最出名的比赛类型。这些项目都是全面的机器学习挑战，提出了困难的、通常以商业为目的的预测类问题。特色比赛吸引了一些最强大的专家，并提供给第一名高达 100 万美元的奖金池。然而，任何人都可以访问它们。无论是该领域的专家还是完全的新手，特色比赛都是一个从该领域最好的人那里学习技能和技术的宝贵机会。②显示为灰色试剂瓶形状的 Research，即研究类竞赛。它是 Kaggle 上另一种常见的竞赛类型，比 Featured 更具实验性。这两个类别的项目模式是一样的，就是通过项目发布者给予的训练集建立模型，再利用测试集数据使用模型输出结果来进行评比。这两类比赛均为有奖竞赛，难度不小。③而对于入门者，平台提供了 Getting Started，即入门赛类型。入门比赛是 Kaggle 上最简单、最平易近人的比赛。这些是半永久性的竞赛，是为刚进入机器学习领域的新用户准备的。他们不提供奖品或积分。④另外，Playground 即游乐场比赛。它是一种"为了乐趣"的 Kaggle 比赛，难度比入门赛高一些。这些比赛通常提供相对简单的机器学习任务，同样针对新人或有兴趣在低风险环境中练习新类型问题的 Kaggler。奖品从荣誉到小额现金奖励不等。⑤ Community 是任何人都可以发起竞赛项目的方式。使用 Kaggle 的社区竞赛平台发起机器学习比赛，包括教育工作者、研究人员、公司或者个人均可设定条件，参赛者构建他们的算法，Kaggle 网站则对他们的准确性进行实时评分，以找出获胜者。⑥ Simulations 和⑦ Analytics 则分别关注 AI 模拟游戏对战比赛和开放式的探索项目。

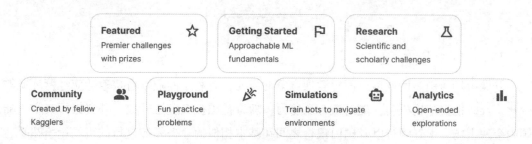

图 15-1　Kaggle 平台竞赛类型

在中国也有类似的平台，如阿里云天池（https://tianchi.aliyun.com/）等。

15.1.2　中国的竞赛平台：阿里云天池大赛

在数字经济的发展中，数据要素的价值不断被释放，对推动经济发展的放大、倍增作用愈发增强，数据要素逐渐成为经济发展的核心力量。2023 年 7 月，第三方调研机构赛迪顾问 (CCID) 正式发布了《2022—2023 年中国大数据市场研究年度报告》，报告指出 2022 年中国大数据市场中政府和金融的占比分别为 12.2%、10.3%，并还在持续提升中。面向这两个领域不断增长的大数据服务需求，中国大数据市场也呈现出百花齐放的发展格局。其中比较有影响力的业界赛事有"阿里云天池"大赛。

阿里云平台素以举办"国际化""高端化""智能化"的算法比赛在行业著称，自 2014 年推出以来，已相继有 98 个国家、30 万开发者参与，成为一个电商、金融、物流、电力、工业制造、医疗等领域创新方案的新发源地。"阿里云天池"大赛链接业界最新的技术，提供行业真实一手赛题和数据，非常值得学界关注（图 15-2）。

阿里巴巴集团于 2014 年正式推出"天池"大数据科研平台，面向学术界开放海量数据（阿里数据及第三方数据）和分布式计算资源，旨在打造"数据众智、众创"第一平台。

"天池"业务包括天池大数据竞赛、数据实验室、开放式教学、数据人才认证。在这里，人人都可以玩转大数据，共同探索数据众创新模式。

图 15-2　阿里云天池官网

15.2　任务介绍

开展市场营销是商业银行面对激烈竞争的需要，有利于商业银行快速适应经营环境的变化，及时把握市场机会，提高核心竞争力，随着我国扩大金融开放，外资银行大举登陆国内金融市场，中外银行以及国内银行之间在基本相似的业务领域进行的市场竞争几乎达到白热化。面对竞争态势，我国商业银行必须根据形势变化及时调整营销方式和方法，在竞争中确立自己的优势。当前，市场营销已成为我国商业银行求得生存、提高核心竞争力、实现可持续发展的必然选择和强大动力。而新兴科技的运用，可以实现精准定制、投放金融产品和服务，提升银行的展业效率。

以电话营销为例，银行营销经理经常需要拨打电话给潜在客户推荐银行的各类产品，但是也常常遇到多数接到电话的客户对所推销的产品并不感兴趣，往往不接听电话或者即便接听之后也很快在几秒钟之后就挂断了电话。为了提升营销的效率，实现精准营销，需要提升银行经理拨打电话的接听率，同时也可以节省拨打无谓的电话浪费的人力成本。葡萄牙银行采用机器学习方法优化了电话营销的流程，具体的做法是在拨打电话之前，首先从 4 万多潜在客户中挑选出具有极大概率会接听电话的客户，营销经理只给这些机器选出的接听成功率高的客户拨打电话开展营销活动，而不是像传统营销一样，不进行任何分析直接给 4 万多客户逐一拨打电话，可以极大提升营销效率、获得较优的营销效果。

因此本次任务的目的就是要建立一个客户是否接受存款产品的模型，而这个模型的建立是通过机器学习的方式，使用已有的数据对模型进行训练而完成的。简单而言，就是用数据训练模型，然后获得一个有预测能力的模型。

如上所述，本次训练模型将使用的数据集来自葡萄牙银行机构的（电话）直销活动的真实数据，经过脱敏之后可以被公开使用。本次电话直销活动的数据分析目标是对 4 万多客户进行分类，目的是预测客户是否会接听电话之后认购定期存款（设定目标变量为 y，即 y=1 表示客户会认购银行的定期存款，y=0 则客户不会认购）。

　　该数据集名称为"bank additional full.csv"，它由 41 188 条数据组成，其中含有 20 个自变量。银行客户数据 20 个自变量（其中 10 个是数字特征，10 个是分类特征）的具体内容如下。

　　1. 基本数据

　　（1）年龄 age：年龄大小（数值变量）。

　　（2）工作 job：工作类型（分类变量："管理员""蓝领""企业家""家政""管理""退休""自营职业""服务""实习生""技术员""未就业""未知"）。

　　（3）婚姻 marital：婚姻状况（分类变量："离异""已婚""单身""未知"。注：这里"离异"包括离婚或丧偶）。

　　（4）教育 education：教育程度（分类变量："基础 .4y""基础 .6y""基础 .9y""高中""文盲""职业教育""学位教育""未知"）。

　　（5）信用违约 default：是否有贷款正在违约（分类变量："不""是""未知"）。

　　（6）住房 housing：是否有住房贷款（分类变量："不""是""未知"）。

　　（7）贷款 loan：是否有个人贷款（分类变量："不""是""未知"）。

　　2. 本次活动前的最新数据

　　（8）联系人 contact：联系人通信类型（分类变量："手机""固定电话"）。

　　（9）月份 month：一年中最后一次联系的月份（分类变量：'jan'，'feb'，'mar'，…，'nov'，'dec'）。

　　（10）周 的 最 后 一 天 day_of_week：一 周 中 的 最 后 一 次 联 系 日（分 类 变 量："mon""tue""wed""thu""fri"）。

　　（11）持续时间 duration：最后一次接触的持续时间，以 s 为单位（数值变量）。

　　重要提示："持续时间"属性高度影响本次电话直销活动的目标（例如，如果持续时间 =0，则 y="否"，即不接电话，基本可以断定不会购买）。然而，在执行呼叫之前，持续时间是未知的。此外，在呼叫结束后，y 显然是已知的。因此，这种输入只应用于检验活动效果。如果目的是建立一个现实的预测模型，则这个变量不应该被使用。

　　3. 其他属性

　　（12）活动 campaign：本次活动中曾联系过该客户的银行营销人员总数量（数值变量）。

　　（13）pdays：在上次活动中最后一次联系客户后经过的天数（数值变量：999 表示以前没有联系过客户）。

　　（14）previous：本次活动前联系过该客户的银行营销人员数量（数值变量）。

　　（15）poutcome：上一次营销活动的结果（分类变量："失败""未知""成功"）。

　　4. 社会和经济背景属性

　　（16）emp.var.rate：就业变动率——季度指标（数值变量）。

　　（17）cons.price.idx：消费者价格指数——月度指标（数值变量）。

（18）cons.conf.idx：消费者信心指数——月度指标（数值变量）。

（19）euribor3m：euribor 3 个月费率——每日指标（数值变量）。

（20）nr.employed：雇员人数——季度指标（数值变量）。

事实上这是一个二元分类问题。希望得到的两个类别分别是："是"表示客户认购了定期存款，"否"表示客户没有认购。为了评价模型性能的优劣，采用了经常被使用的性能指标 AUC ROC 评分，也被称为 AUROC（受试者操作特征下面积）。选择 AUC 指标的原因是因为目前正在处理的数据集是一个不平衡的数据集。AUC 使用真阳性率（TPR）和假阳性率（FPR）来进行模型表现优劣的衡量。只有当 TPR 和 FPR 都远高于 ROC 曲线中的随机线时，模型才能获得良好的 AUC。

15.2.1　通过 pandas 读入数据

通过 pandas 读入数据集。

```
import matplotlib
matplotlib.use(u'TkAgg')
import matplotlib.pyplot as plt
import seaborn as sns
import numpy as np
import pandas as pd
#Loading the dataset
data = pd.read_csv("./bank-additional-full.csv", sep=";")
data.info()
print(data.describe())
print(data.head())
# 打印取不同值的个数统计，如工作 job 有很多分类：管理、蓝领、技术等，
# 打印出每个工种各有多少人数
print(data["job"].value_counts())
print("*" * 25)
print(data["marital"].value_counts())
print("*" * 25)
print(data["education"].value_counts())
print(data["y"].value_counts())
# 数据总行数
print(data.index.shape)
```

15.2.2　Exploratory Data Analysis（探索性数据分析）

一般在建模之前，通常需要对数据本身进行一些了解、考察和分析，这被称为 EDA（Exploratory Data Analysis），目的是了解更多关于待处理数据的信息。通过下面的代码检查一下数据是否是平衡数据。

```
# ==========================================
#1.Exploratory Data Analysis（探索性数据分析）
# ==========================================
```

```
plt.rcParams['font.sans-serif'] = ['SimHei']   # 用来正常显示中文标签
plt.rcParams['axes.unicode_minus'] = False    # 用来正常显示负号
plt.figure(figsize=(6, 4))
Y = data["y"]
total = len(Y) * 1.
ax = sns.countplot(x="y", data=data)
for p in ax.patches:
    ax.annotate('{:.1f}%'.format(100 * p.get_height() / total), (p.get_x() + 0.1,
p.get_height() + 5))

#put 11 ticks (therefore 10 steps), from 0 to the total number of rows in the
#dataframe
ax.yaxis.set_ticks(np.linspace(0, total, 11))
#adjust the ticklabel to the desired format, without changing the position of the ticks.
ax.set_yticklabels(map('{:.1f}%'.format, 100 * ax.yaxis.get_majorticklocs() / total))
ax.set_xticklabels(ax.get_xticklabels(), rotation=40, ha="right")

ax.legend(labels=("no 不接受 ", "yes 接受营销 "), shadow=True, fontsize='large')

ax.set_title(" 是否接受电话营销 ")
ax.set_xlabel(' 接受营销 yes or no')
ax.set_ylabel(' 人数占比（总人数约 4 万）')
plt.show()
```

上述代码绘制的图形如图 15-3 所示。

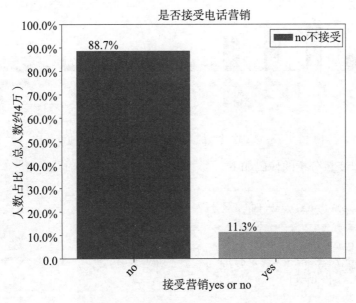

图 15-3　是否接受电话营销的人数占比

可以从已有的历史数据中看到对于 88.7% 的客户而言，电话营销是无效的。

15.3　代码演示

现在将进行一些单变量分析，即每一次提取一个特征变量，检验该变量中的不同取值对结果的影响程度。例如，数据集中的一个特征变量是客户的"工作"。通过查看不同的工作种类，查看是否有从事某种特定工作的人群，他们对定期存款产品的接受程度更高。

从图 15-4 可以看到，有 25.3% 的人是从事管理员工作的，蓝领和技术员分别是22.5% 和 16.4%。

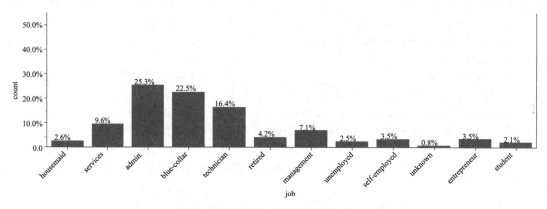

图 15-4　人群中不同工作类型的占比

通过图 15-5 发现，从事 admin 工作的人群有着最高的产品接受度（22.0%），但同时也有着最高的拒绝度（3.3%）。其中重要的原因是总人群中从事 admin 工作的人最多。

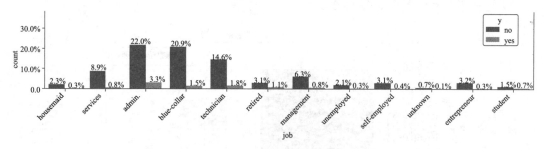

图 15-5　不同工作类型的人群接受定期存款产品的百分比

实现上述单变量分析的代码如下。

```
# =======================================
#2.Univariate Analysis（单变量分析）
# =======================================
def countplot(label, dataset):
    plt.figure(figsize=(6, 4))
    Y = data[label]
    total = len(Y) * 1.
    ax = sns.countplot(x=label, data=dataset)
    for p in ax.patches:
```

```
        ax.annotate('{:.1f}%'.format(100 * p.get_height() / total), (p.get_
x() + 0.1, p.get_height() + 5))

        #put 11 ticks (therefore 10 steps), from 0 to the total number of rows
        #in the dataframe
        ax.yaxis.set_ticks(np.linspace(0, total, 11))
        #adjust the ticklabel to the desired format, without changing the position
        #of the ticks.
        ax.set_yticklabels(map('{:.1f}%'.format, 100 * ax.yaxis.get_
majorticklocs() / total))
        ax.set_xticklabels(ax.get_xticklabels(), rotation=40, ha="right")
        # ax.legend(labels=["no","yes"])
        plt.show()

def countplot_withY(label, dataset):
    plt.figure(figsize=(8, 6))
    Y = data[label]
    total = len(Y) * 1.
    ax = sns.countplot(x=label, data=dataset, hue="y")
    for p in ax.patches:
        ax.annotate('{:.1f}%'.format(100 * p.get_height() / total), (p.get_
x() + 0.1, p.get_height() + 5))

        #put 11 ticks (therefore 10 steps), from 0 to the total number of rows
        #in the dataframe
        ax.yaxis.set_ticks(np.linspace(0, total, 11))
        #adjust the ticklabel to the desired format, without changing the position
        #of the ticks.
        ax.set_yticklabels(map('{:.1f}%'.format, 100 * ax.yaxis.get_
majorticklocs() / total))
        ax.set_xticklabels(ax.get_xticklabels(), rotation=40, ha="right")
        #ax.legend(labels=["no","yes"])
        plt.show()

#Feature: job (Category)
countplot("job", data)
countplot_withY("job", data)
```

15.4 代码补全和知识拓展

15.4.1 代码补全

请继续使用单变量方法分析其他变量，如婚姻状况、信用违约 default、住房贷款等。请尝试编写代码自行分析。

分析后得到的图形如图 15-6 和图 15-7 所示。

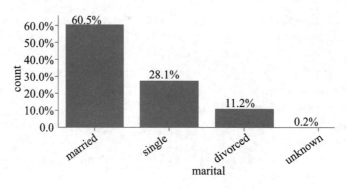

图 15-6　人群中不同婚姻状况的占比

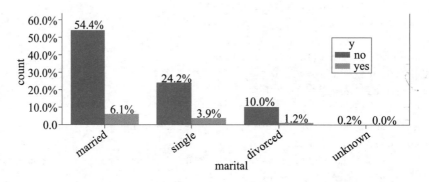

图 15-7　不同婚姻状况的人群接受定期存款产品的百分比

15.4.2　知识拓展

1. 图形显示的技巧

绘制图形的时候，常常会出现图形由于窗口大小的限制而无法展示全部信息，如图 15-8 所示，有一些 X 轴的文字被遮挡。

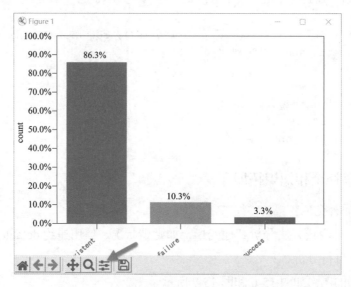

图 15-8　matplotlib.use(u'TkAgg') 绘制出图形

这时可以通过单击图中箭头所指的按钮，弹出图形配置面板，如图 15-9 所示，滑动 bottom 滑块进行调节。

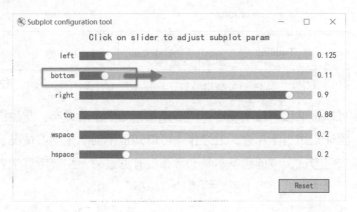

图 15-9　通过图形配置面板 configuration tool 进行调节

调节完成的图形如图 15-10 所示，图形所有的信息均清晰完整显示。

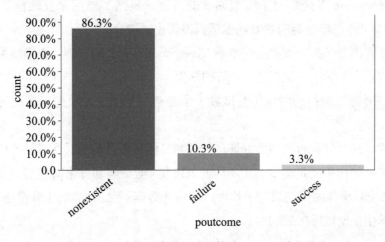

图 15-10　上次电话直销活动的结果：86.3% 为新客户

2. 机器学习数据集的划分

机器学习的目的与结果是获得一个可以进行预测的模型。最常见的模型有两种，分别是"分类模型"和"回归模型"。分类模型是用于预测输入的（即对自变量 x 进行归类），回归模型是预测输出的（即预测因变量 y 的值）。然而，无论哪种模型，都衍生出很多子模型可供选择。例如，分类模型包括决策树、支持向量机和神经网络等。所以在决定使用哪一种子模型的问题上，必须设定一些指标来检验模型的优劣。

因此，对于构建模型的数据，一般会将其分为三个部分。第一是训练数据（train data），它被用于训练模型。第二是交叉验证数据（cross validation data，又被称为 CV data），它是被用来调整模型参数的。第三是测试数据（test data），它被用来测试、比较和评价模型（图 15-11）。

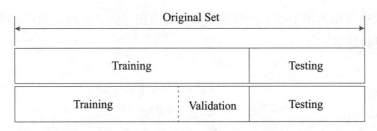

图 15-11　数据的划分：train、CV、test

有一个比喻可以帮助理解这个概念：训练集相当于学生的课本，学生根据课本里的内容来掌握知识。验证集相当于作业，通过作业可以知道不同学生学习情况、进步的速度快慢。而测试集相当于考试，考的题基本是平常都没有见过的，主要考察学生举一反三的能力。这个比喻中"学生"就相当于所要构建的"模型"。

传统上，一般三者切分的比例是 6 : 2 : 2，验证集 CV 并不是必需的，但测试集 test 是必需的。之所以使用测试集来帮助建立模型，是因为：

（1）训练集 train 直接参与了模型调参的过程，显然不能用来反映模型真实的能力（防止死记硬背课本的学生拥有最好的成绩，即防止过拟合）。

（2）验证集参与了人工调参（超参数 hyperparameters）的过程，也不能用来最终评判一个模型（刷题库的学生不能算是学习好的学生）。

（3）所以要通过最终的考试（测试集）来考察一个学生（模型）真正的能力（期末考试）。

但是仅凭一次考试就对模型的好坏进行评判显然是不合理的，所以就要使用交叉验证法。交叉验证法的作用就是尝试利用不同的训练集 / 验证集划分来对模型做多组不同的训练 / 验证，来应对单独测试结果过于片面以及训练数据不足的问题。（就像通过多次考试，才得知哪些学生是比较厉害的。）

15.5　实训任务：金融机构电话营销数据分析

15.5.1　绘制并解读图形

通过实训任务介绍，再参考图 15-10、图 15-12 的展示，发现 nonexistent 的客户特别多，这表明上次活动中有 86.3% 的客户是第一次被电话联系的新客户（nonexistent 代表之前没有电话联系过，success 代表之前成功接听过电话，failure 代表之前挂断过电话或者说未接听电话）。再观察图 15-12，它展示了上次电话直销活动中 86.3% 的客户是新客户，而其中又有 78.7% 的人是没有接受电话推销的存款产品的，其中仅有 7.6% 的客户接听电话后购买了该产品。同理，发现在成功接听电话的 success 人群中，购买产品的比例最高，达到 2.2%。因此有理由猜想这个因素（变量）将会在预测模型中发挥关键作用。

如果继续分析其他的因素，如营销是在星期几进行的，发现周一到周五的任何一天其实并没有太大的差别（图 15-13）。每天基本上都有 17% ～ 18% 的客户不会购买该产品，仅有 2.1% ～ 2.5% 的客户会购买产品。因此可以推断这个因素在预测模型中将不会发挥关键作用。

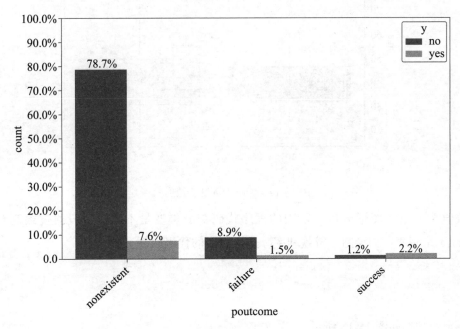

图 15-12　上次电话直销活动的结果 78.7%+7.6% = 86.3%

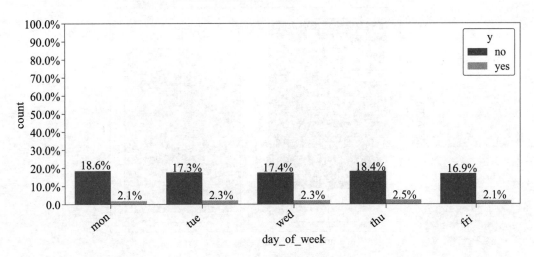

图 15-13　一周 5 天拨打电话的效果

下面再来分析一些数值型的变量，或者称为因素。例如，年龄因素的图形如图 15-14 所示。图中显示无论是否订购产品，客户年龄的中位数在 38 ～ 40 岁（可以查看箱体中那条中间的横线）。并且可以观察到购买和未购买人群的年龄重叠部分很多（左右箱体基本都位于 30 ～ 50 区间），由此看来，年龄并非购买产品的关键因素。

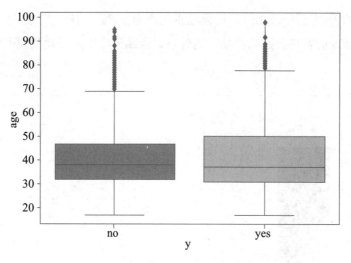

图 15-14　年龄因素分析箱形图

数值型变量的图形分析，采用的程序代码与分类变量不同，一般通过绘制箱形图（boxplot）来观察，如绘制"贷款利率"这个因素的代码如下。

```
#Feature: euribor3m (Numeric)
sns.boxplot(data=data, x="y", y="euribor3m")
plt.show()
```

得到的图形如图 15-15 所示。

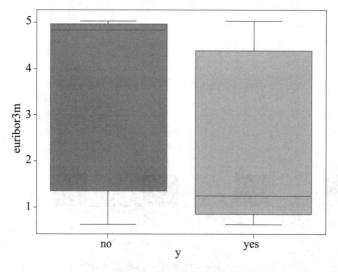

图 15-15　贷款利率因素的图形展示

从图中可以清晰地分辨中位数的差别很大，而接受营销（yes）的客群基本都处于一个中位数较低的贷款利率区间。所以该因素应该会在模型中发挥较大作用。

15.5.2　绘制热力图

相关性是一种统计度量，表示两个或多个变量一起波动的程度。正相关表示这些变量平行增加或减少的程度；负相关表示一个变量随着另一个变量的减少而增加的程度。多个变量间的相关性常用相关矩阵来表示，这是一个非常有用的工具，可以快速检查哪些特征更相关，哪些特征对不相关。而热力图能较好地以图形化方式表示出相关矩阵的状态。

绘制热力图的代码如下。

```
# =======================================================
#3.Correlation matrix of numerical features（相关性分析）
# =======================================================
# 绘制热力图 heatmap
corr = data.corr(numeric_only=True)  #Pandas 要求 1.5 以上 conda install pandas=1.5
f, ax = plt.subplots(figsize=(10, 12))
cmap = sns.diverging_palette(220, 10, as_cmap=True)
_ = sns.heatmap(corr, cmap="YlGn", square=True, ax=ax, annot=True, linewidth=0.1)
plt.title("Pearson correlation of Features", y=1.05, size=15)
plt.show()
```

绘制出的图形如图 15-16 所示。

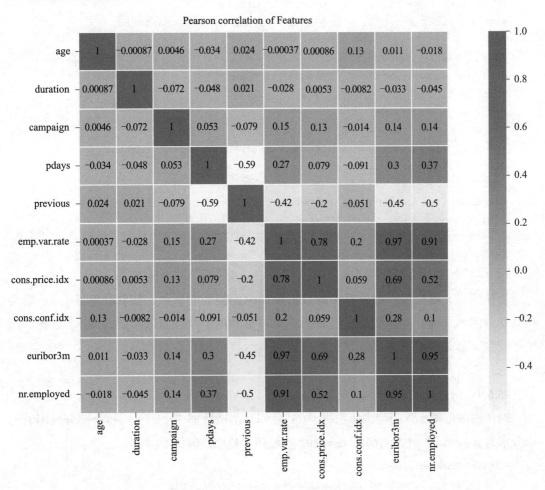

图 15-16　各个变量间的相关性热力图

图中显示 emp.var.rate、cons.price.idx、euribor3m 和 nr.emplied 特性具有非常高的相关性。euribor3m 和 nr.emplied 的相关性最高，为 0.95。

现在完成了基本的 EDA，可以进入下一步，即数据预处理。

15.5.3　数据预处理

首先对读入的数据进行检查是否有缺失数据、重复数据，然后打印出特征变量 x 和结果变量 y，代码如下。

```
from xgboost import XGBClassifier
from sklearn.model_selection import RandomizedSearchCV
from sklearn.calibration import CalibratedClassifierCV
from sklearn.metrics import roc_auc_score
#Loading the dataset
data = pd.read_csv("./bank-additional-full.csv", sep=";")
data.info()
#Dealing with Missing data
#From the above basic info of each feature,
#we know that there are no missing values in this dataset.

#Dealing with duplicate data
data_dup = data[data.duplicated(keep="last")]
print(data_dup)
print(data_dup.shape)
#So we have 12 rows which are duplicates.
#We will drop these duplicate rows before proceeding further.
data = data.drop_duplicates()
print(data.shape)
#Separate inpedendent and target variables
data_x = data.iloc[:, :-1]
print("Shape of X:", data_x.shape)
data_y = data["y"]
print("Shape of Y:", data_y.shape)
```

特征变量 x 就是用于创建模型的数据（如前面提到的职业、贷款利率等），一般会将其划分为两个部分，分别是用于训练的 train_x 和用于检验测试模型的 test_x 数据。而结果变量 y 就是模型的输出，在这里就是指是否接受银行存款产品，是一个二值变量：y='yes' 或者 y='no'。

15.5.4　拆分数据集

现在将数据集 x 拆分为训练数据、CV 数据和测试数据三个部分。每个部分采用的比率分别为 train=64%、CV=16%、test=20%。使用的程序代码如下。

```
#Train Test split
from sklearn.model_selection import train_test_split
```

```
X_rest, X_test, y_rest, y_test = train_test_split(data_x, data_y, test_size=0.2)
X_train, X_cv, y_train, y_cv = train_test_split(X_rest, y_rest, test_size=0.16)

print("X Train:", X_train.shape)
print("X CV:", X_cv.shape)
print("X Test:", X_test.shape)
print("Y Train:", y_train.shape)
print("Y CV:", y_cv.shape)
print("Y Test:", y_test.shape)
# Replace "no" with 0 and "yes" with 1
y_train.replace({"no": 0, "yes": 1}, inplace=True)
y_cv.replace({"no": 0, "yes": 1}, inplace=True)
y_test.replace({"no": 0, "yes": 1}, inplace=True)

# 至此数据处理已经完成
# 之后是建模部分，作为选学内容
```

运行结果如下。

```
X Train: (26352, 20)
X CV: (6588, 20)
X Test: (8236, 20)
Y Train: (26352,)
Y CV: (6588,)
Y Test: (8236,)
```

15.6　延伸高级任务

逻辑回归是机器学习中最基础的模型之一，用于预测分类变量的 y。这是一个没有超参数的模型，所以不需要调参。通过 sklearn 包，可以轻松完成使用逻辑回归的建模任务。

15.6.1　逻辑回归模型

```
#### Model 1: Logistic Regression 逻辑回归
# 引入逻辑回归的包
from sklearn.linear_model import LogisticRegression

LR = LogisticRegression()                    # 建立模型
LR.fit(X_train, y_train)                      # 训练模型
predictions = LR.predict(X_test)              # 拿训练好的模型在测试组上预测

# 显示模型预测指标
from sklearn.metrics import precision_recall_fscore_support, accuracy_
score, confusion_matrix
print("***** Logisbtic Regression Prediction Analysis *****")
print("Accuracy on Training Set  : {:0.4f}".format(accuracy_score(y_test,
```

```
predictions)))
    prfs = precision_recall_fscore_support(y_test, predictions)
    print("Precision : {:0.4f}".format(prfs[0][1]))
    print("Recall : {:0.4f}".format(prfs[1][1]))
    print("F1 Score : {:0.4f}".format(prfs[2][1]))
    cf = confusion_matrix(y_test, predictions)
    sns.heatmap(cf, annot = True, fmt = 'g')
    plt.title("混淆矩阵 (Confusion Matrix)")
    plt.show()
```

15.6.2　决策树模型

决策树模型也是机器学习中的一个基础模型，主要优点是清晰明了、容易解释。缺点是容易过拟合（overfitting）。这是一个需要调参的模型，可以通过选择合适的超参数来避免过拟合。

```
#### Model 2: Decision Tree 决策树
# 引入决策树的包
from sklearn import tree
from sklearn.model_selection import GridSearchCV

param_grid = {
    'max_depth': [3, 4, 5, 6]
}

Tree = DecisionTreeClassifier(criterion = "entropy")  # 建立模型（这里可以调整超
                                                      # 参数 eg. max_depth)
grid_Tree = GridSearchCV(Tree, param_grid, cv = 5)    # 调参
grid_Tree.fit(X_train, y_train)                       # 训练模型
predictions = grid_Tree.predict(X_test)               # 拿训练好的模型在测试组上预测

# 决策树可视化
fig = plt.figure(figsize=(25,20))
_ = tree.plot_tree(grid_Tree.best_estimator_, feature_names = X_train.
columns, filled = True)
# 显示模型预测指标
from sklearn.metrics import precision_recall_fscore_support, accuracy_
score, confusion_matrix
print("***** Logisbtic Regression Prediction Analysis *****")
print("Accuracy on Training Set  : {:0.4f}".format(accuracy_score(y_test,
predictions)))
prfs = precision_recall_fscore_support(y_test, predictions)
print("Precision : {:0.4f}".format(prfs[0][1]))
print("Recall : {:0.4f}".format(prfs[1][1]))
print("F1 Score : {:0.4f}".format(prfs[2][1]))
```

```
cf = confusion_matrix(y_test, predictions)
sns.heatmap(cf, annot = True, fmt = 'g')
plt.title("混淆矩阵(Confusion Matrix)")
plt.show()
## 绘制每个变量在模型中的权重(feature_importance)
Tree = grid_Tree.best_estimator_
feature_scores = pd.DataFrame(
    {'features': X_train.columns,
     'importance': Tree.feature_importances_})  # 取出每个变量在这个模型中的权重

feature_scores = feature_scores[feature_scores['importance'] != 0 ]
                                            # 移除掉权重为0的变量


## 画图
fig = plt.figure(figsize = (10, 10))
ax = sns.barplot(
    x = 'importance',
    y = 'features',
    data = feature_scores,
    order = feature_scores.sort_values('importance', ascending = False).
features)
    ax.set(title = "参数特征的重要性排序(feature importance scores)")
    plt.show()
```

15.6.3 XGBoost 模型

这里还可以使用 XGBoost 来进行建模,代码如下。

```
#XGBoost with RandomizedSearchCV hyper parameter tuning
X_train, X_test, y_train, y_test = train_test_split(data_x, data_y, test_
size=0.2)


print("X Train:", X_train.shape)
print("X Test:", X_test.shape)
print("Y Train:", y_train.shape)
print("Y Test:", y_test.shape)
y_train.replace({"no": 0, "yes": 1}, inplace=True)
y_test.replace({"no": 0, "yes": 1}, inplace=True)
#Reset index so that pd.concat works properly in ResponseEncoder function
X_train = X_train.reset_index().drop("index", axis=1)
X_test = X_test.reset_index().drop("index", axis=1)
X_cv = X_cv.reset_index().drop("index", axis=1)


X_train = ResponseEncoder(categorical_cols, X_train, y_train)
print("Shape of the train dataset after encoding: ", X_train.shape)
```

```
X_test = ResponseEncoder(categorical_cols, X_test, y_test)
print("Shape of the test dataset after encoding: ", X_test.shape)

#Remove duration feature
X_train = X_train.drop("duration", axis=1)
X_test = X_test.drop("duration", axis=1)

#tree_method: ① 'auto': 使用启发式方法选择最快的方法, 速度很慢。
# ② 'exact': 精确贪婪算法, 枚举所有候选项。
# ③ 'approx': 使用分位数草图和梯度直方图的近似贪婪算法。
# ④ 'hist': 快速直方图优化近似贪心算法。它使用了一些性能改进, 例如垃圾箱缓存。
# ⑤ 'gpu_exact': 精确算法的 GPU 实现。
# ⑥ 'gpu_hist': hist 算法的 GPU 实现。

x_cfl = XGBClassifier(tree_method='hist', max_bin=16)  # 没有设置 GPU, 去掉 tree_
                                                       #method='gpu_hist'

prams = {
    'learning_rate': [0.01, 0.03, 0.05, 0.1, 0.15, 0.2],
    'n_estimators': [100, 200, 500, 1000, 2000],
    'max_depth': [3, 5, 10],
    'colsample_bytree': [0.1, 0.3, 0.5, 1],
    'subsample': [0.1, 0.3, 0.5, 1]
}
random_cfl = RandomizedSearchCV(x_cfl, param_distributions=prams, error_
score='raise',
                                verbose=10, n_iter=20, cv=5, scoring='roc_auc')
random_cfl.fit(X_train, y_train)
print(random_cfl.best_params_)

# 准备好变量绘制 x_cfl, 绘制 feature_importance 用到 x_cfl.get_booster().get_score
x_cfl = XGBClassifier(n_estimators=2000, max_depth=3, learning_rate=0.01, \
                      colsample_bytree=0.5, subsample=1, tree_
method='hist', max_bin=16)   # 没有设置 GPU, 去掉 tree_method='gpu_hist'
x_cfl.fit(X_train, y_train, verbose=True)
sig_clf = CalibratedClassifierCV(x_cfl, method="sigmoid")
sig_clf.fit(X_train, y_train)

predict_y = sig_clf.predict_proba(X_train)
print("For values of best alpha = 2000 The train AUC is:", roc_auc_
score(y_train, predict_y[:, 1]))
predict_y = sig_clf.predict_proba(X_test)
print("For values of best alpha = 2000 The test AUC is:", roc_auc_score(y_
test, predict_y[:, 1]))
```

```
# 绘制 feature_importance
plt.rcdefaults()
feature_importance = x_cfl.get_booster().get_score(importance_type='gain')

objects = feature_importance.keys()
y_pos = np.arange(len(objects))
performance = feature_importance.values()
plt.figure(figsize=(8, 20))
plt.barh(y_pos, performance, align='center', alpha=0.5)
plt.yticks(y_pos, objects)
plt.xlabel('Importance')
plt.ylabel('Feature')
plt.title('Feature Importance Graph')
plt.show()
```

程序的运行结果如图 15-17 所示，可以获得重要的特征。

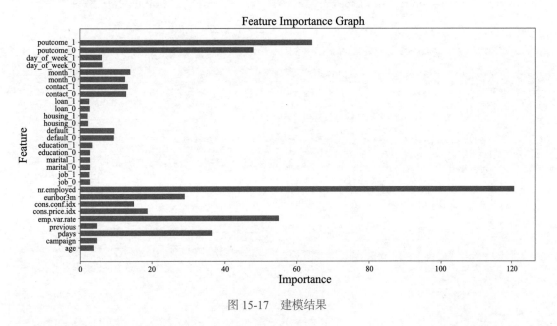

图 15-17　建模结果

15.7　课后思考

1. 绘制出本章中 XGBoost 算法的 ROC 曲线图。

2. XGBoost 算法既可以用于分类也可以用于回归。Boosting 算法的核心是将很多弱分类器组合起来形成强分类器的一种方法。尝试对本章中 XGBoost 算法进行调参。

3. 由于已经介绍了建立 Logistic 回归、决策树、XGBoost 等模型，尝试使用其他多种算法来拟合银行直销数据并建立模型进行相互对比，包括 kNN、SVM、AdaBoost、Gradient Boost、Bagging、随机森林、LightGBM 等，可以参考下述 Python 包。

```python
import xgboost as xgb
from sklearn.ensemble import AdaBoostClassifier
from sklearn.ensemble import BaggingClassifier
from sklearn.ensemble import GradientBoostingClassifier
from sklearn.ensemble import RandomForestClassifier
from sklearn.linear_model import LogisticRegression
from sklearn.metrics import accuracy_score
from sklearn.model_selection import GridSearchCV
from sklearn.model_selection import KFold
from sklearn.model_selection import cross_val_score
from sklearn.model_selection import train_test_split
from sklearn.neighbors import KNeighborsClassifier
from sklearn.preprocessing import StandardScaler
from sklearn.svm import SVC
from xgboost.sklearn import XGBClassifier
from feature_engineer import process   #pip install feature-engine
```

图书资源支持

感谢您一直以来对清华版图书的支持和爱护。为了配合本书的使用，本书提供配套的资源，有需求的读者请扫描下方的"书圈"微信公众号二维码，在图书专区下载，也可以拨打电话或发送电子邮件咨询。

如果您在使用本书的过程中遇到了什么问题，或者有相关图书出版计划，也请您发邮件告诉我们，以便我们更好地为您服务。

我们的联系方式：

清华大学出版社计算机与信息分社网站：https://www.shuimushuhui.com/

地　　址：北京市海淀区双清路学研大厦 A 座 714

邮　　编：100084

电　　话：010-83470236　010-83470237

客服邮箱：2301891038@qq.com

QQ：2301891038（请写明您的单位和姓名）

- -

资源下载：关注公众号"书圈"下载配套资源。

资源下载、样书申请

书圈

图书案例

清华计算机学堂

观看课程直播